U0172608

大学校园 建筑与环境

Campus Architecture and Environment in Nanjing

——南京篇

吴锦绣　张玫英　著

Wu Jinxiu　Zhang Meiying

中国建筑工业出版社

前　言

从岳麓书院开始，高等教育在我国已经有着悠久的历史，并在新中国成立以后走上了发展的快车道。改革开放之后，我国经济的加速发展更是给高等学校提供了空前的发展机遇，截至 2019 年中国高校在校生规模达到 3833 万人，居世界第一，高校数量为 2824 所，居世界第二，高等教育毛入学率达 48%。这些高校的建校背景不同，发展历史各异，再加上不同地区不同社会经济条件的影响出现了形态多样的校园环境和校园建筑，成为校园历史乃至我国高等教育发展的见证者。习近平总书记在党的十九大上强调:“加快一流大学和一流学科建设，实现高等教育内涵式发展”，标志着中国高等教育的发展进入新阶段。在这一背景之下，大学校园建筑与环境作为教书育人的重要载体，受到越来越多的关注。

作者对于大学校园规划设计的关注始于 2007 年作者在美国哈佛大学做访问学者期间对于哈佛“绿色校园计划”以及校园环境和建筑可持续发展所进行的研究，回国之后在此领域开始进行持续的研究和积累。至今为止，作者团队已针对欧美国家 50 余所高校展开系统调研，并针对我国大学校园典型案例展开了深入的调研实测与校园更新设计研究，目前已完成系统调研 4 次，涉及 30 余所高校，共发放和调查问卷 3000 余份，回收有效问卷 2800 余份。调研范围横跨北京、天津、南京、上海等地不同类型的大学校园典型案例，具有广泛的代表性。每所校园选取代表建筑案例 4~5 栋或是主要户外公共空间 4~5 处，其中各个案例问卷数不少于 50 份。在此基础之上，选择东南大学老体育馆、道桥实验室、前工院以及校东游泳池地块等案例进行了保护更新设计研究。

本书源于“高校既有校园建筑性能提升与空间长效优化模式研究”“基于多模态时空数据的大学校园户外公共空间形态与活力的关联机制及优化模式研究”，以及“基于 DPE（设计效能评价）的民国建筑渐进式性能提升模式研究”三个国家自然科学基金的研究，针对南京地区大学校园建筑与环境进行深入调研与专题研究。内容包括三个版块：南京地区大学校园建筑与环境调查、建筑与环境优化设计以及建筑与校园专题研究。本书内容一方面承接大学校园规划设计的理论成果，从校园建筑和环境调查出发展开研究，通过专题研究中调研问卷的量化分析深入而全面地展示南京地区大学校园建筑与环境的历史与现状；另一方面，本书内容组织紧扣当今大学校园发展的时代特色和新的变化，积极回应中国本土现实需求，通过对于大学校园建筑与环境的优化设计研究解决发展中所面临的问题，兼具时代特征和应用价值，有助于完善我国大学校园研究在实证调研和优化设计领域的研究。

本书是对于我国大学校园建筑与环境的调研与优化设计方法的探索，通过校园调查、优化设计和专题研究系统梳理整合而成的一份较为完整的专题研究成果，南京篇会是关于大学校园系统研究成果的开始，今后还会针对其他城市进行深入的调查和研究。读者通过本书可以认识到不同时期大学校园建筑与环境的基本特征，深入了解大学校园建筑与环境优化设计的相关方法与案例，进而对大学校园建筑与环境优化的不同方法和发展方向有较为全面的把握。

本书在编写过程中得到东南大学建筑学院的大力支持，钱强教授、陈宇教授、刘捷教授为本书提供了设计任务书和设计作业，朱雷教授提供了专题研究论文东南大学建筑学院硕士研究生汪宝丽、白雨、袁玥、陈洁颖、翁惟繁等完成了本书内容的梳理、素材整理、版式试排及照片补充等工作，已经毕业的硕士研究生刘泽坤、陈涵、吴则鸣、范琳琳、崔俊通、信子怡完成了大量的前期研究、案例选择、调研问卷制定等工作。2014 级、2015 级本科生参与了南京地区大学校园建筑与环境的调研工作。中国建筑工业出版社费海玲、汪箫仪等老师给予了热心的指教和支持。对于上述各位和未及一一列出的支持帮助者，在此呈上衷心的致敬和感谢！

本书的编写尚有错误和不足之处，敬请各位学者、同行和读者提出宝贵意见，以便今后在修编工作中改正和优化完善。

封面图片提供：潘岳，周洁羽

资助项目：

1. 国家自然科学基金：基于多模态时空数据的大学校园户外公共空间形态与活力的关联机制及优化模式研究——以南京为例（项目编号：52078113）

2. 国家自然科学基金：高校既有校园建筑性能提升与空间长效优化模式研究（项目编号：51678123）

目　录

第一章　调查——南京地区大学校园建筑与环境调查

第二章 设计——建筑与环境优化设计研究

第三章 研究——建筑与校园专题研究

附录

第一章　调查

——南京地区大学校园建筑与环境调查

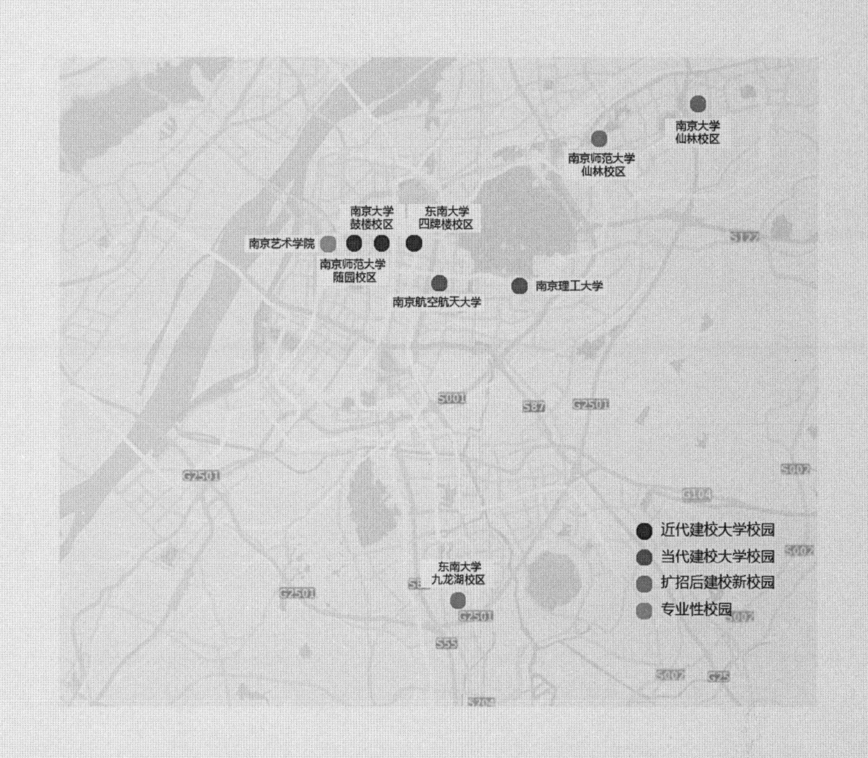

1. 近代建校大学校园（1840—1948 年）

近代建校大学校园是指建校时间在 1840—1948 年的大学校园。这一时期是我国近代高等教育的开始阶段，因而建于这一时期的校园具有悠久的历史文化底蕴，校园中有很多具有较高文化和历史价值的既有建筑，成为校园文化传承的重要载体。

2. 当代建校大学校园（1949—1998 年）

当代建校大学校园是指建校时间在 1949—1998 年的大学校园。这一时期是我国经济社会全面发展、建立自己的高等教育体系的关键时期。我国经济的加速发展给高等教育的发展提供了空前的机遇，高等院校规模不断扩大，大学校园的建设体现了国家经济社会发展对于高等教育的指导和支持作用。

3. 扩招后建校的新校园（1999 年至今）

扩招后建校大学校园是指建校时间在 1999 年至今的大学校园。1999 年教育部出台《面向 21 世纪教育振兴行动计划》，提出到 2010 年高等教育毛入学率将达到适龄青年的 15%。此后大多高校开始扩招，随后为解决原有校园基础设施的不足，很多高校纷纷在其城市郊区建立超大规模的新校区。

4. 专业性校园：南京艺术学院

专业性校园是指服务于特定专业性学科需求的大学校园。这类大学校园往往针对学科门类（哲、文、理、工、管、法、医、农林、经济、教育、艺术等）中特定的一种或几种，办学规模相对于综合性大学较小，专业特色明显。

1. 近代建校大学校园（1840—1948 年）

1.1 东南大学四牌楼校区

东南大学坐落于六朝古都南京，是享誉海内外的著名高等学府，是国家教育部直属并与江苏省共建的全国重点大学，也是国家“985 工程”和“211 工程”重点建设大学之一。2017 年，东南大学入选世界一流大学建设 A 类高校名单。

东南大学是一所历史悠久、底蕴深厚的大学。学校创建于 1902 年的三江师范学堂，后历经两江师范学堂、南京高等师范学校、国立东南大学、国立中央大学等重要发展时期。1952 年全国高校院系调整，学校文理等科迁出，以原国立中央大学工学院为主体，先后并入复旦大学、交通大学、浙江大学、金陵大学等校的有关系科，在国立中央大学本部原址建立了南京工学院。1988 年 5 月，学校复更名为东南大学。

学校目前建有四牌楼、九龙湖、丁家桥等校区。东南大学四牌楼校区是六朝宫苑的遗址，也曾是明朝国子监所在地，校区内民国时期的中央大学旧址，作为近现代重要史迹及代表性文物，已被国务院列为第六批全国重点文物保护单位。四牌楼校区占地面积 411309m^2，校园房屋总建筑面积 476587m^2。

1.1.1 老图书馆

绘制：杨慕然、陈旭、刘振鹏、杨孔睿、任广为
整理：白雨

基本信息

建筑名称：东南大学老图书馆
校区建成时间：1902 年
建筑建成时间：1924 年
建筑风格：西方古典主义风格
建筑总面积：3813m^2（扩建 1305m^2）
建筑层数：2 层
建筑结构：钢筋混凝土结构

历史背景

老图书馆位于东南大学四牌楼校区，建成于 1924 年中央大学期间。建校初期，图书馆的筹建成为当务之急，然而当时需款甚巨，校董会拟《募捐章程》，说明有愿独资捐建者，即以其命名。经校长郭秉文奔走，获江苏督军齐燮元首肯，独资兴建图书馆。建成后，齐以其父之名命名为“孟芳图书馆”。图书馆原由外国人帕斯卡尔（Jousseume Poscal）设计，1933 年 10 月进行了扩建，扩建工程由关颂声、朱彬、杨廷宝三位建筑师设计。

时间线 / 年

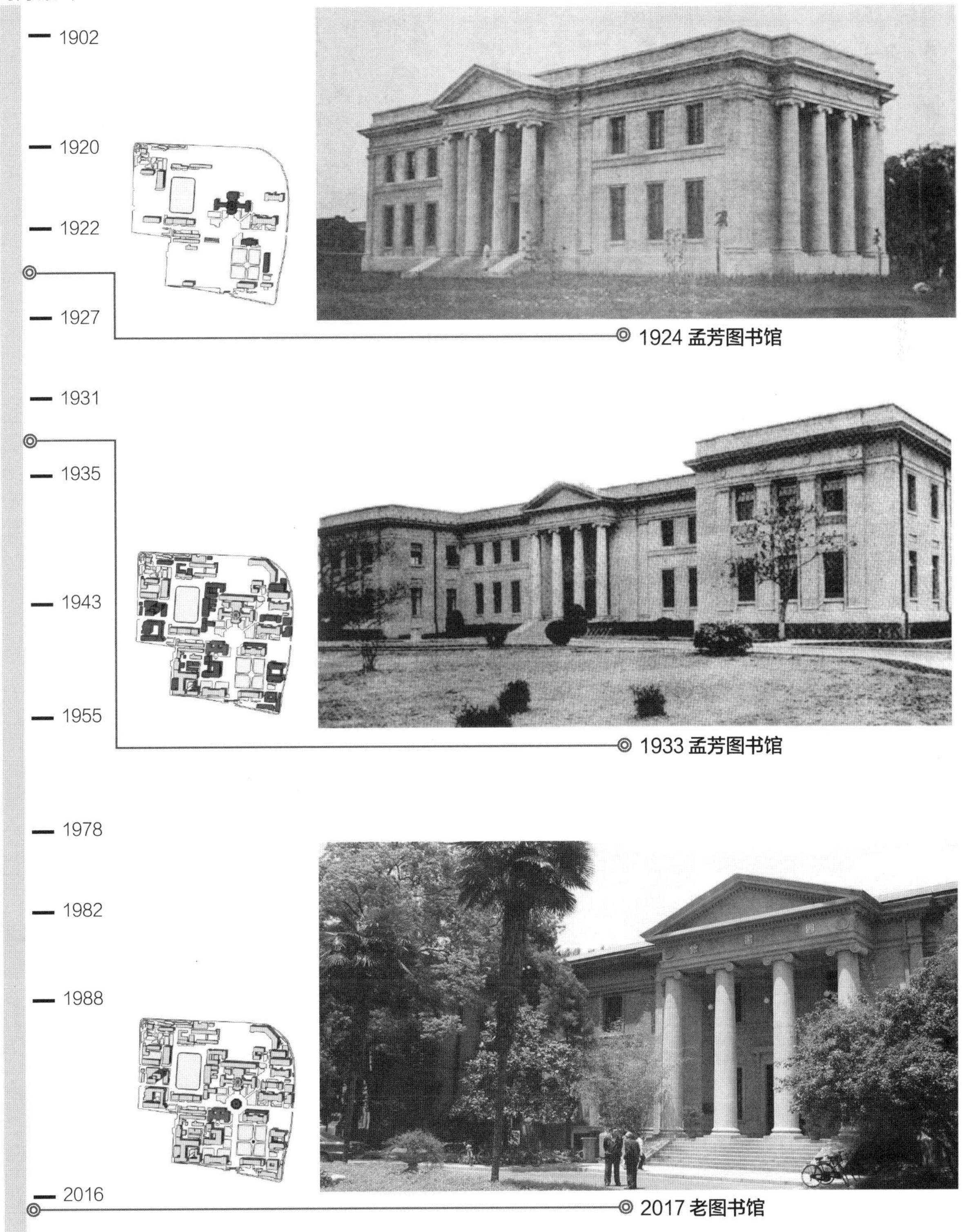

1924 孟芳图书馆

1933 孟芳图书馆

2017 老图书馆

场地分析

老图书馆与新图书馆形成东南大学主轴线西侧最重要的建筑组团。老图书馆位于组团的北部，与新图书馆相互呼应，2 座建筑之间围合出尺度宜人的院落空间。老馆东侧紧邻中央大道，与另一座民国历史建筑中大院隔路相望，2 座建筑近似对称，是校园中轴线上重要的建筑地标。

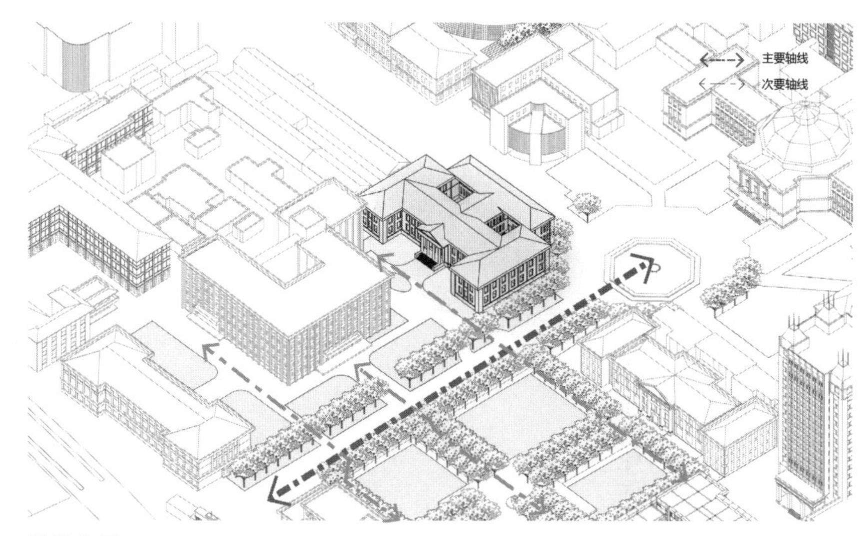

轴线分析

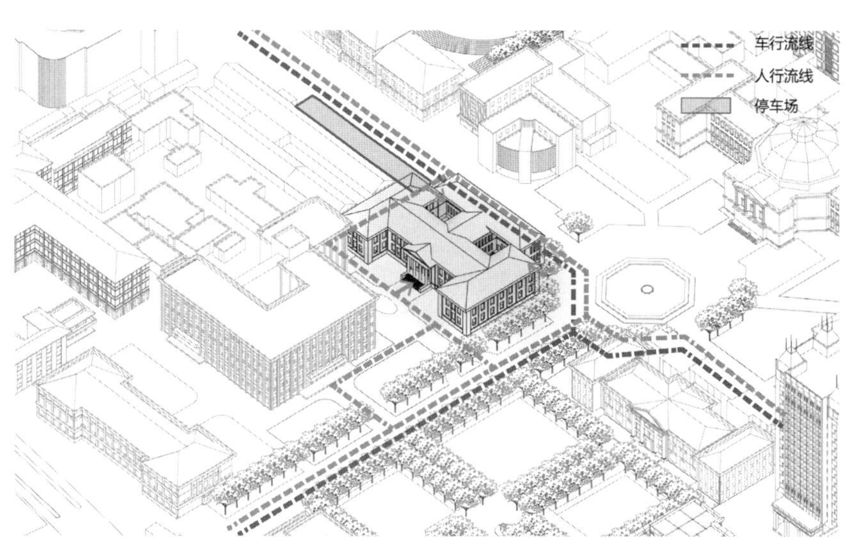

交通分析

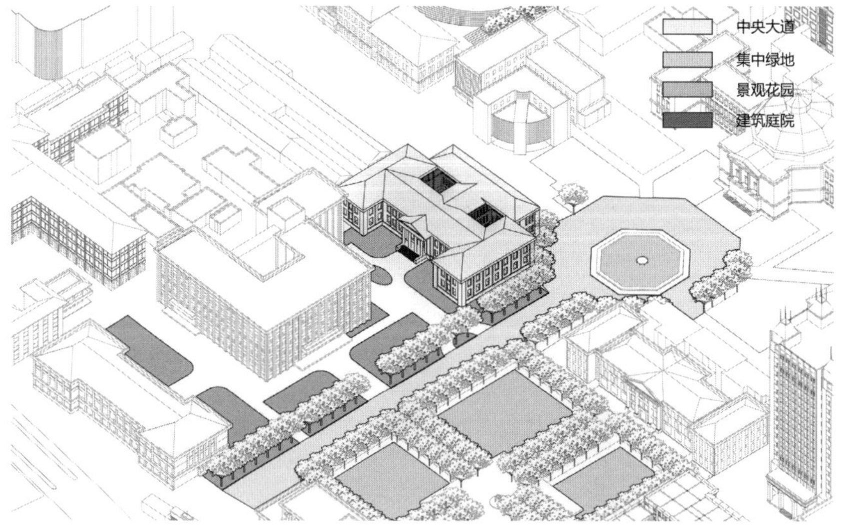

空间分析

平面分析

老图书馆的主体部分为两层，平面呈“工”字形，内部设有 2 个天井。建筑北侧为展厅和会议用房，南侧为学校的办公用房，主入口设置在南侧。

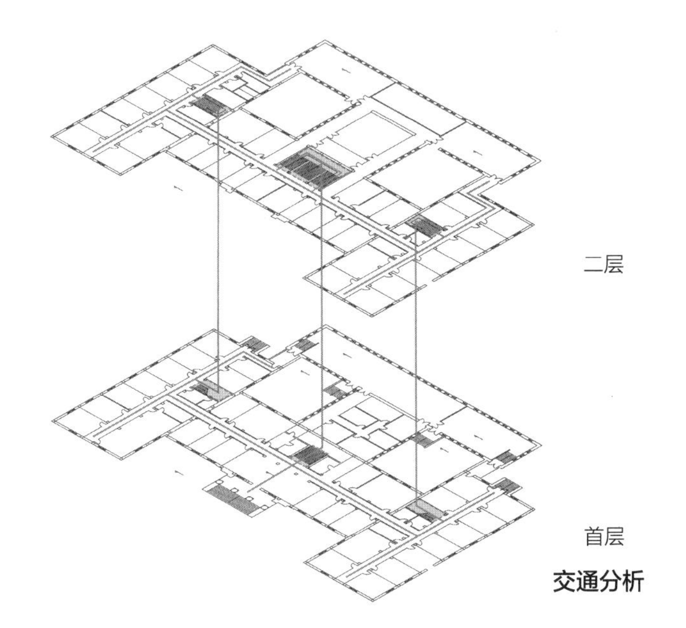

交通分析

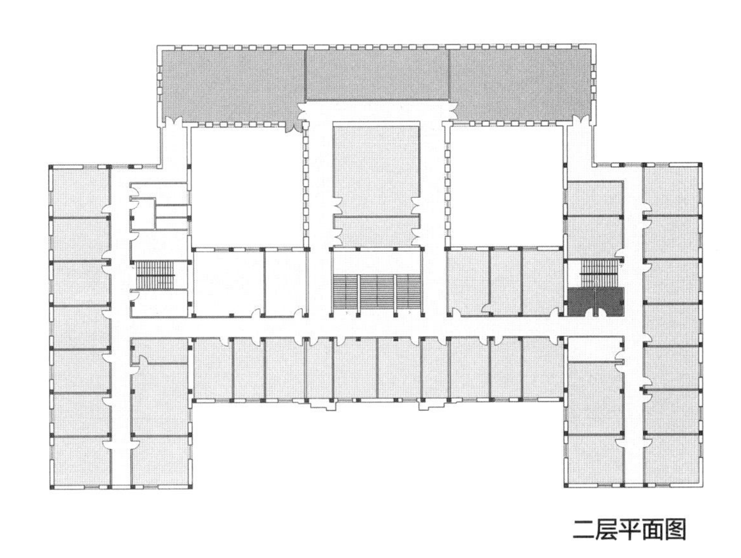
二层平面图

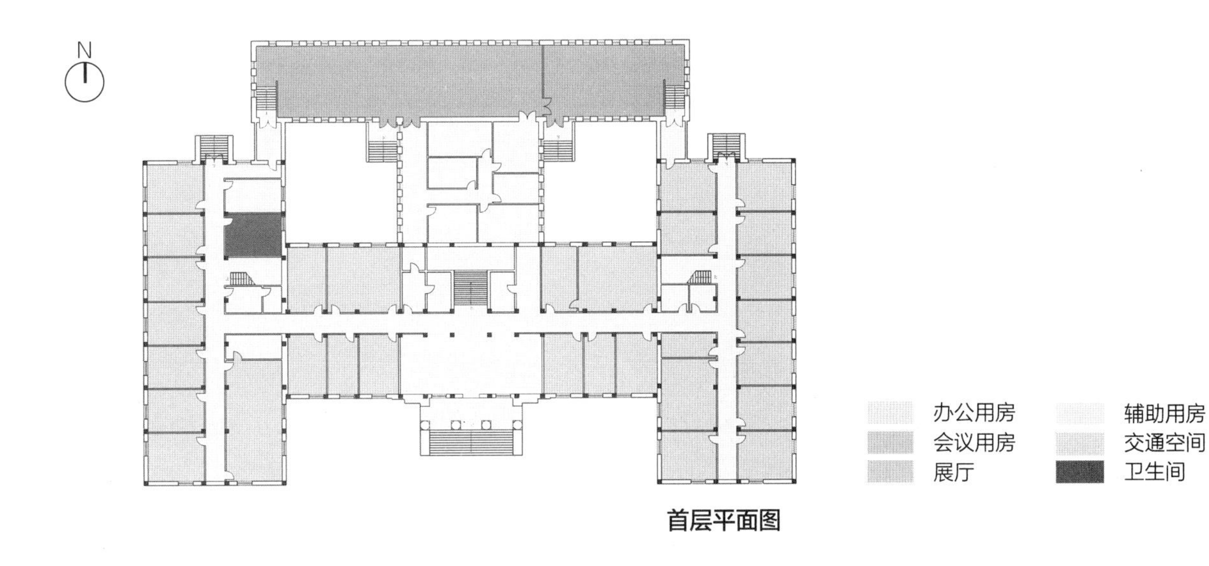

首层平面图

剖面与空间分析

通过两侧庭院的置入，改善建筑的采光通风环境。建筑南北两侧均有较好的景观条件。

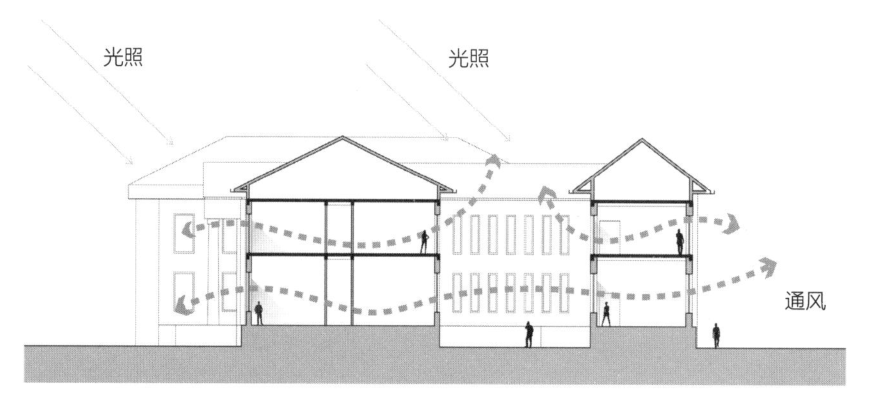

通风采光分析

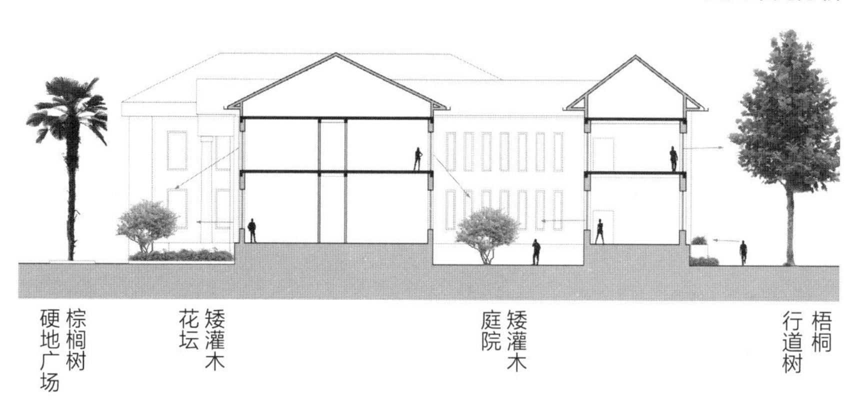

景观视线分析

以门厅作为开放空间组织建筑的内部空间，两个庭院分置两侧，北侧为较大的会议室等公共空间。

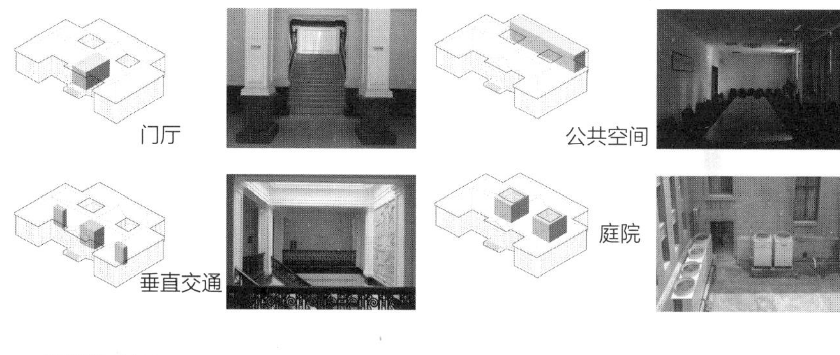

老图书馆主立面为南立面，立面采用西方古典构图，材料采用仿石材构造的水刷石饰面。

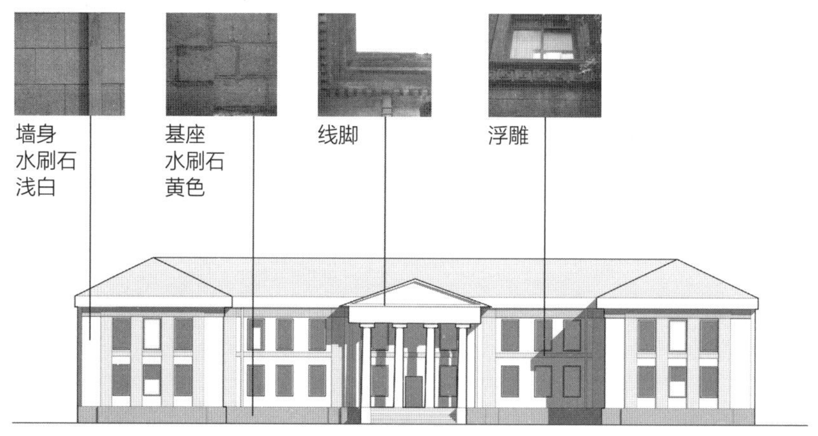

南立面图

1.1.2　新图书馆

绘制：张彦康、施天成、景林楷、张运、孙哲
整理：白雨

基本信息

建筑名称：新图书馆
校区建成时间：1902 年
建筑建成时间：1986 年
建筑风格：现代风格
建筑总面积：7500m^2
建筑层数：6 层
建筑结构：钢筋混凝土框架结构

场地分析

新图书馆位于学校主轴线的西侧，与老图书馆、五四楼一起组成轴线西侧重要的建筑群，与主轴线东侧的前工院遥相呼应。

新图书馆的东边设有入口广场与中央大道相接，广场正对中央大道东边的中心大草坪。新图书馆南侧与五四楼围合出一个庭院，北侧与老图书馆之间的空地也设计成尺度合宜的活动场地。

轴线分析

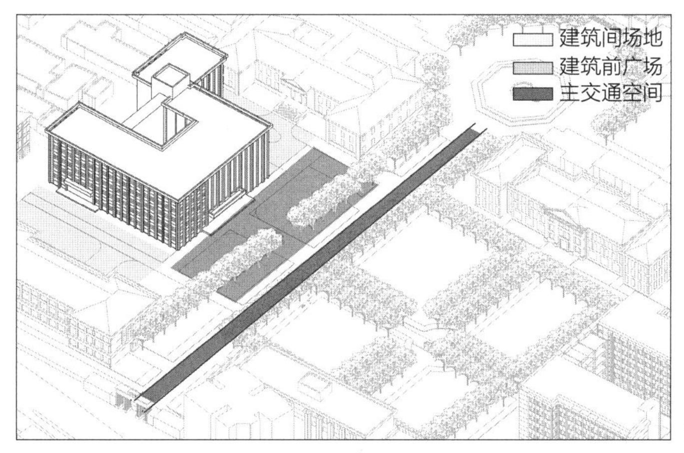

空间分析

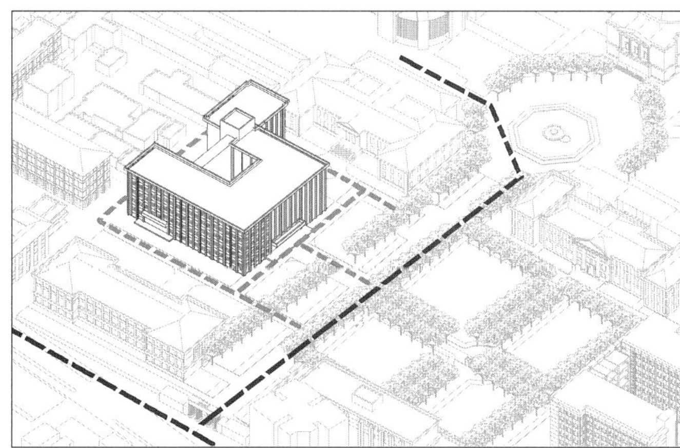

交通分析

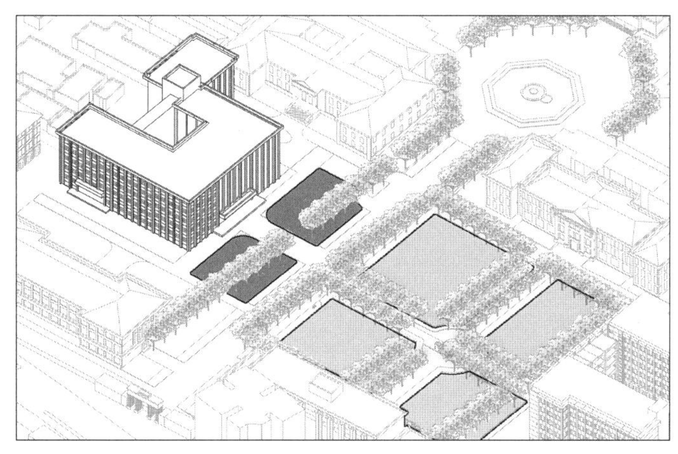

景观分析

平面分析

东南大学新图书馆整体平面呈“回”形，内设庭院，其中庭院二层覆有屋顶，形成两层通高的中庭。围绕内庭院在北边布置阅览室和自习室，南边为阅览室和办公室，东边为图书室和画室，西北角则为书库。新图书馆共有 3 部疏散楼梯，书库内设置 1 部电梯和消防楼梯，图书馆主出入口设置在建筑东侧。

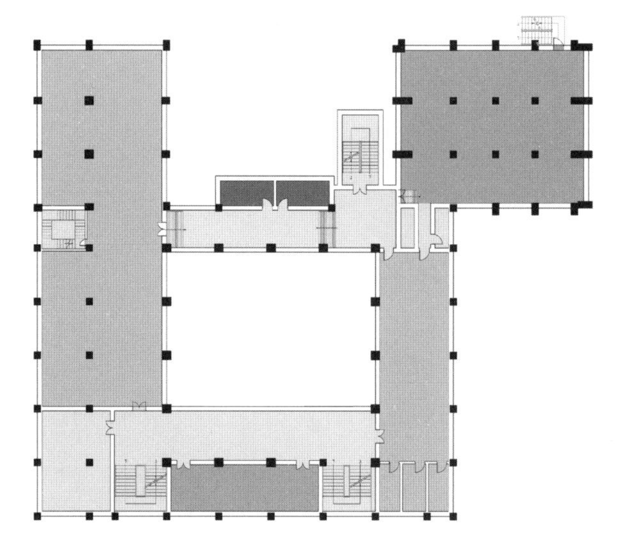

四～五层平面图

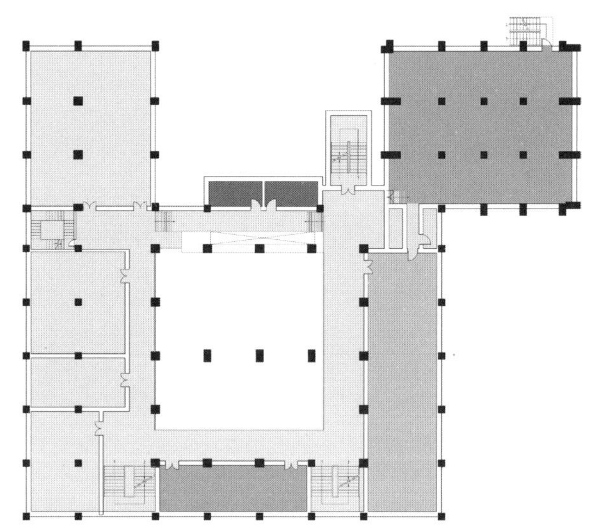

二～三层平面图

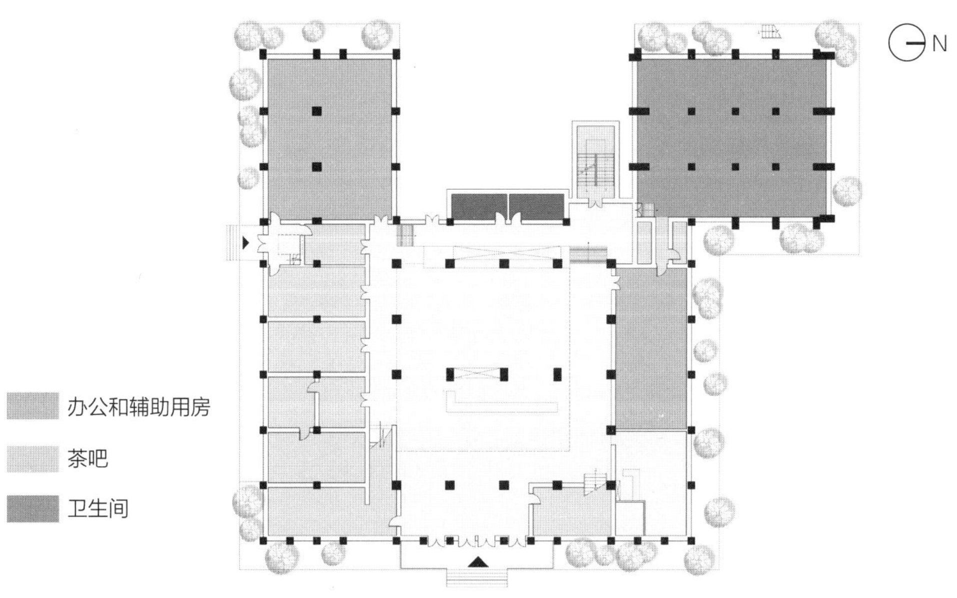

阅览自习教室　　办公和辅助用房

休息空间及门厅　　茶吧

交通空间　　卫生间

书库和图书室

一层平面图

剖面分析

庭院的设置使建筑的采光和通风更加合理。底层中庭提供了公共交流空间。建筑西侧的院落现在相对封闭，可进一步开发使用。

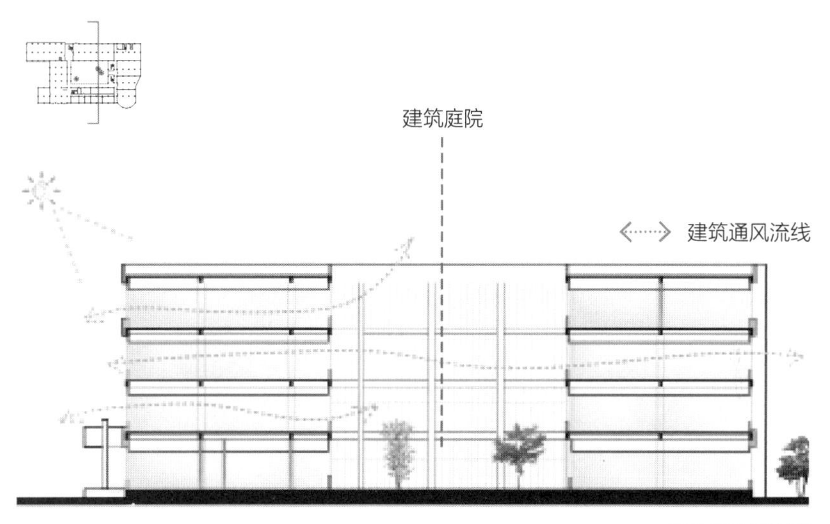

通风采光分析

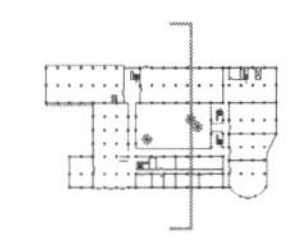

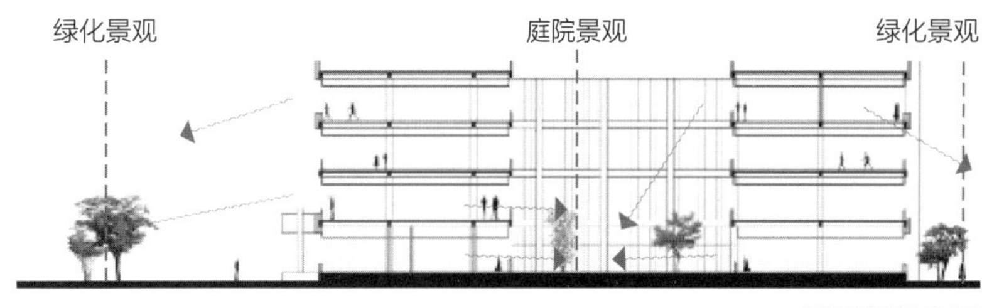

景观视线分析

实景图

空间分析

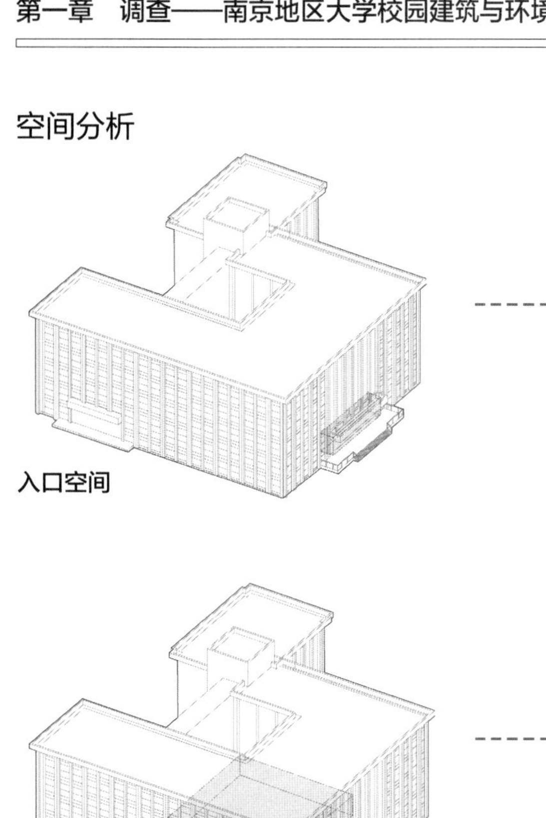

入口空间

入口空间（实景）

公共空间

公共空间（实景）

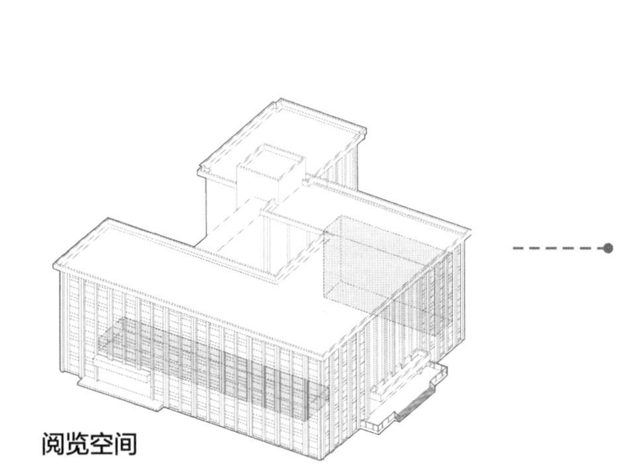

阅览空间

阅览空间（实景）

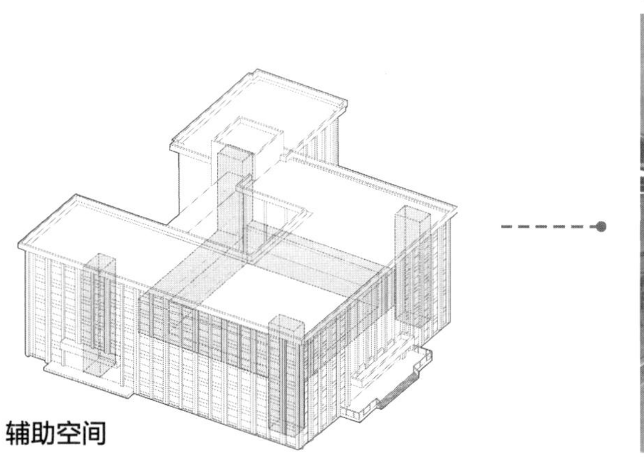

辅助空间

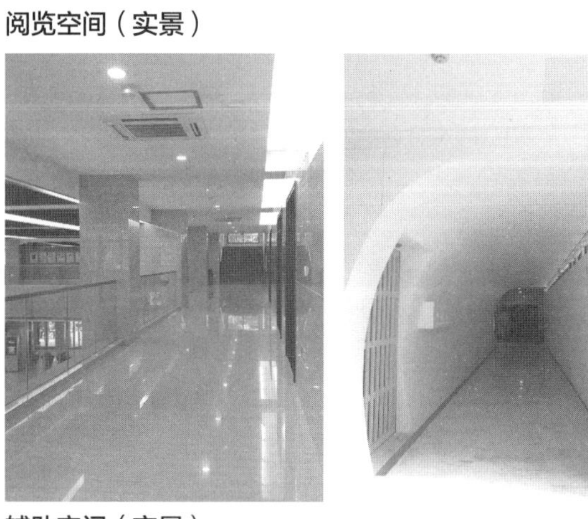

辅助空间（实景）

1.1.3 体育馆

绘制：蒋天桢、郑文倩、江雨蓉、高晏如、王文涵
整理：白雨

基本信息

建筑名称：体育馆
校区建成时间：1902 年
建筑建成时间：1923 年
建筑风格：西方古典主义风格
建筑总面积：2316.92m^2
建筑层数：3 层
建筑结构：砖木结构，钢组合屋架

历史背景

1922 年 1 月 4 日体育馆与图书馆同时举行开工奠基典礼，1923 年落成。体育馆系砖木结构，高 3 层，坐西朝东，南北对称。钢组合屋架，木楼地板。占地面积 1185.16m²，建筑面积 2316.92m²。入口处门廊采用西方古典柱式，屋面为红色铁皮覆盖，2015 年进行翻新。

时间线 / 年

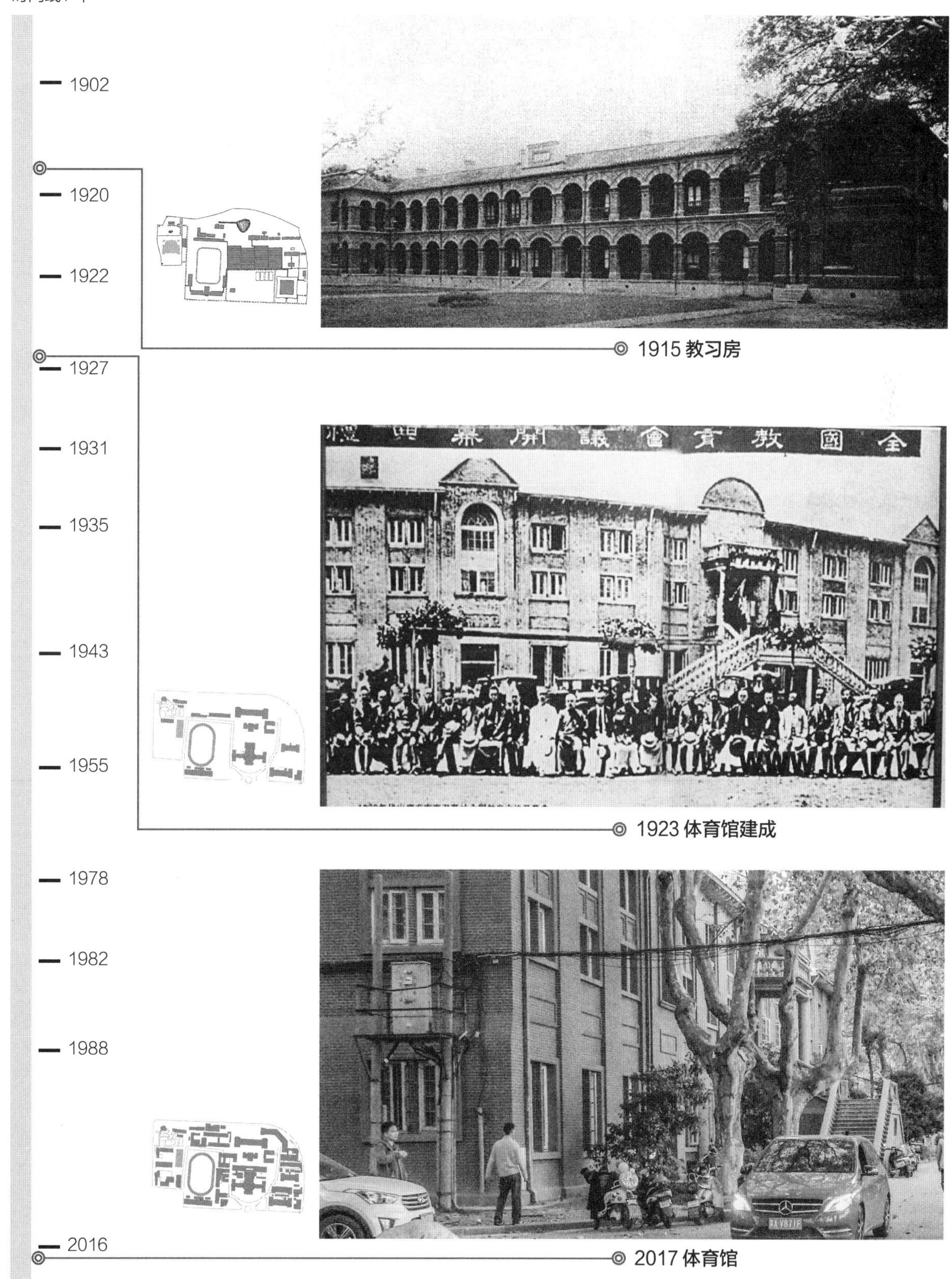

1915 教习房

1923 体育馆建成

2017 体育馆

场地分析

体育馆位于操场西侧，与操场东侧的东南大学建筑设计院遥遥相望，其北侧为公共绿地，著名的六朝松即位于其内，西侧有一组建筑，从南至北依次为逸夫建筑馆、榴园宾馆等，采用围合式布局，体育馆成为庭院的东侧边界。

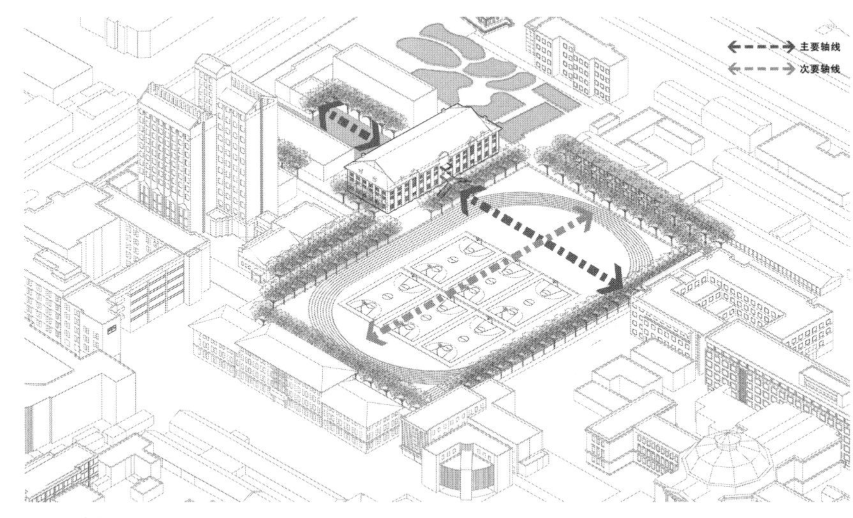

轴线分析

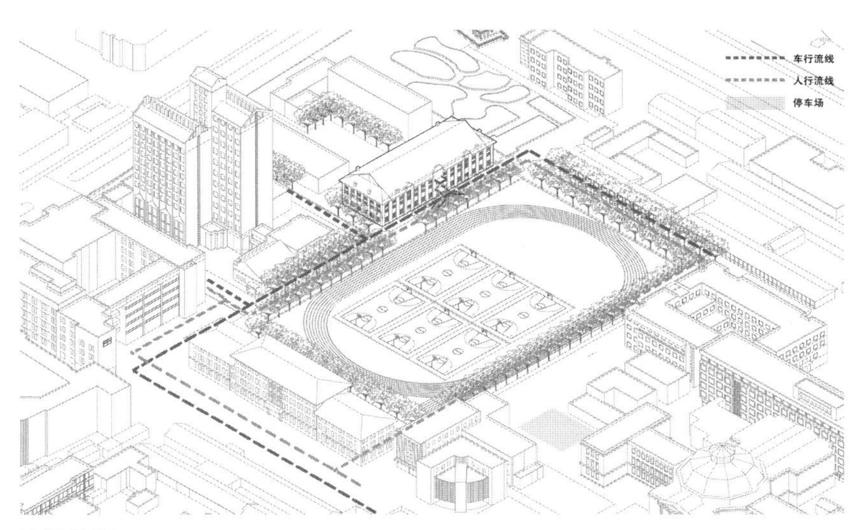

交通分析

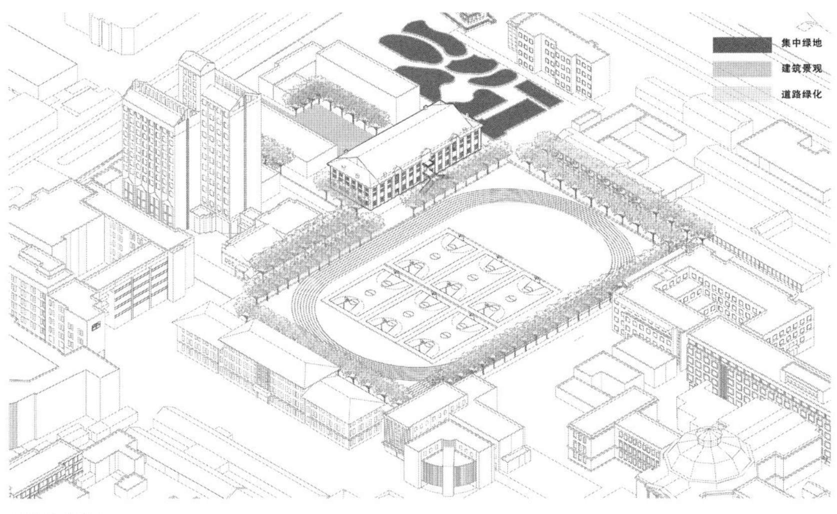

景观分析

平面分析

体育馆层数为 3 层。首层主要为办公用房和健身房。二 ~ 三层为通高的羽毛球场，其中三层设置可供观看比赛的跑马廊。

建筑共有 4 部公共楼梯，室内外各 2 部。

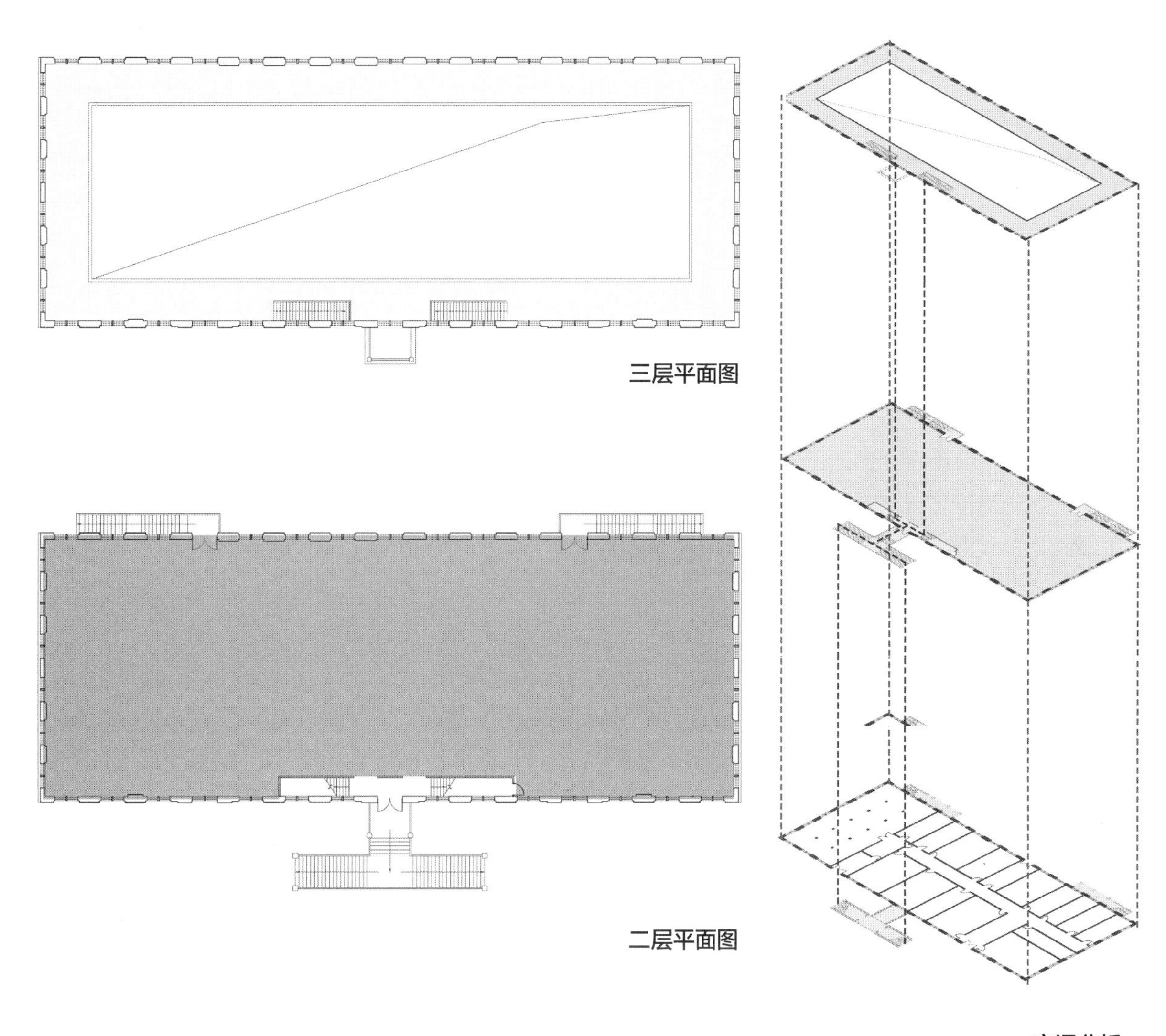

三层平面图

二层平面图

交通分析

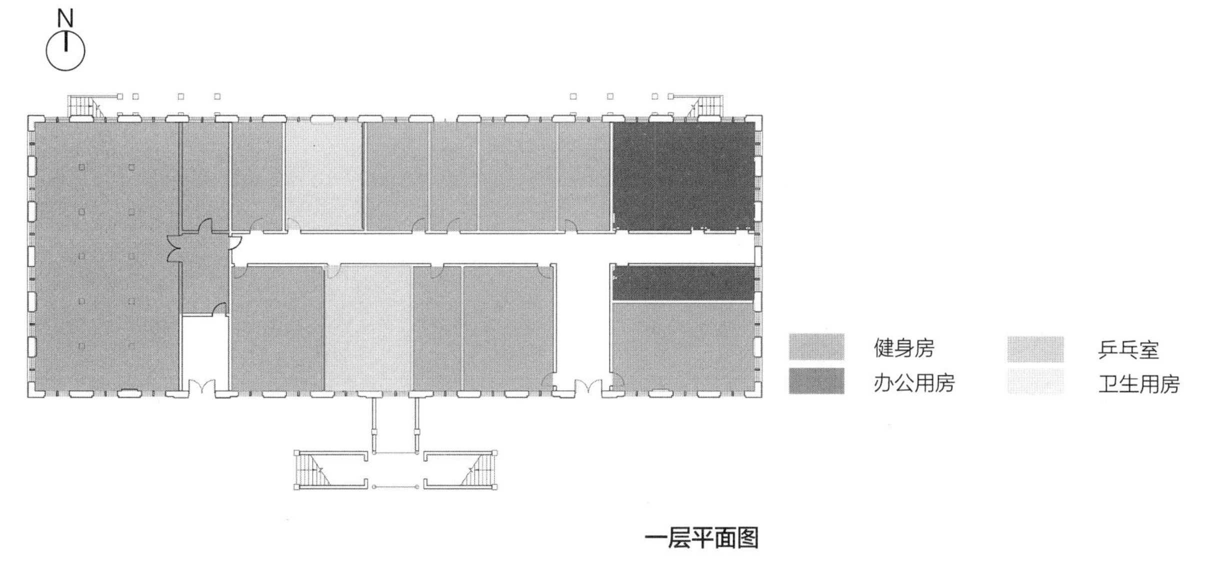

一层平面图

立面分析

体育馆的主立面为面向体育场的东立面，是典型的民国时期建筑风格。立面沿中轴对称分布，中间大楼梯通向主要的二层空间，与门廊、花瓶柱等要素共同强调其中心性。立面简明细腻，主次分明，歇山顶与墙身收分使其形态完整而优雅。建筑使用灰砖墙面，浅绿色彩钢瓦屋面与灰泥抹面的装饰以及淡黄的窗框使建筑显得更为轻快。

北立面图

立面构造

部位：窗框 / 窗套
材料：木 / 灰泥饰面
颜色：黄色 / 灰色

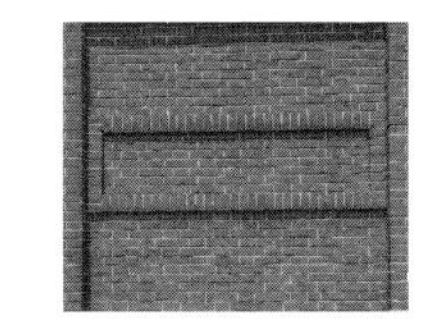

部位：窗下墙
材料：竖砌灰砖
颜色：深灰色

部位：扶手
材料：灰泥饰面
颜色：灰色

部位：外墙
材料：灰砖
颜色：深灰色

部位：屋面
材料：彩钢瓦
颜色：浅绿色

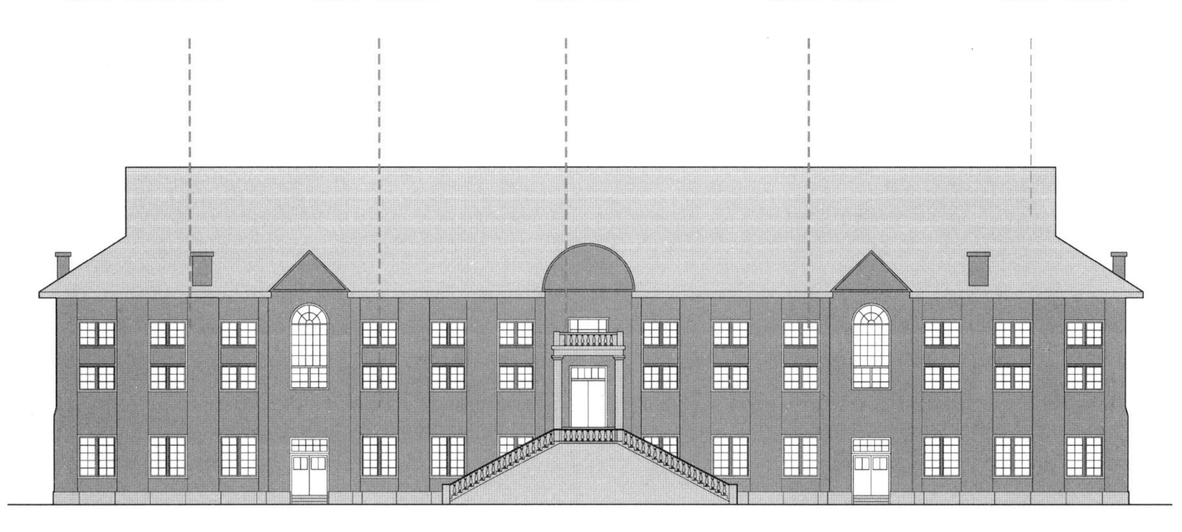

东立面图

结构分析

体育馆主体采用砖混结构，大跨屋顶采用木结构豪式屋架解决跨度，三层跑马廊为钢结构，悬吊在屋架上。构造上，立面使用了灰泥窗套、花瓶柱，古典柱式、烟囱等元素，同时在一些细节上通过砖的不同砌法来进行装饰，是典型的折中主义建筑做法。

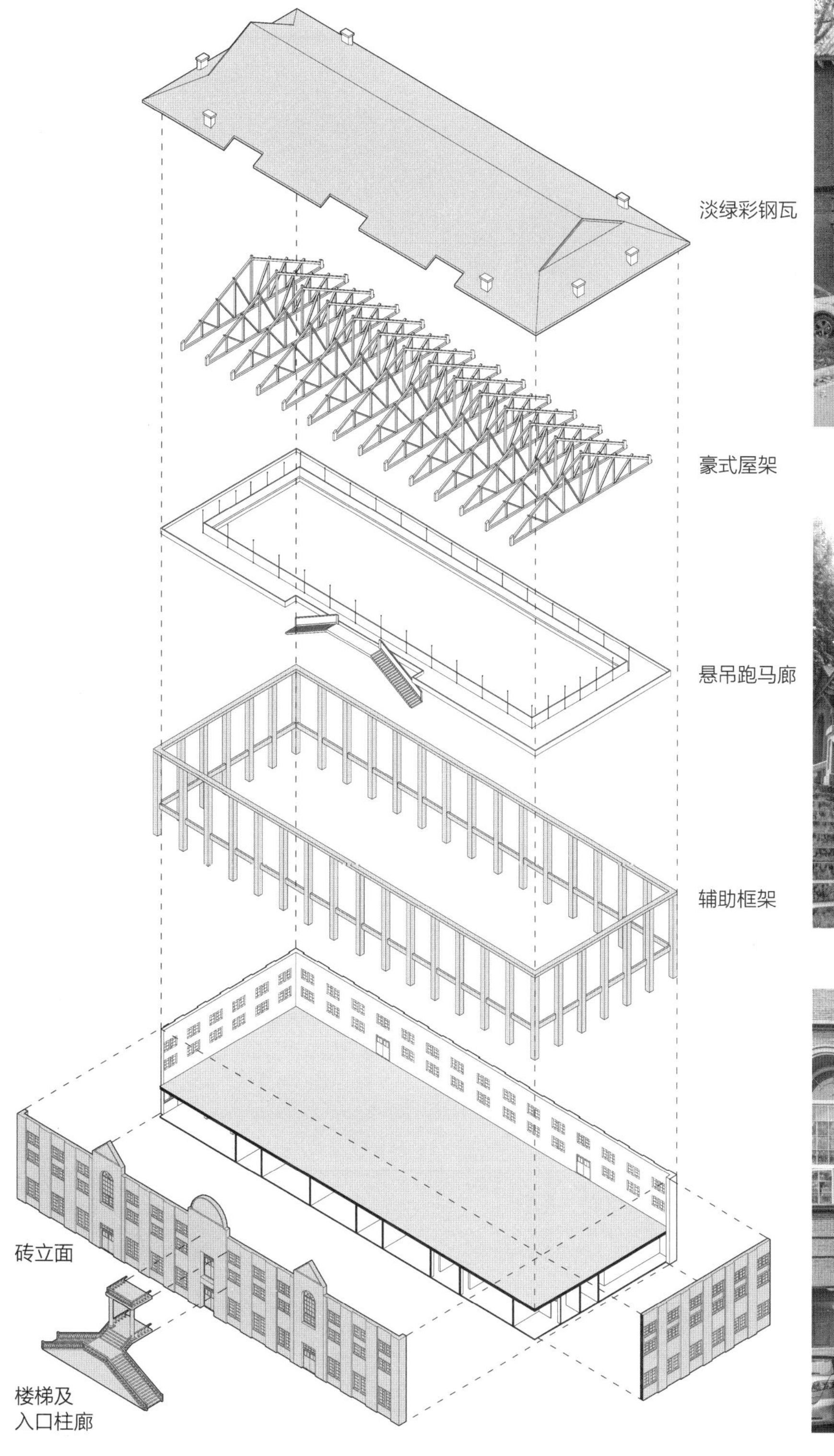

实景图

剖面分析

体育馆建筑中窗面积不足，且无人工辅助通风设备，使得体育馆内通风情况较弱；由窗面积小而导致的照明不足可由人工照明补足，但羽毛球场地中存在较多眩光现象，在一定程度上影响使用。

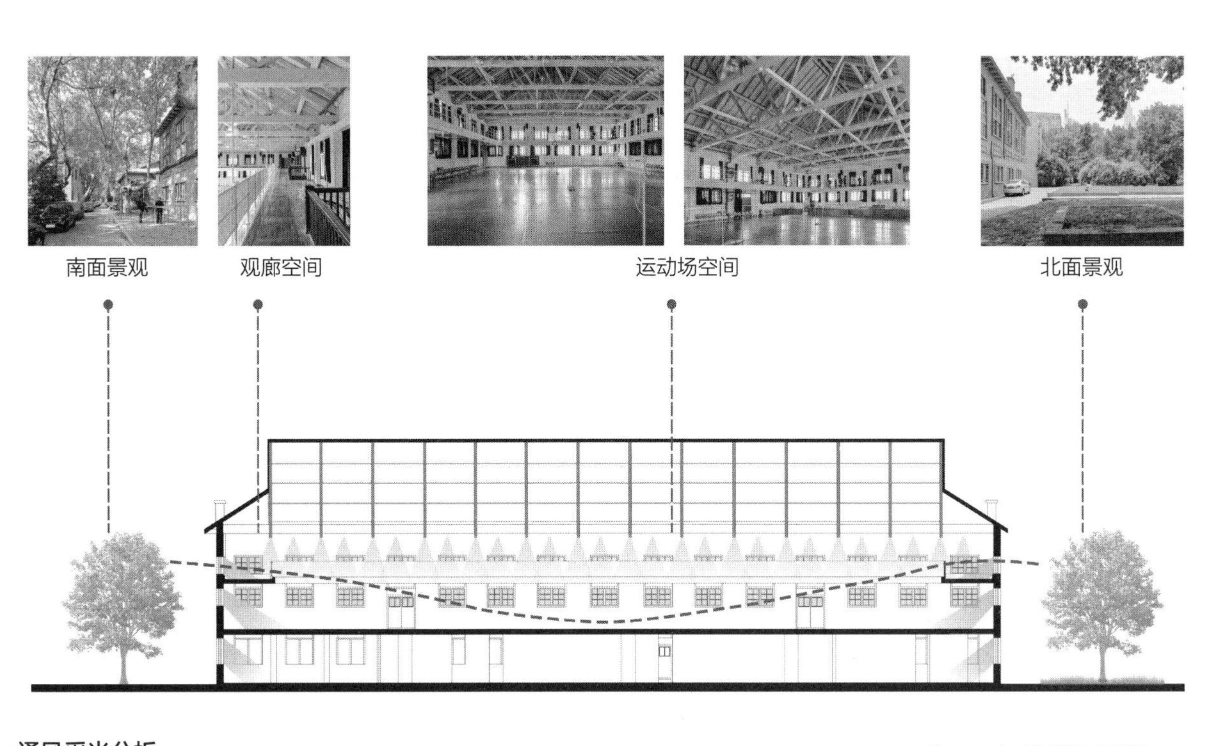

通风采光分析

建筑通风流线

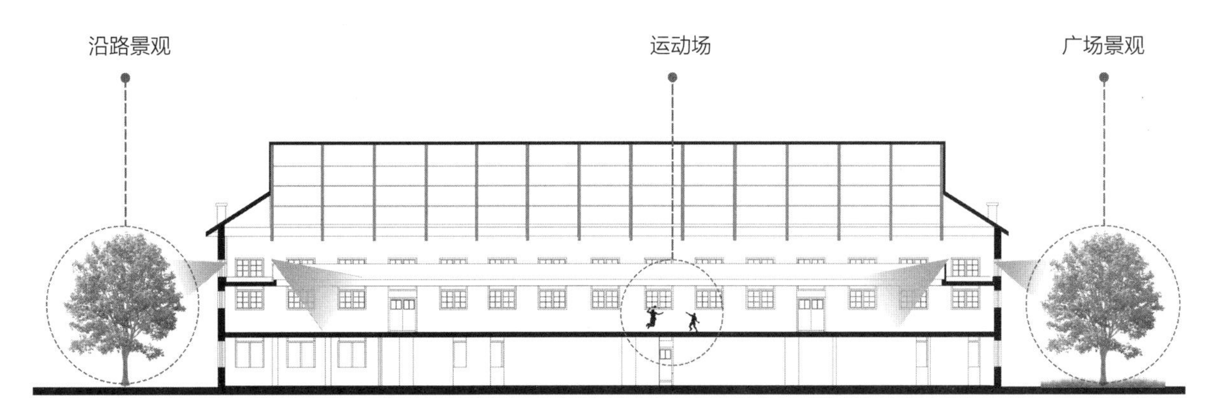

景观视线分析

空间分析

入口空间

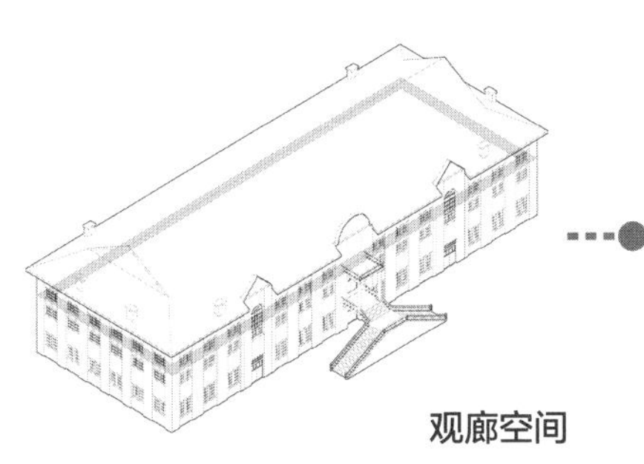

观廊空间

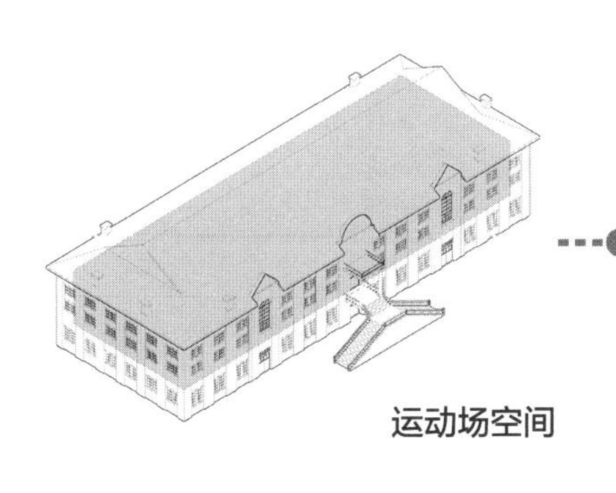

运动场空间

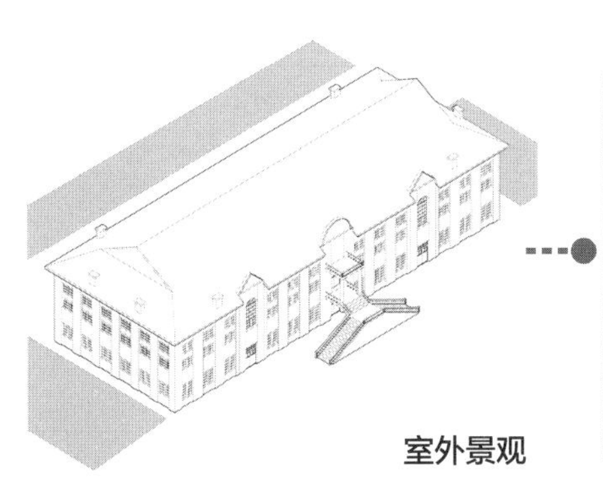

室外景观

1.2　南京大学鼓楼校区

南京大学坐落于钟灵毓秀、虎踞龙盘的金陵古都，是一所历史悠久、声誉卓著的百年名校。其前身是创建于1902 年的三江师范学堂，此后历经两江师范学堂、南京高等师范学校、国立东南大学、国立第四中山大学、国立中央大学、国立南京大学等历史时期，于 1950 年更名为南京大学。1952 年，在全国高校院系调整中，南京大学调整出工学、农学、师范等部分院系后与创办于 1888 年的金陵大学文、理学院等合并，仍名南京大学。校址从四牌楼迁至鼓楼金陵大学原址。

南京大学目前有仙林、鼓楼、浦口、苏州四个校区。鼓楼校区坐落在南京市中心区域，与鼓楼广场相邻，汉口路将鼓楼校区划为南园、北园，其中南园是学生宿舍和生活区，北园是教学科研区，面积近 800 亩（53.33hm^2）。南京大学鼓楼校区为金陵大学旧址所在地，北园金陵苑一带为中华传统风格建筑群，其中的北大楼已经成为南京大学的标志性建筑。1952 年，南京大学由四牌楼迁往鼓楼办学，鼓楼校区也成为南京大学主校区，直至南京大学仙林校区启用。

1.2.1　教学楼

绘制：徐文博、徐懿德、仲凯、刘紫东、吕佳瑞
整理：白雨

基本信息

建筑名称：教学楼
校区建成时间：1952 年
建筑建成时间：1953 年
建筑风格：现代风格
建筑总面积：7600m^2
建筑层数：5 层
建筑结构：框架结构

历史背景

教学楼为南京大学鼓楼校区主楼，正对南大大门。南京大学创建于1902 年，但 1952 年南京大学才搬迁至鼓楼区。原先该区域是一片广阔的绿地。第二年，教学楼建造完成。2015 年，南大校友郑钢毕业 7 年后，他用捐赠 1000 万元的方式回馈母校。因此，南京大学将拥有 50 余年历史的教学楼冠名为“郑钢楼”。

时间线 / 年

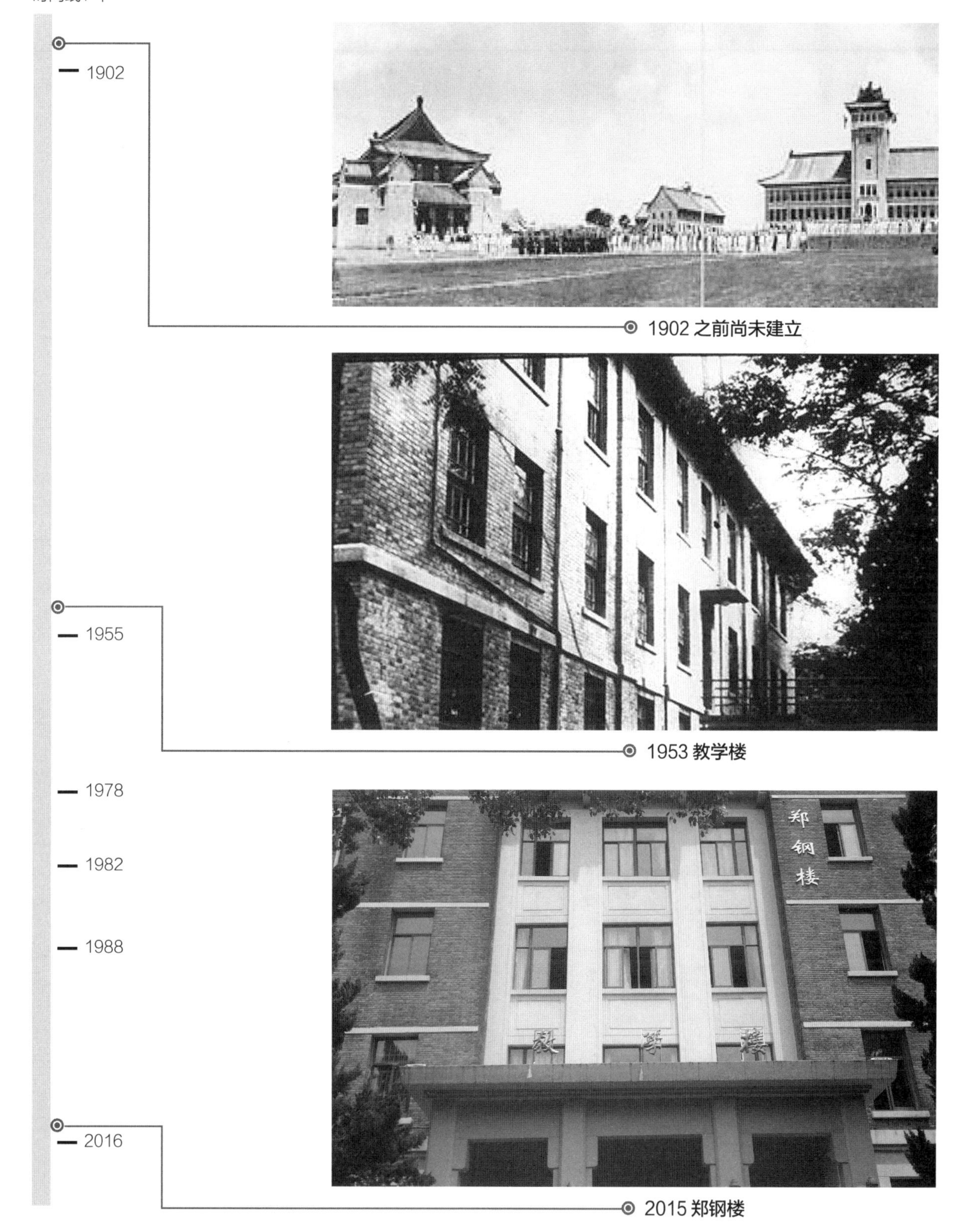

1902 之前尚未建立

1953 教学楼

2015 郑钢楼

场地分析

郑钢楼位于南京大学鼓楼校区中大路尽端，面朝南京大学正南门，采用中轴对称设计，楼前宽阔的中大路和两江路交汇形成开阔的场地，现为绿化繁茂的校园公园。

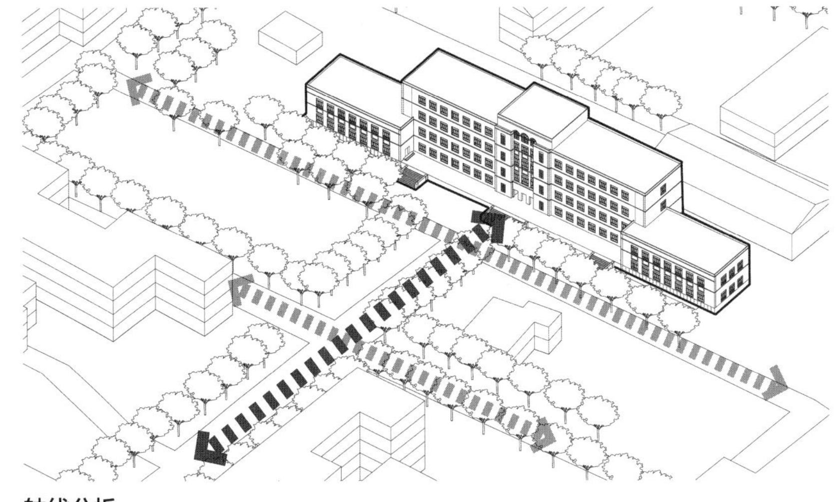

轴线分析

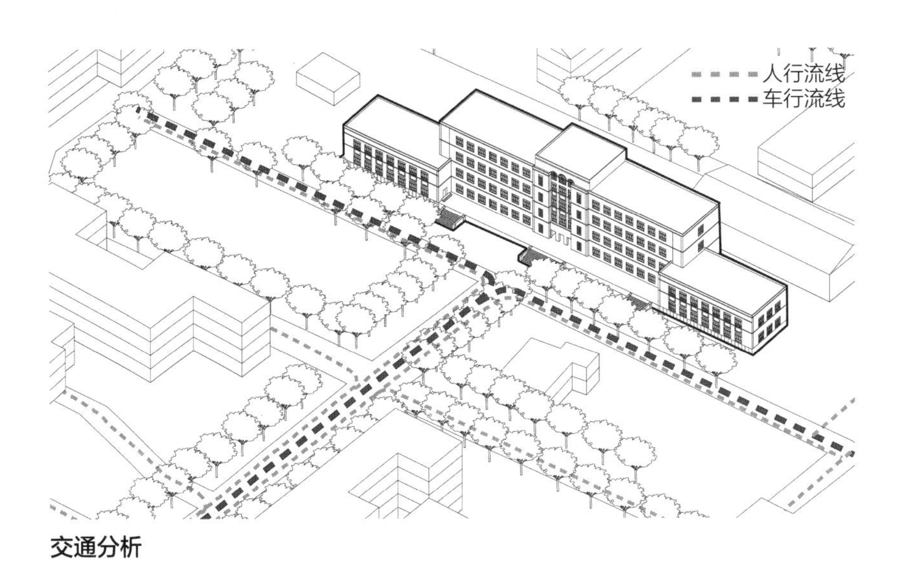

交通分析

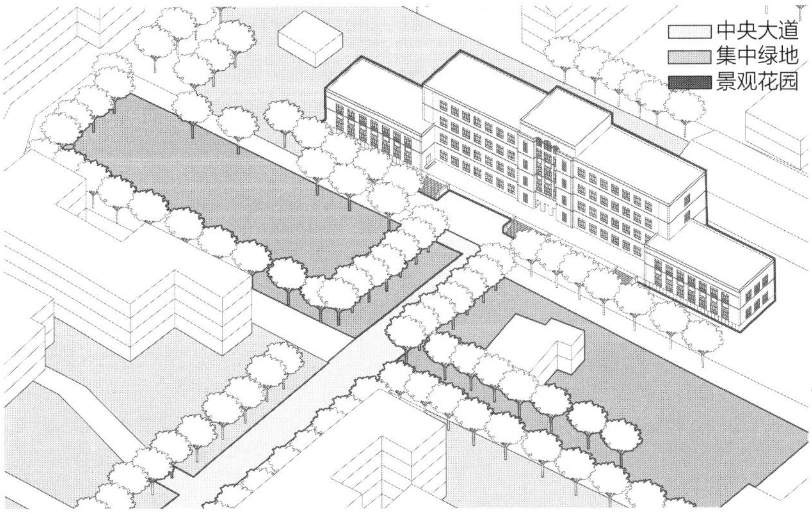

中央大道
集中绿地
景观花园

景观分析

平面分析

教学楼为“一”字形平面，中间部分高五层，采用内廊式平面设置公共教室，用于小班化教学或自习，五楼是会议室。两侧的附楼高两层，设置为阶梯教室，用于做报告或上课。教学楼共有四部疏散楼梯。

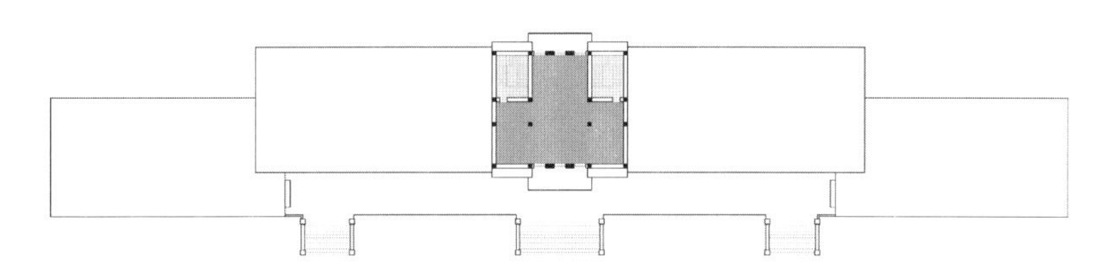

顶层平面图

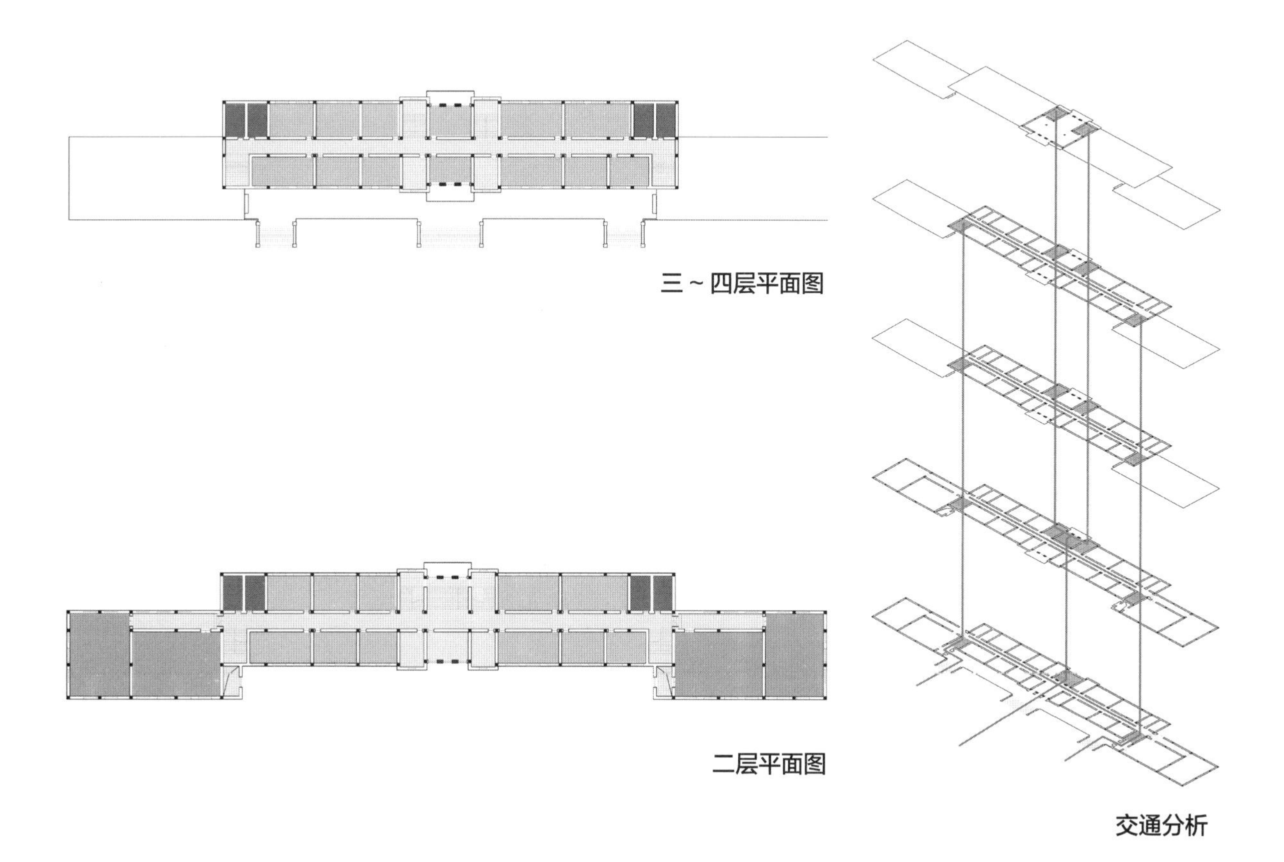

三～四层平面图

二层平面图

交通分析

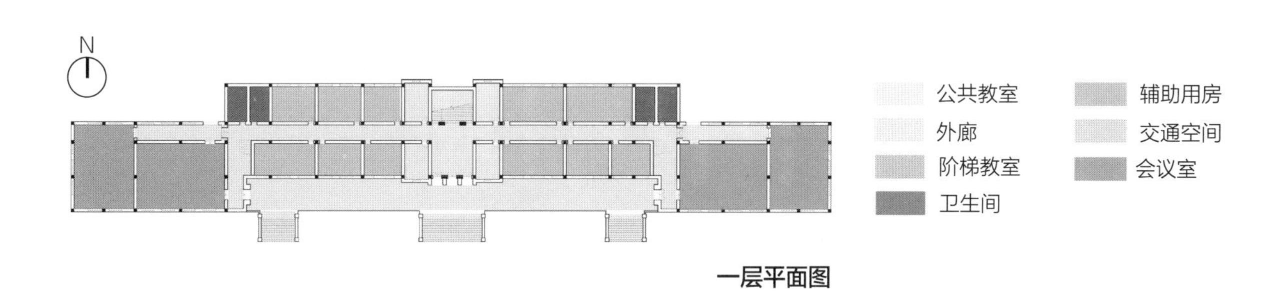

一层平面图

立面与剖面分析

南京大学教学楼采用框架结构，南立面为其主立面，为 20 世纪 50 年代设计风格，采用砖墙砌筑，设有白色装饰线条和窗套。建筑的通风主要通过两侧的窗户实现。

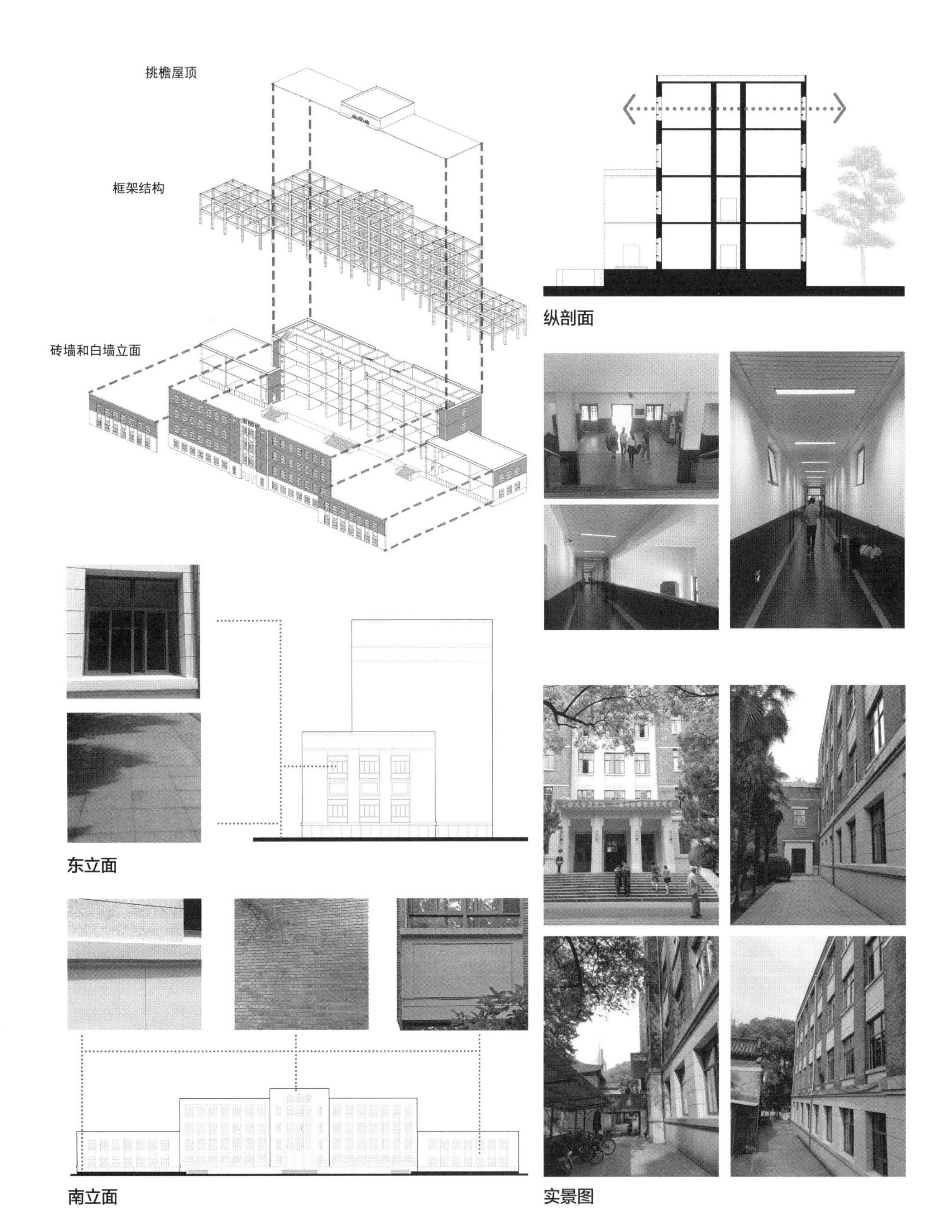

纵剖面

东立面

南立面

实景图

空间分析

郑钢楼虽然建于 20 世纪 50、60 年代，但室内空间设计极为出彩，空间丰富多变，明暗、动静富有韵律，建筑整体与地形巧妙结合。整体空间尺度宜人，体现了建筑师的深厚功底。

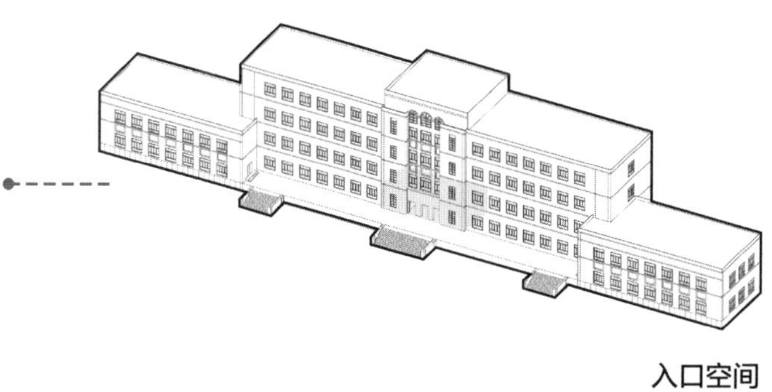

入口空间

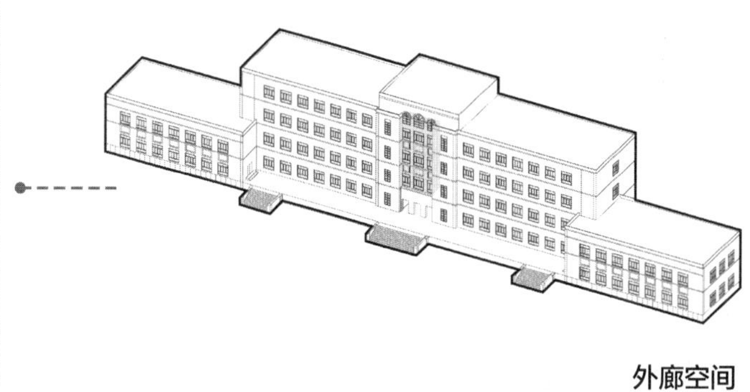

外廊空间

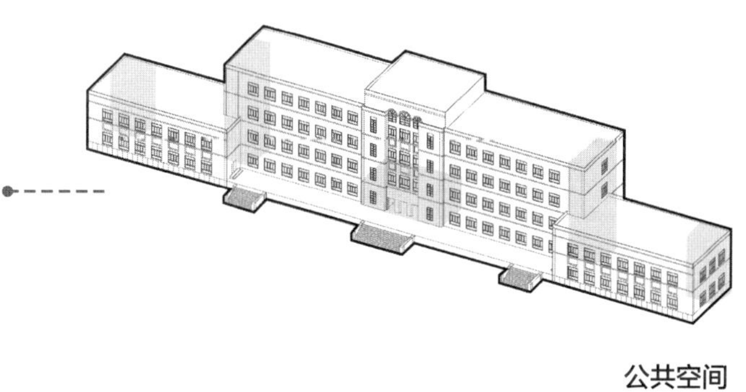

公共空间

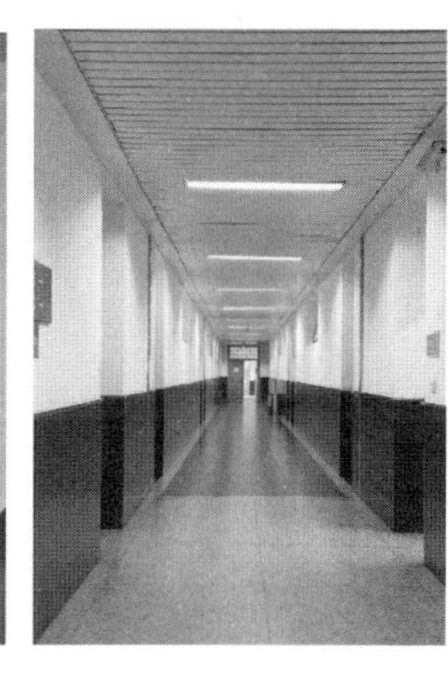

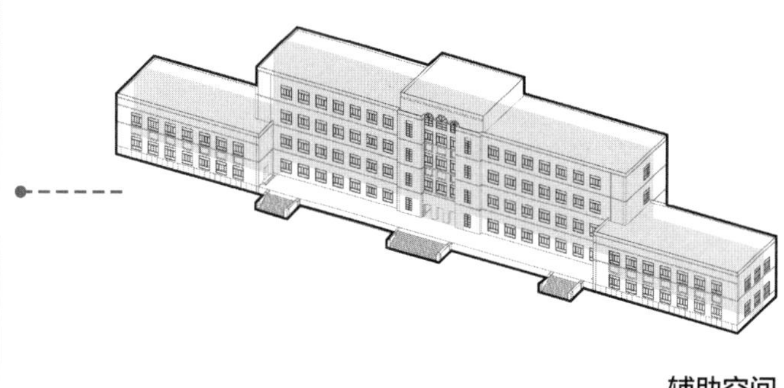

辅助空间

1.2.2　图书馆

绘制：徐忆、郑悦、邵舒怡、孙铭阳、黄郁宇
整理：白雨

基本信息

建筑名称：图书馆
校区建成时间：1952 年
建筑建成时间：1924 年（后经 1979 年、2002 年两次扩建）
建筑风格：现代风格
建筑总面积：8548m^2
建筑层数：5 层
建筑结构：框架结构

历史背景

南京大学鼓楼校区图书馆，于 1924 年由齐孟芳先生捐资建成，建筑师为杨廷宝先生。1979 年建设了新馆，馆舍面积共 20000m^2，工作人员 130 人。全馆共设阅览室 10 多个，1300 席座位，年接待读者 100 万人次以上。2002 年百年校庆之际，对现有的馆舍进行了大规模的改造扩建，馆舍面积增至 22100m^2，建筑师为张雷等。

1924 中央大学图书馆

1979 南京大学图书馆

2017 南京大学图书馆

场地分析

图书馆、书库以及校史研究馆围合成整体，内部通过廊道相互连接。图书馆位于中央大道东侧，与西侧的物理楼隔中央大道相互对称，突出了中央大道这条南北轴线，而轴线的尽端通向大礼堂。

图书馆与大礼堂之间设有集中式景观带，为校园提供了开敞的公共空间。图书馆周边的绿化带，为图书馆提供了尺度恰当的过渡空间。而设在图书馆建筑群内部的庭院与绿地，则形成较为私密的景观空间。

次要轴线
主要轴线

轴线分析

车行流线
人行轴线

交通分析

集中绿地
路旁绿地
院内绿地

景观分析

组团级广场
建筑间广场
建筑庭院

空间分析

平面分析

图书馆平面为“L”形，主楼底层中部为二层通高的门厅，采用内廊式布局，阅览室和资料室多布置在东侧和南侧，西侧以办公和辅助空间为主。

门厅两侧对称布置两部楼梯，此外，在建筑的北侧和东侧各设置了一部疏散楼梯。

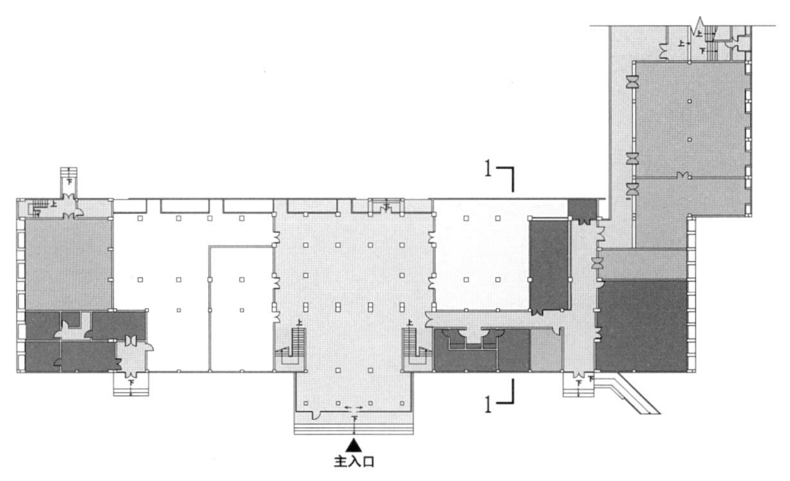

四层平面图

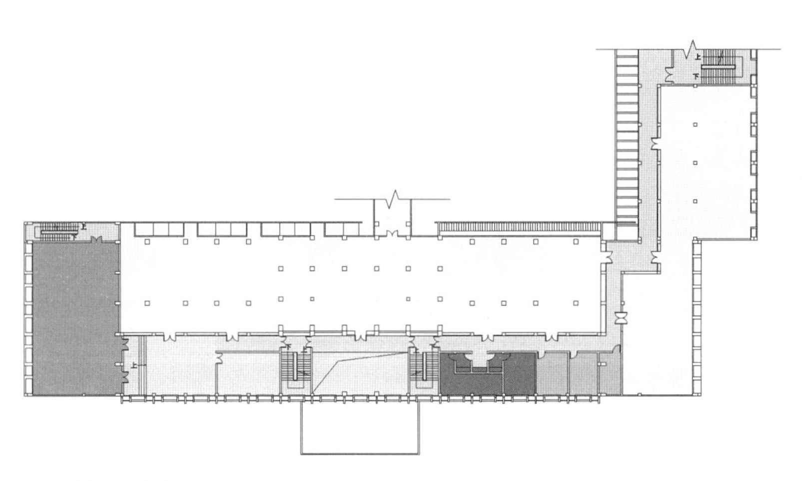

二、三层平面图

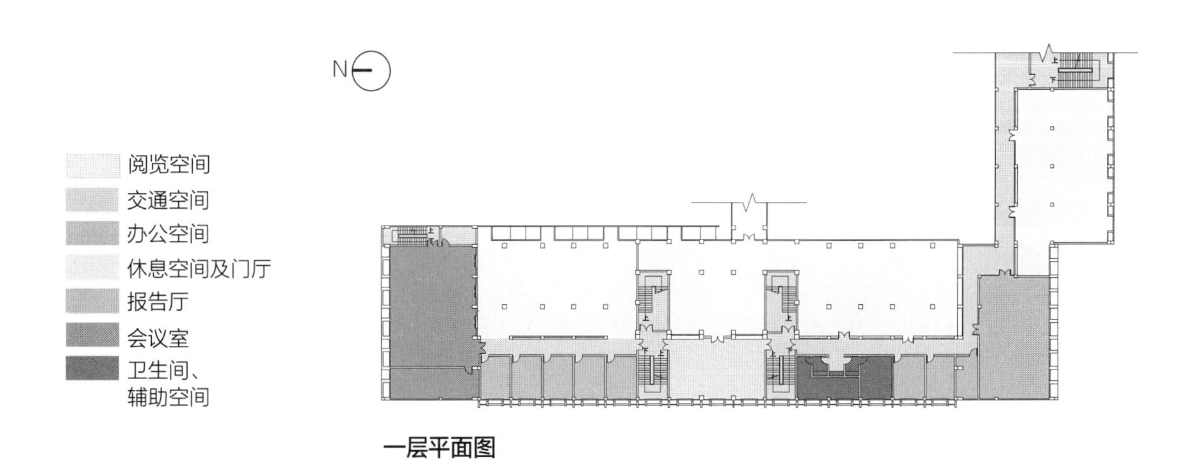

一层平面图

立面分析

南京大学图书馆的主立面为西立面，上部利用竖向长窗外加遮阳板创造竖向纹理，底层采用玻璃门窗，上下虚实对比，体块分明。南京大学图书馆为框架结构，整个建筑的基调为灰色，悬挑的白色遮阳板与透明玻璃形成双层立面，增强了立面的形式感，具有强烈的现代主义风格。

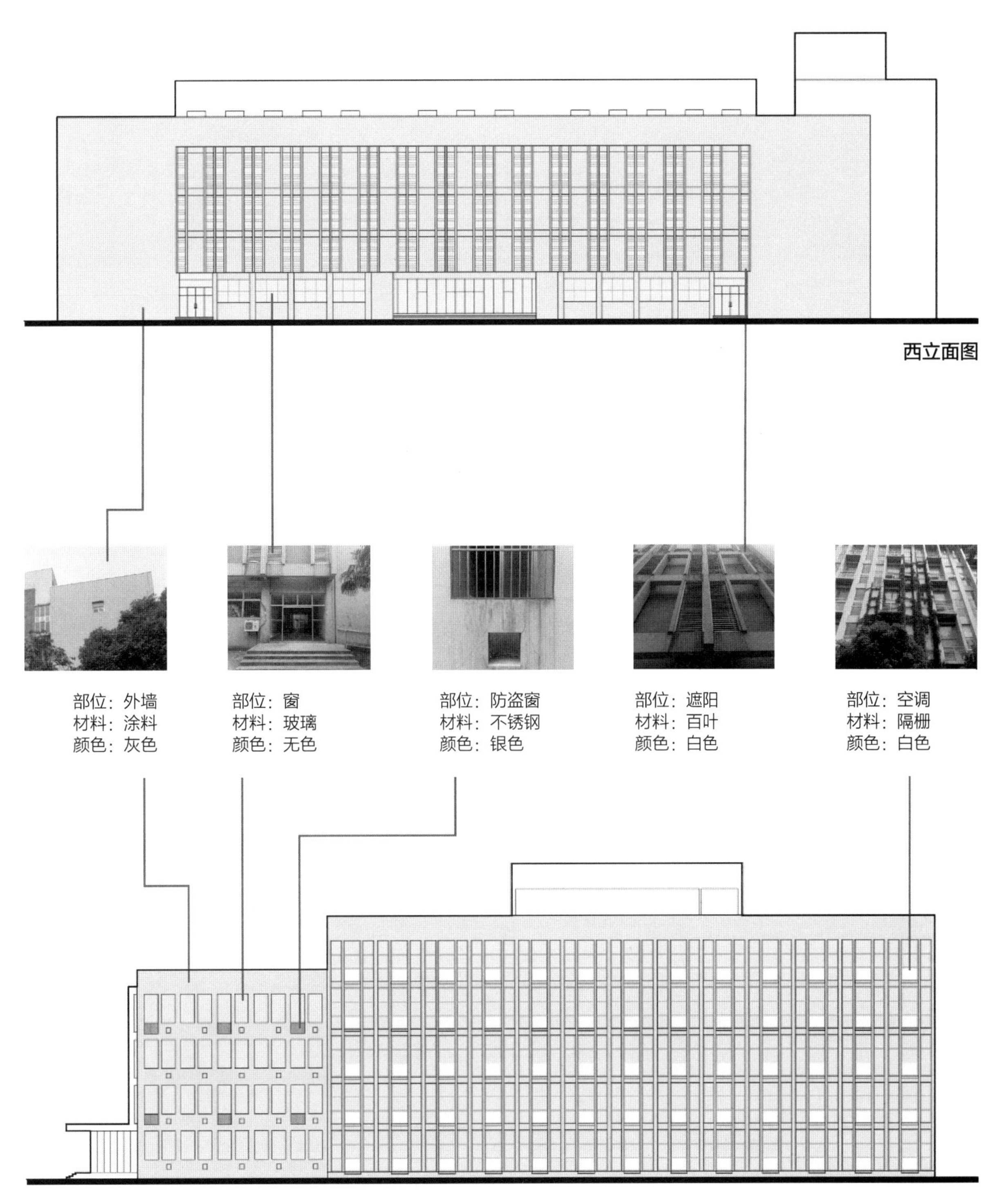

剖面分析

建筑整体向西南面打开，因此主立面上垂直遮阳板的设置解决了办公用房存在的西晒问题。位于南侧的阅览室有良好采光，立面遮阳设计结合南侧绿化的布置，一定程度上解决了阅览室的眩光问题。

南立面大量开窗可以获得良好的通风，走廊和内庭院的设置也有助于改善通风条件。

建筑周边绿化状况良好，门厅前树木标识了出入口位置，西立面成为户外阅读空间美好的背景，庭院更是营造了一个幽静的休憩去处，使人能够获得平和沉静的阅读心境。

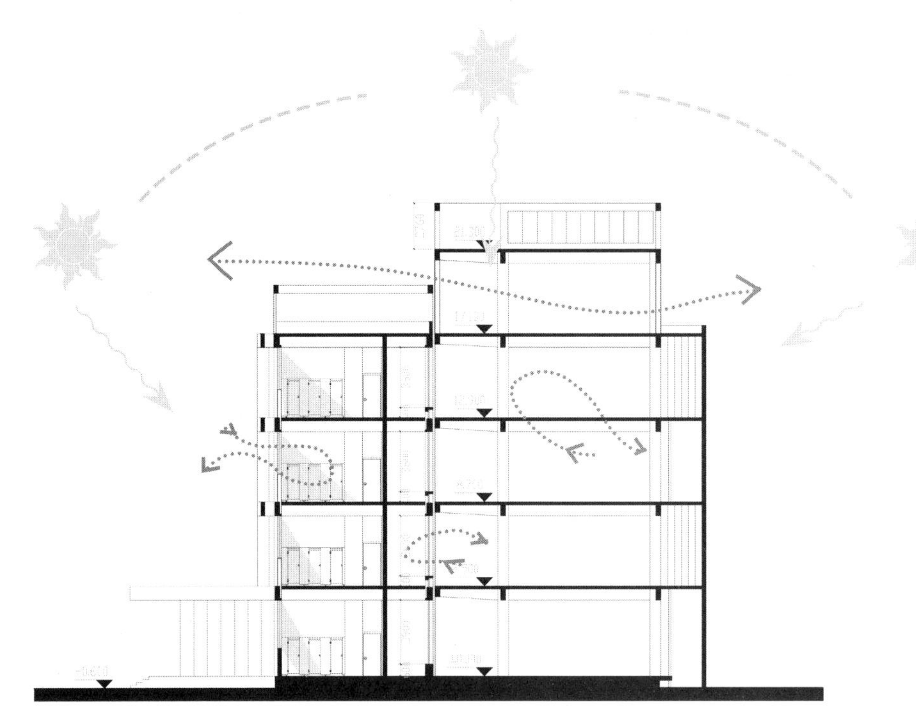

通风采光分析

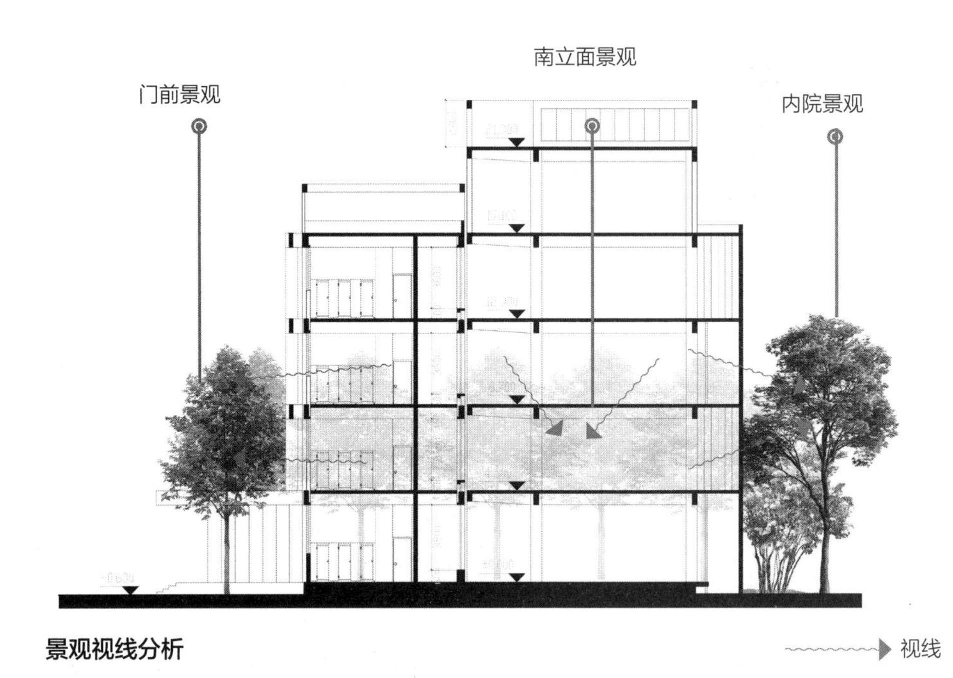

景观视线分析

空间分析

南京大学图书馆的外部环境非常宜人，绿荫环绕，与老建筑环抱，形成了富有趣味的架空空间、走道空间和内院。建筑内部采用了比较规整的功能排布，除门厅外无跨层或较大尺度的公共空间，学生活动主要集中在阅览室。阅览室内靠窗安排阅览座位，通透的外表皮使得人在阅读过程中也能感受到室外的光影和绿意。

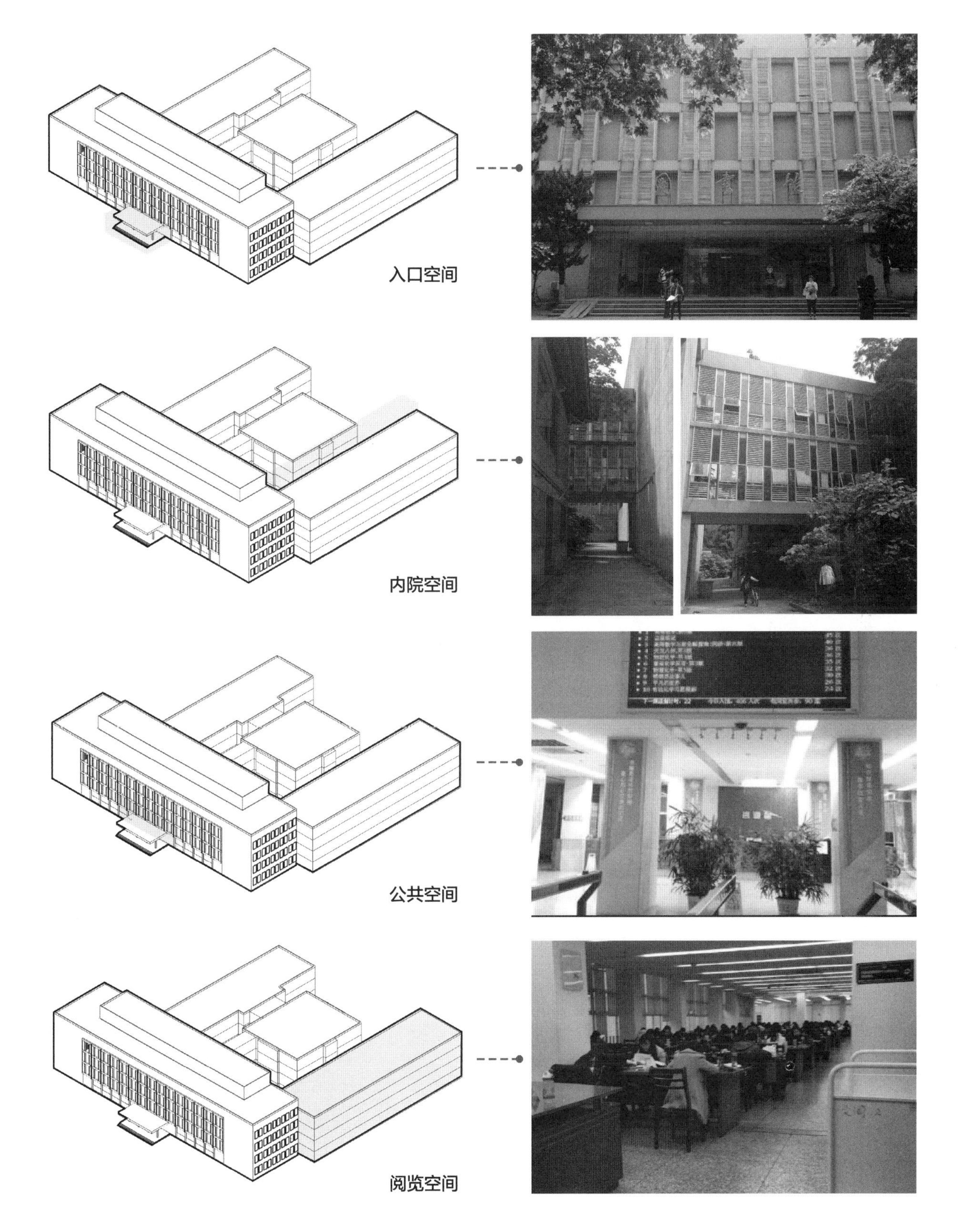

1.3　南京师范大学随园校区

南京师范大学创始于 1902 年，是中国高等师范教育的发祥地之一，国家“双一流”建设高校，拥有仙林、随园、紫金三个校区，南京师范大学本部校区是随园校区，有着“东方最美的校园”之美誉，也被评为“全国十个最美大学校园”之一。

南京师范大学随园校区坐落于清凉山麓。100 多年来，经过广大师生辛勤耕耘，校园芳草茵茵、林木葱郁，建筑雕梁画栋、古朴典雅，九曲长廊曲径通幽，古树名木枝繁叶茂，与百年历史相辉映，校园景观如诗如画。该校区占地面积 260000m^2，绿地率 38.2%，绿化覆盖率 61.44%，园内花卉品种齐全。

学校占地面积 2179633m^2，现有校舍总建筑面积 932076.19m^2，设有二级学院 28 个、独立学院 2 个。

1.3.1 华夏图书馆

绘制：任紫湫、骆芳锦、张旭、高小涵、陈震
整理：袁玥

基本信息

建筑名称：华夏图书馆
校区建成时间：21 世纪初
建筑风格：现代风格
建筑总面积：1732.7m^2
层　　数：3 层
结　　构：钢筋混凝土框架结构

轴线分析

图书馆位于正门入口大道主轴线的东侧，与轴线西侧的道路形成校园东部的次要轴线，并成为轴线尽端的重要节点。

图书馆西侧面对校园主轴线上的校园中心广场，东侧则与其北部的建筑围合出一个尺度较小的建筑间广场。

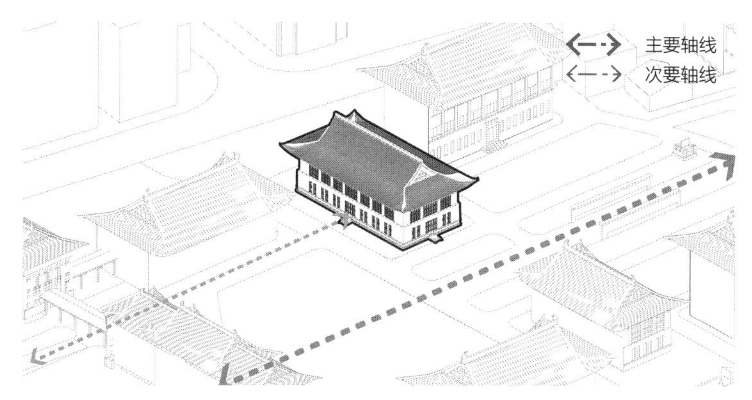

并列轴线

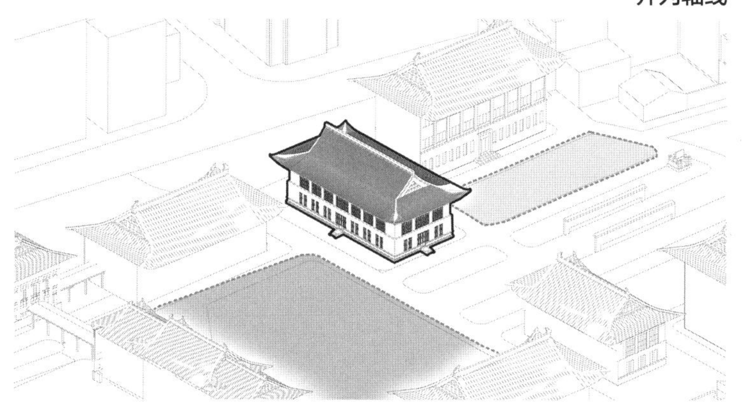

广场等级

实景图

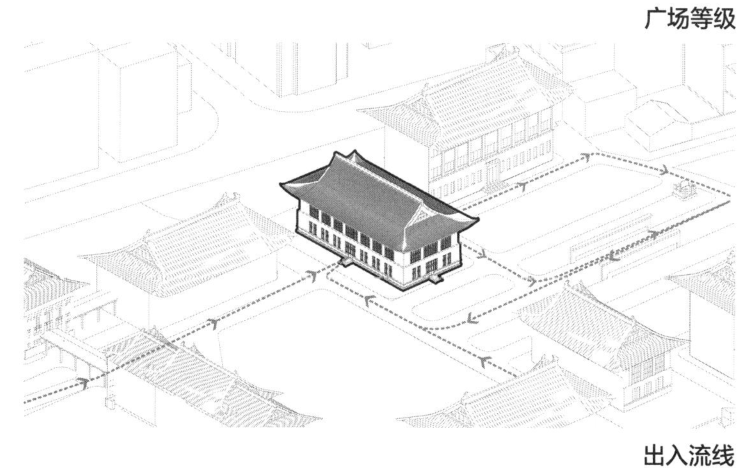

出入流线

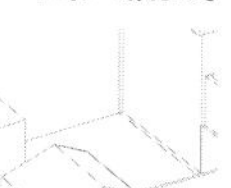

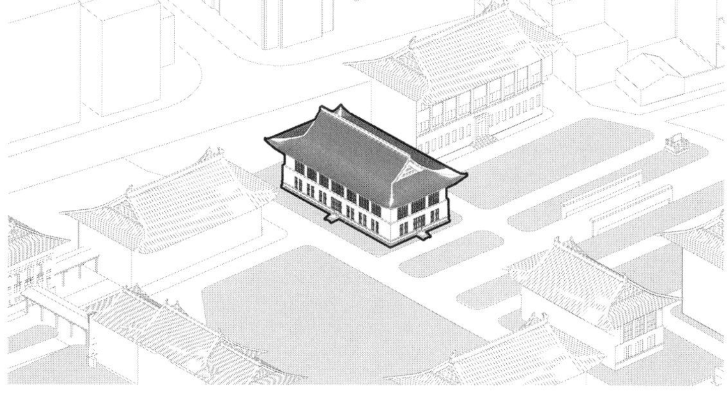

绿地布局

平面分析

华夏图书馆入口设在东西两侧，一层采用中走廊式布局，走廊两侧设有休息室、办事区、办公室及少量自修室。二层中部为通高空间，东侧为自习区，西侧为办公室与辅助用房，南北两侧则布置成通高藏书区。三层围绕中心通高空间设有一圈廊道，东西两侧排列书架作为藏书区使用。

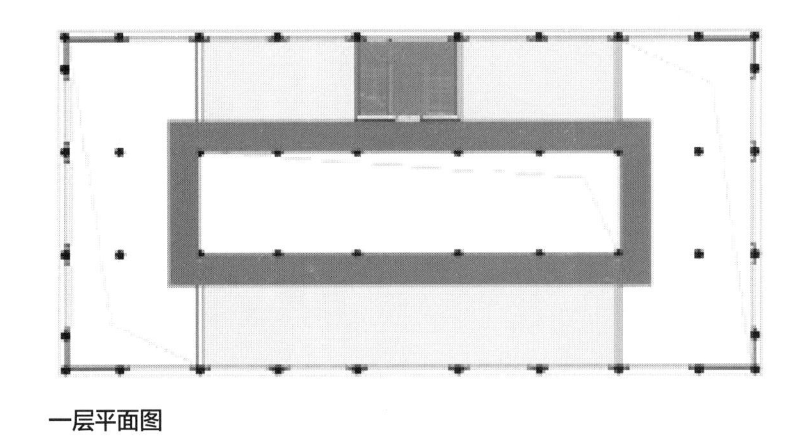

一层平面图

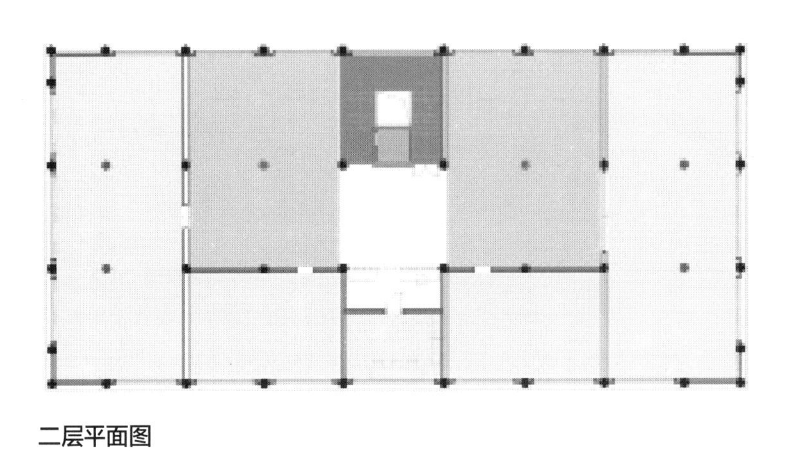

二层平面图

休息室　藏书区

自习区　办公用房

辅助用房　楼梯

走廊

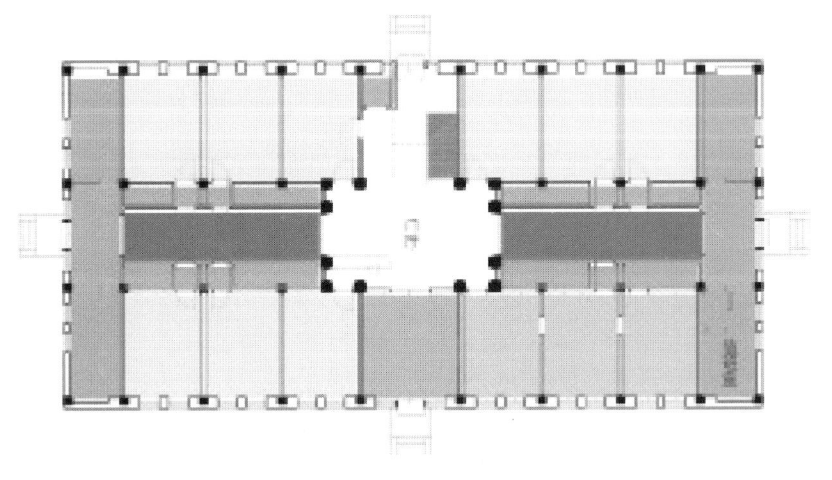

三层平面图

空间分析

华夏图书馆为极其规整的对称结构，两条对称轴上的流线连通 4 个出入口。东西出入口（长边）为主要出入口，连接中部公共空间和垂直交通。南北短边出入口长期关闭。

一层交通系统为中走廊；二层四周功能区环绕中部大空间，无交通空间；三层环形走廊穿越三个通高功能区。

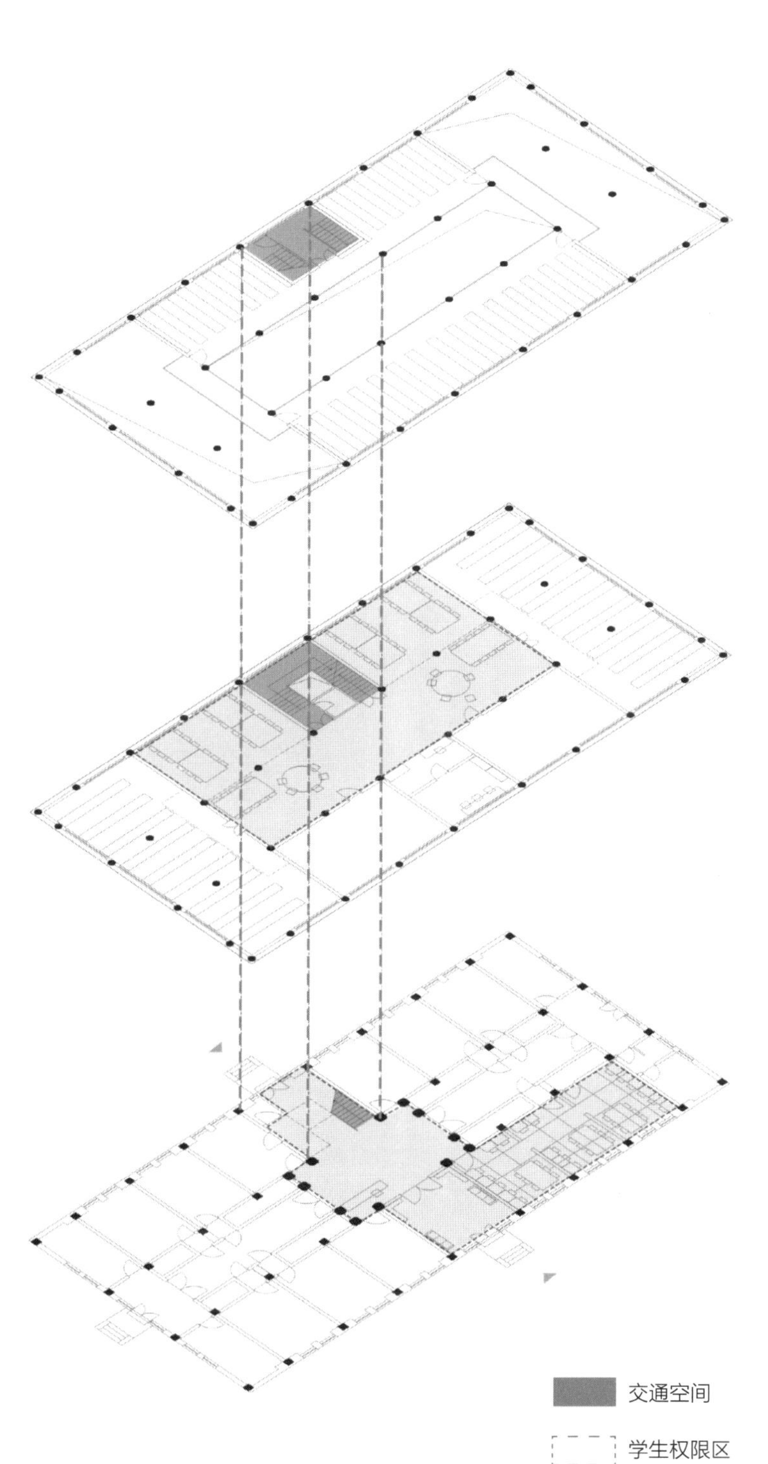

室外空间

自习空间

走廊、楼梯空间

公共空间

立面分析

华夏图书馆的立面为对称式设计，采用三段式立面构图，歇山式屋顶，别具民国特色，立面虚实结合，结构层次清晰。

立面下半部分选用砖石贴面，上半部分墙面粉刷，柱子涂红。

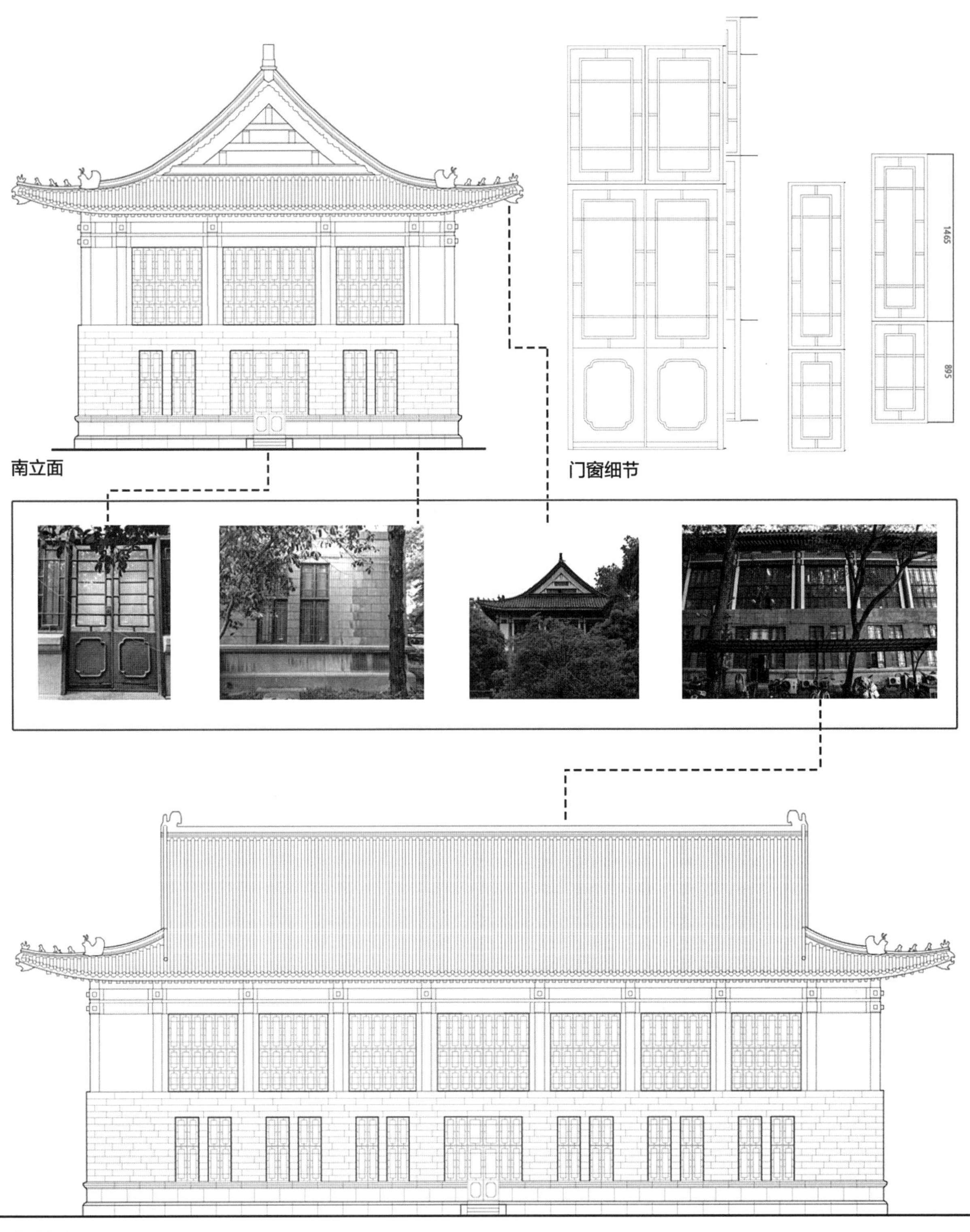

南立面

门窗细节

东立面

结构分析

华夏图书馆采用钢筋混凝土框架结构，首层用方柱，二、三层用圆柱，通高空间采用井字梁，屋顶为传统歇山顶做法。

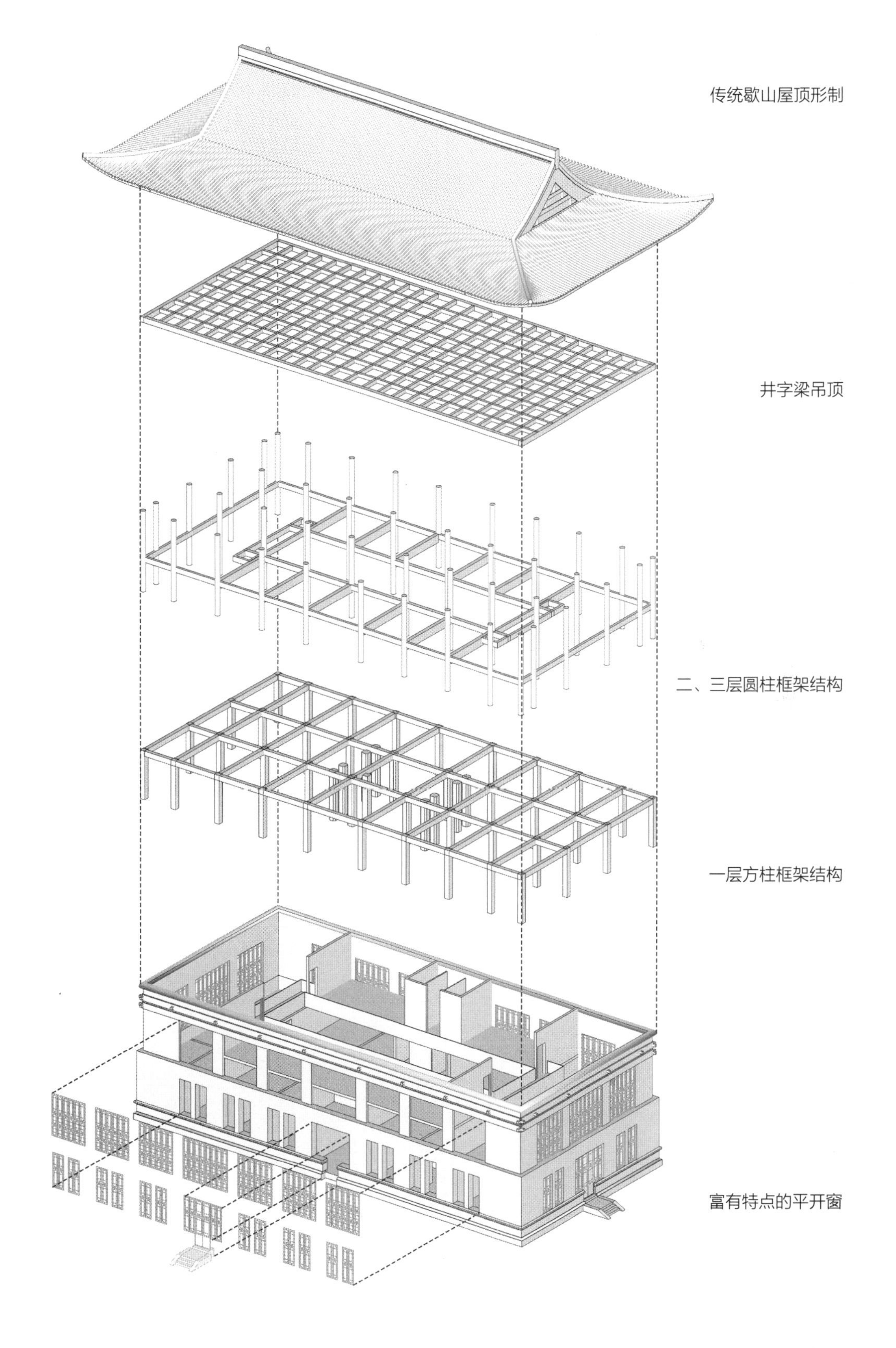

1.3.2 随园图书馆

绘制：祁雅菁、陈晔、杨清、赵文锐、高亦超
整理：袁玥

基本信息

建筑名称：随园图书馆
建筑建成时间：1984 年
建筑风格：现代风格
建筑总面积：5300m²
层　　数：4 层
结　　构：钢筋混凝土框架结构

场地分析

随园图书馆位于校园西侧中轴线上，建筑的西侧为双向车行道，其余三侧为人行道路和非机动车道路。

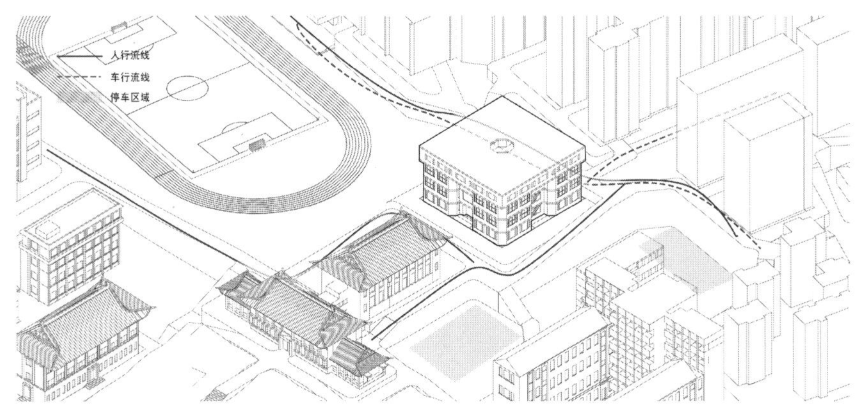

交通分析

南京师范大学的校园空间以线性空间为主，以绿化限定道路空间的边界，仅有南侧的操场空间开阔，为面域空间。

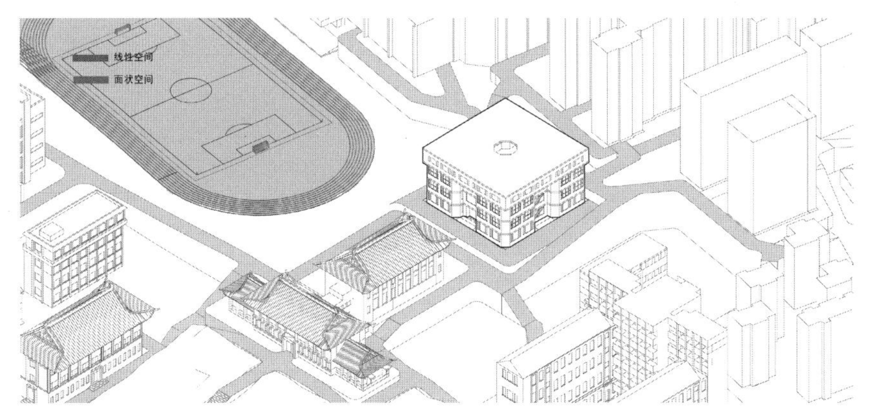

空间分析

南京师范大学图书馆附近绿化覆盖率极高，树木树龄高，密度大，与古典的校园建筑环境很好地融合在一起。

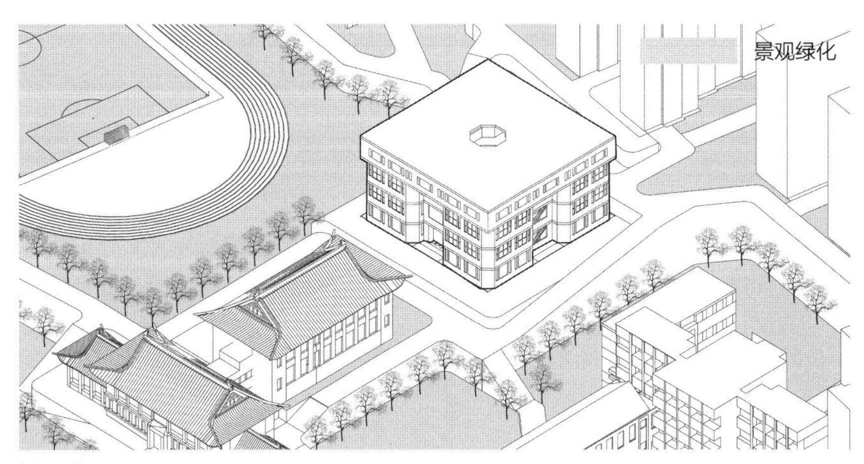

景观分析

平面分析

建筑平面呈九宫格分布，局部切角形成八边形空间。中间为核心空间，串接起周围的各个功能空间。

图书馆高度为 4 层，中部的中庭空间贯通上下，成为整个建筑的公共区域。建筑出入口利用高差分别设置在一层的东面和二层的西面，共设有 3 部楼梯。

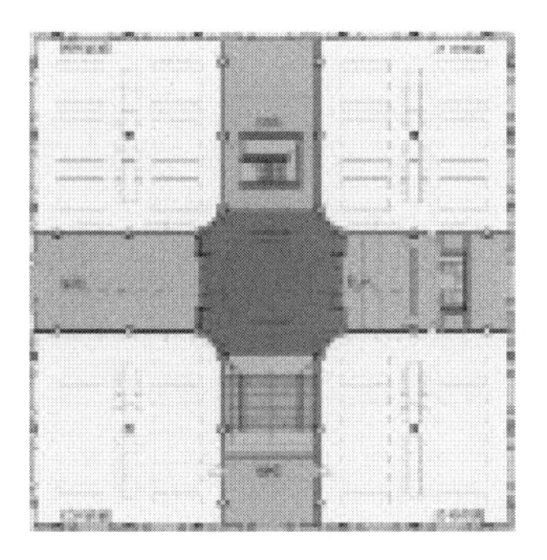

四层平面图

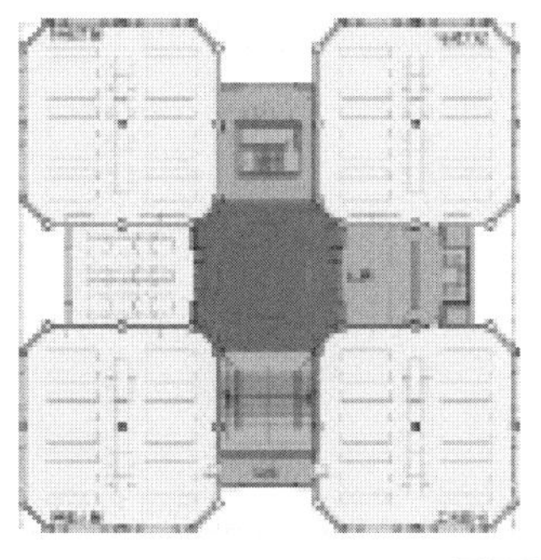

三层平面图

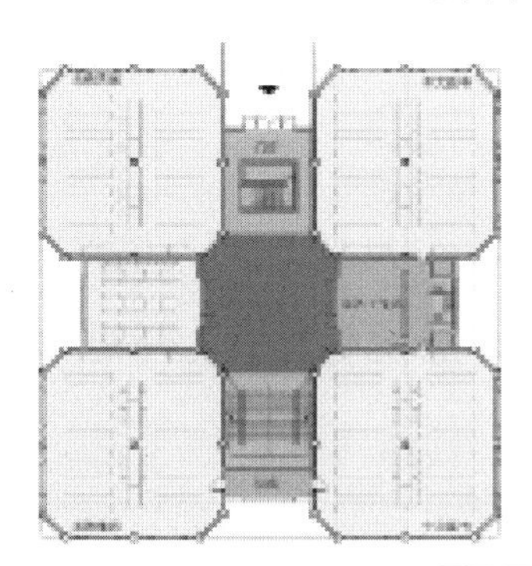

二层平面图

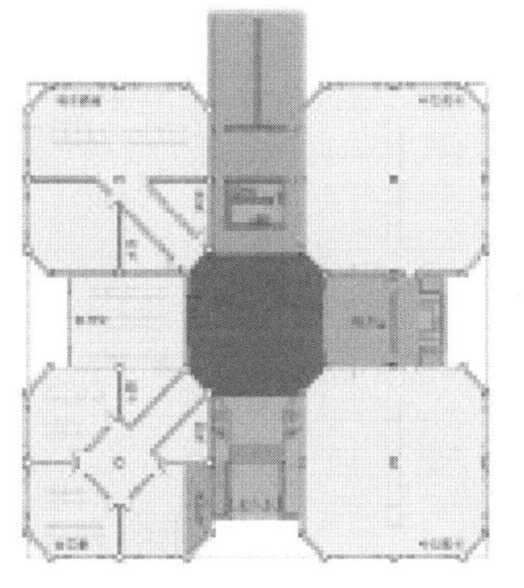

一层平面图

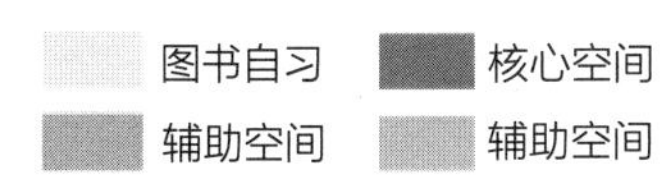

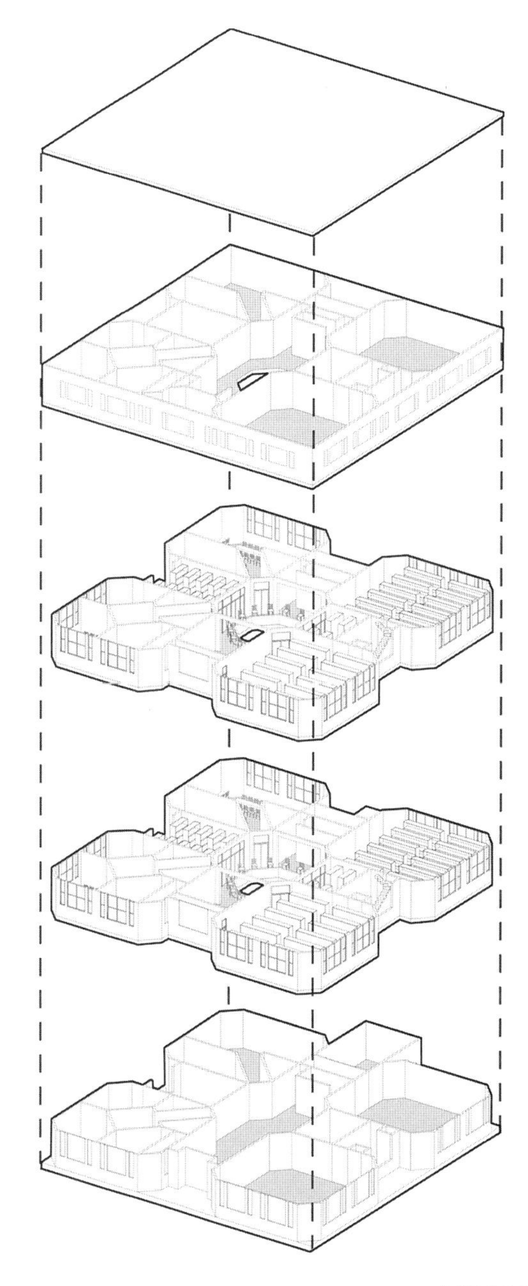

交通分析

立面分析

图书馆的四个立面基本一致，主立面为东立面，整体感强，但又凹凸有致，富有变化，材料简洁大方，虚实序列感强，显得庄重严肃。

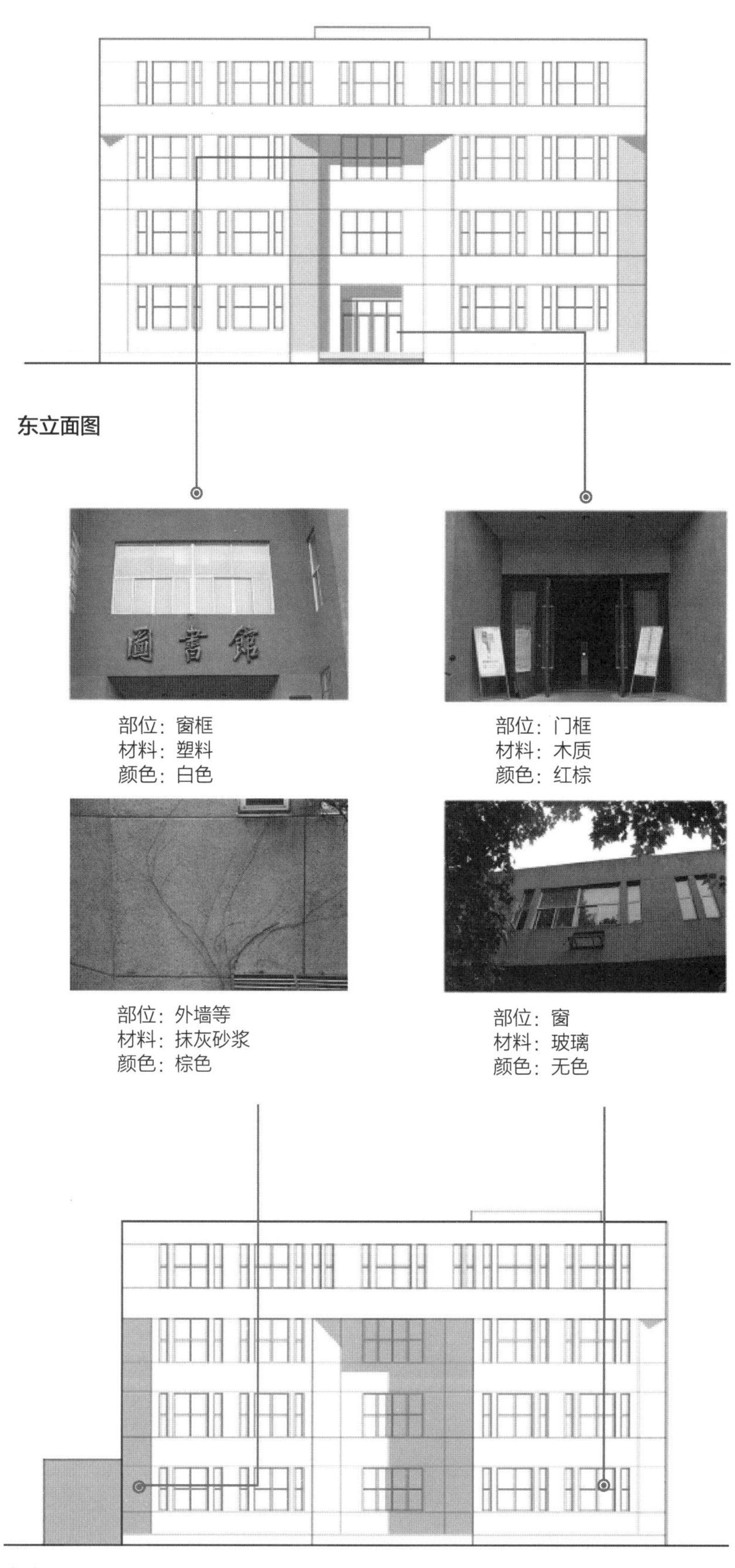

东立面图

南立面图

结构分析

建筑采用钢筋混凝土框架结构。屋顶设有方形高侧窗和八角形平天窗，为建筑中间的公共空间提供自然采光。在建筑底部设置排水沟以实现有序排水，避免雨水对建筑的侵蚀。

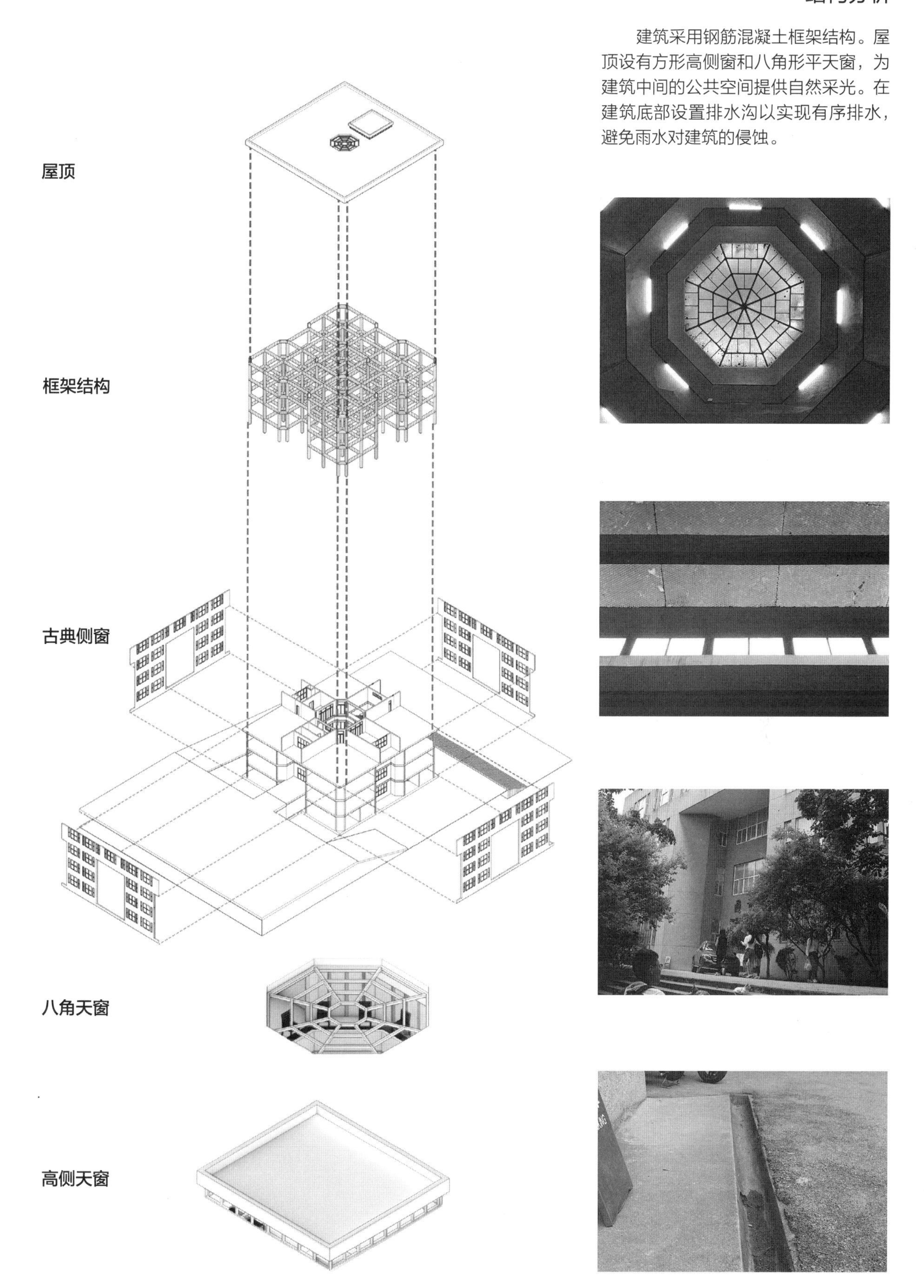

剖面分析

中庭的设置使建筑内部的通风及采光得到了极大的改善，同时采光天窗通过高侧窗和磨砂玻璃使进入室内的光线更为柔和。建筑周围遍植绿树，景观朝向良好。

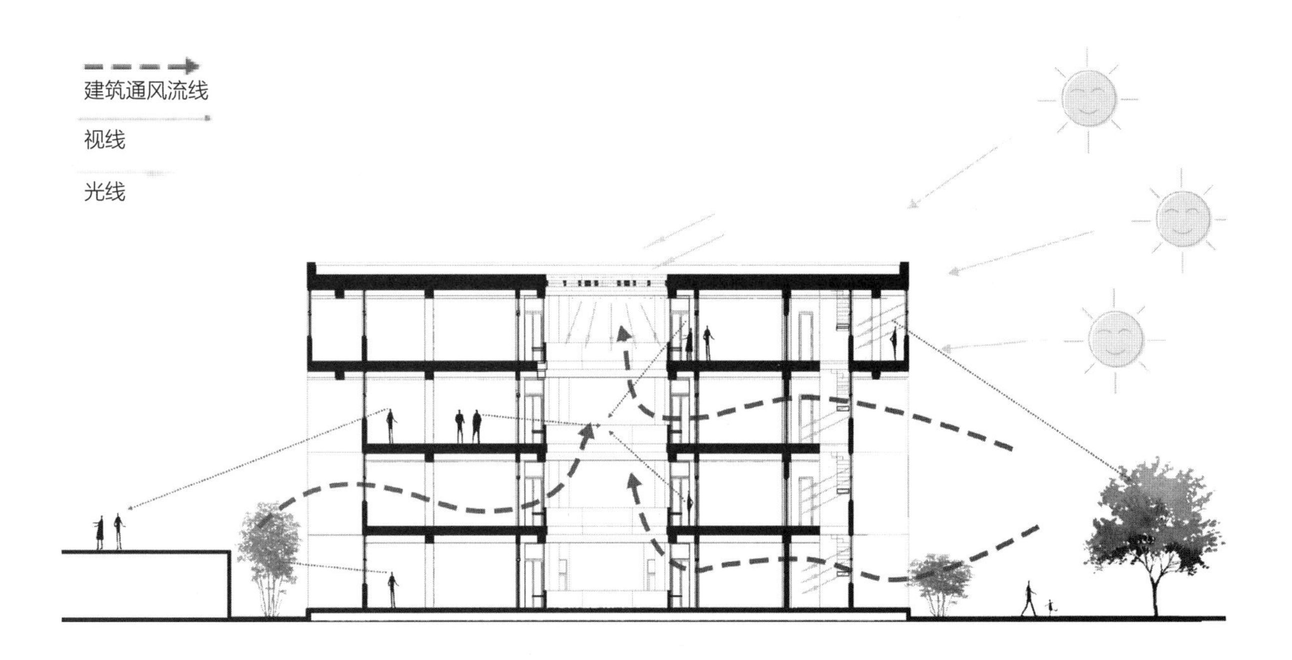

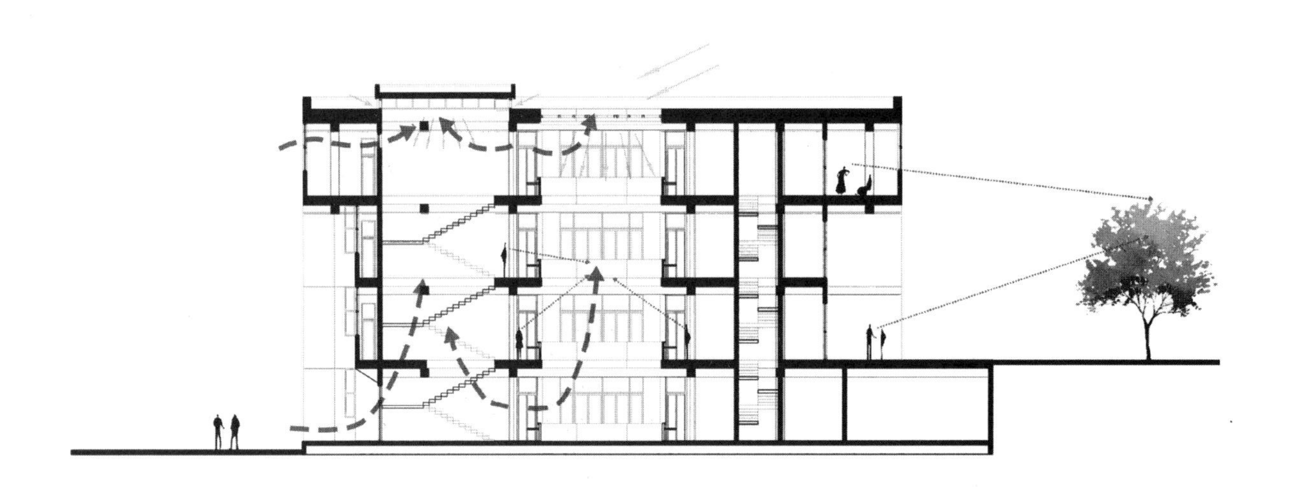

空间分析

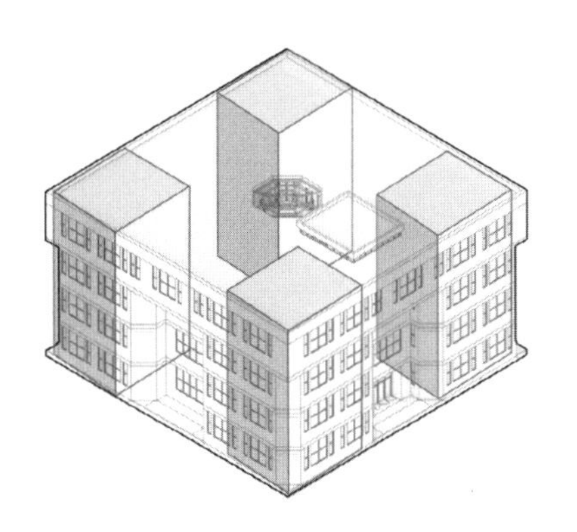

四角藏书空间

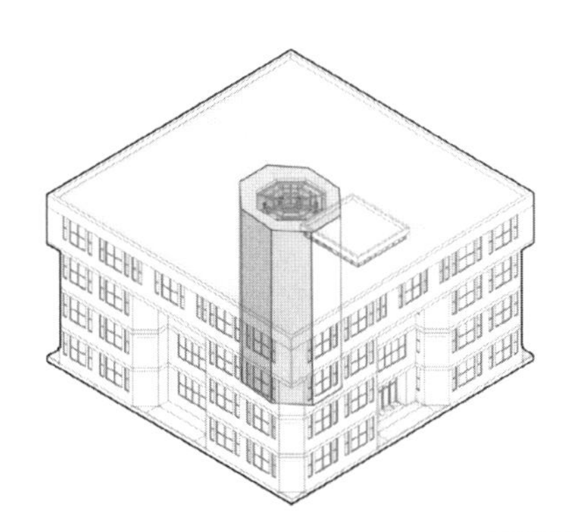

中部通高空间

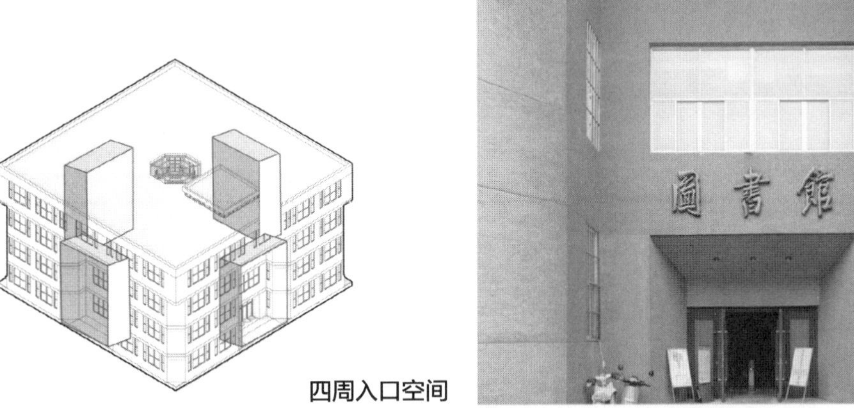

四周入口空间

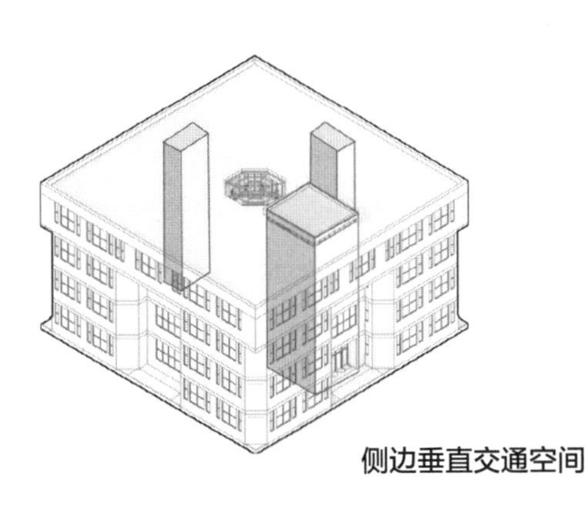

侧边垂直交通空间

2. 当代建校大学校园（1949—1998 年）

2.1　南京航空航天大学明故宫校区

南京航空航天大学是中华人民共和国工业和信息化部直属的一所具有航空航天民航特色，以理工类为主的综合性全国重点大学，是国家“世界一流学科建设高校”、国家“211 工程”“985 工程”优势学科创新平台重点建设高校。

学校前身是 1952 年 10 月创建的南京航空工业专科学校，是我国创办的第一批航空高等院校之一；1978 年，被国务院确定为全国重点大学；1981 年，经国务院批准成为全国首批博士学位授予单位；2012 年 12 月，工业和信息化部、中国民用航空局签署协议共建南京航空航天大学。学校自创建以来，秉持“航空报国”的使命，承担了多个中国航空航天项目，其中包括飞机设计、空气动力学、适航与管理等多个领域，为国家培养了大批优秀的航空人才。

学校现有明故宫和将军路两个校区，占地面积 2077 亩（138.47hm^2），建筑面积 1148000m^2；2019 年 9 月启用的天目湖校区占地面积 969 亩（64.6hm^2），规划建筑面积 530000m^2。

图书馆

绘制：刘影竹、敖颖雪、丁文鹏、席夏阳、金凡伊
整理：袁玥

基本信息

建筑名称：图书馆
校区建成时间：1952 年
建筑风格：现代风格
建筑总面积：29000m^2
层　　数：4 层
结　　构：钢筋混凝土框架结构

历史背景

南京航空航天大学图书馆与学校建设同步，初创于 1952 年。图书馆现有 2 处馆舍，包括院系分馆在内面积达 29000m^2。在 20 世纪 70、80 年代，建筑曾进行抗震加固和立面出新，外墙采用浅色调，装饰风格有所简化。近年又对建筑的内部进行翻新，优化功能，增加配套的现代化设施。此外，图书馆周边的景观也一直是校园环境改造的重点。

时间线 / 年

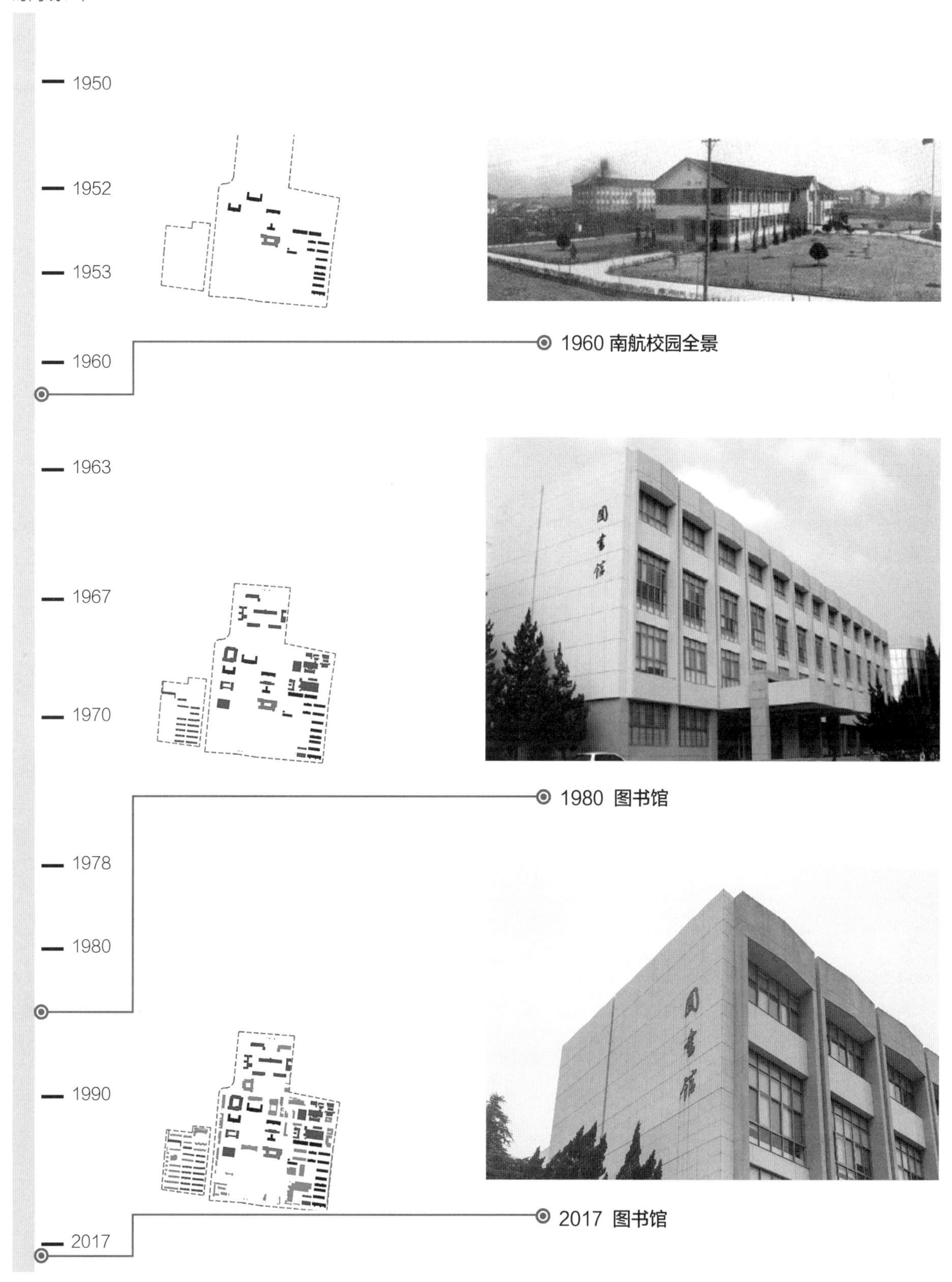

1960 南航校园全景

1980 图书馆

2017 图书馆

场地分析

图书馆位于整个校园的中轴线东侧，建筑东边邻河道，西边面对综合楼。

图书馆周围绿化丰富，活动场地众多，其南侧的绿地遍植树木，形成中心广场向河道的过渡空间。

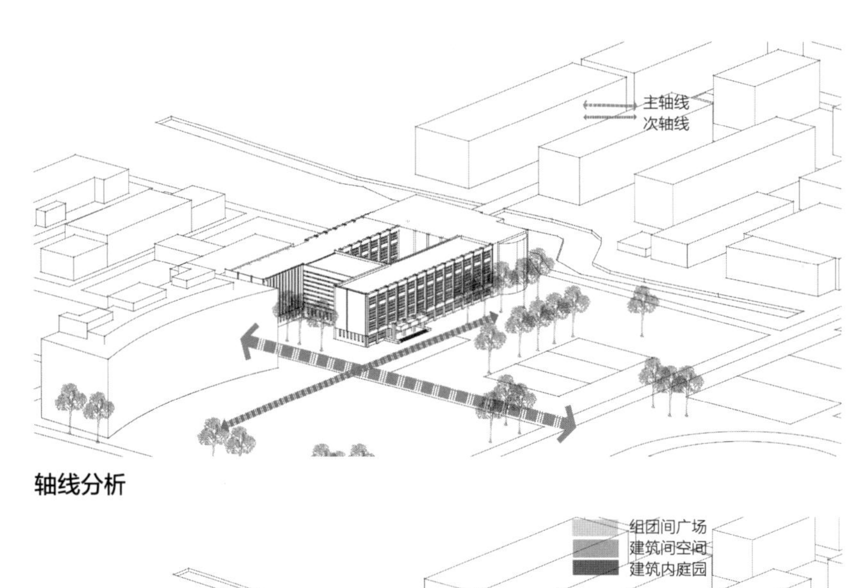

轴线分析

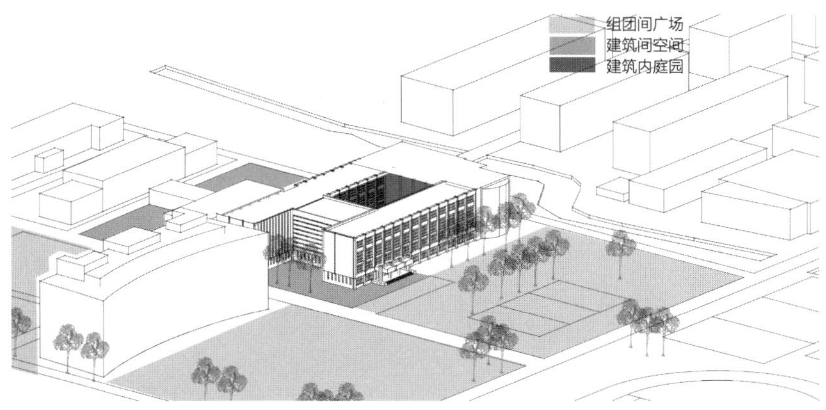

空间分析

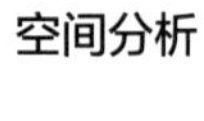

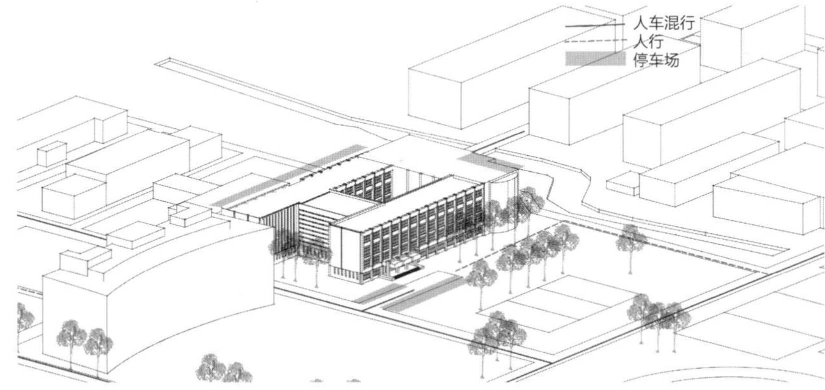

交通分析

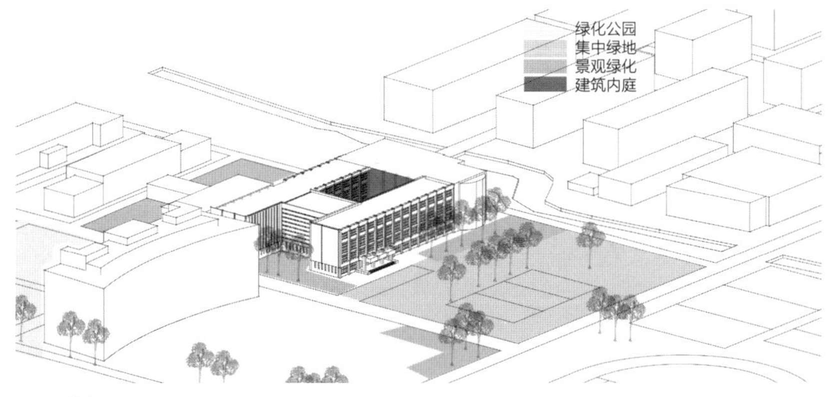

景观分析

平面分析

图书馆内的功能空间围绕着中庭布置。首层设置公共空间、采编室和辅助用房，二 ~ 四层以阅览室为主。建筑高度为六层，设有两部楼梯和两部电梯。

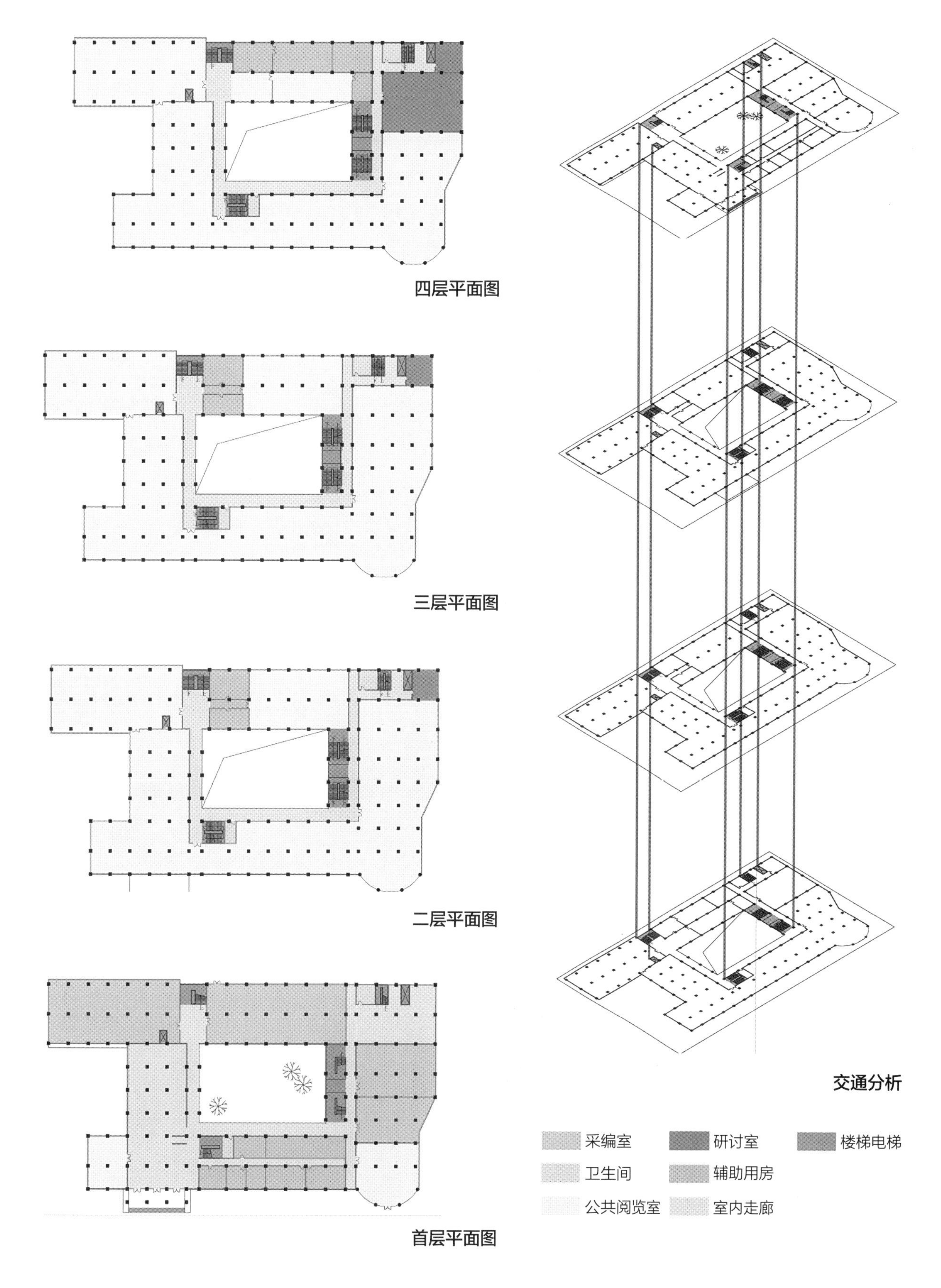

四层平面图

三层平面图

二层平面图

首层平面图

交通分析

剖面分析

建筑内庭院的设置使建筑的通风和采光更加合理，与周围的绿地空间一起形成良好的景观环境，为学生提供了良好的景观与学习活动的空间氛围。

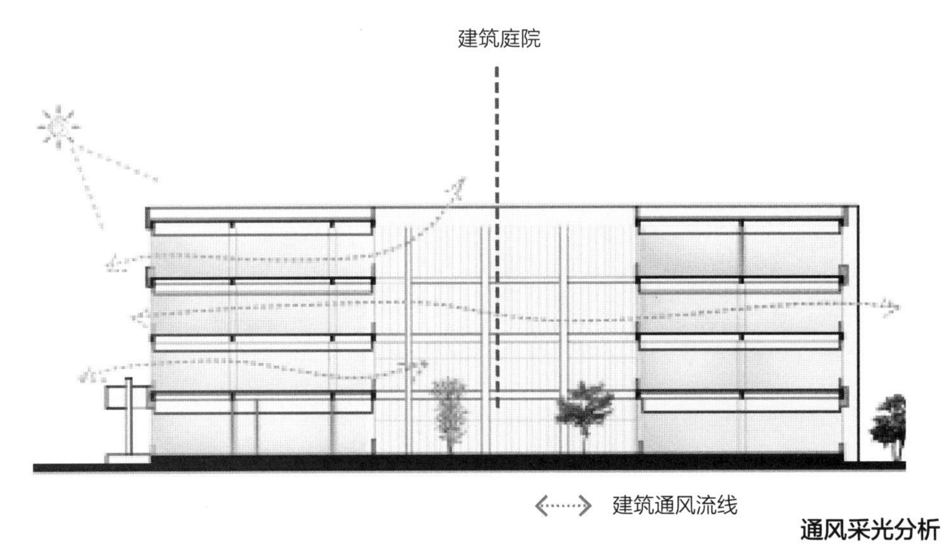

通风采光分析

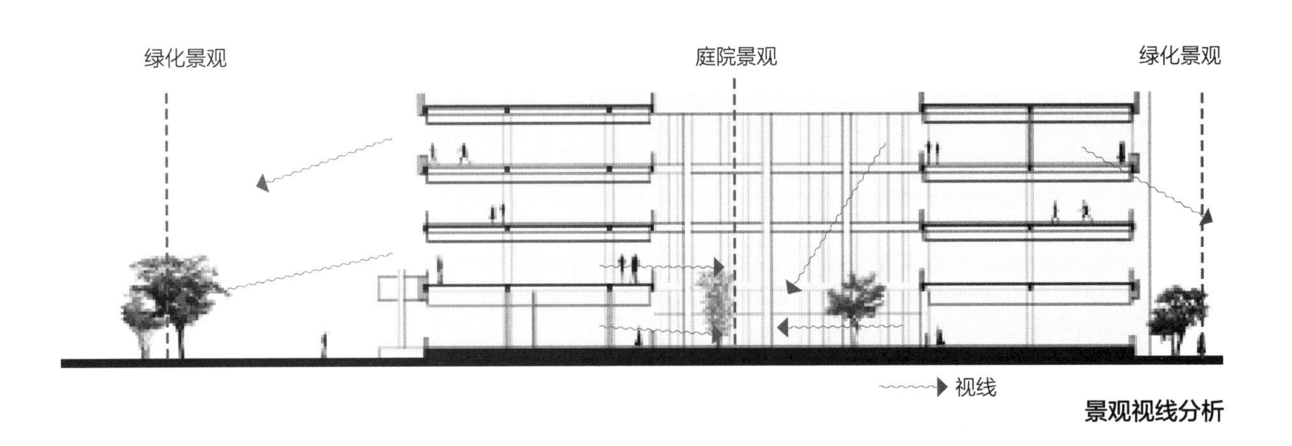

景观视线分析

实景图

立面分析

建筑正立面划分为：一段以实体为主，另一段为玻璃幕墙，中间开通长窗，二层以上有悬挑，富有韵律。建筑侧立面使用光滑的白色正方形瓷砖，开洞面积较小。

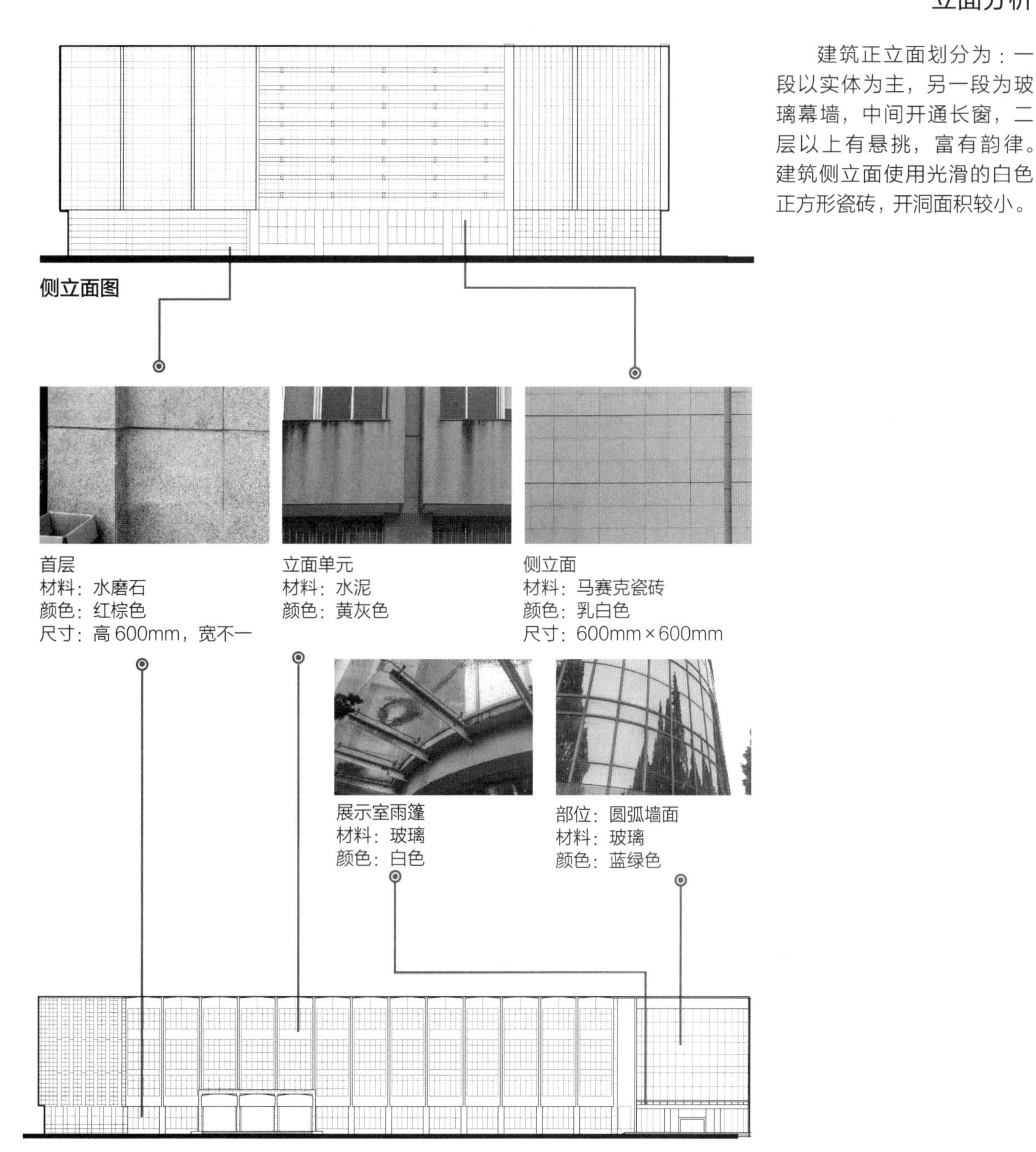

实景图

空间分析

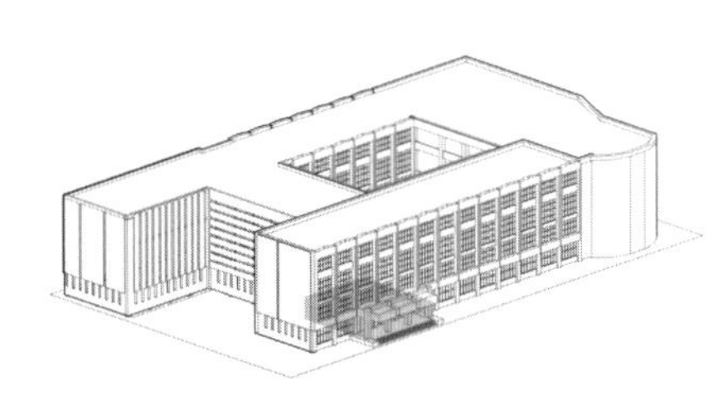

入口空间

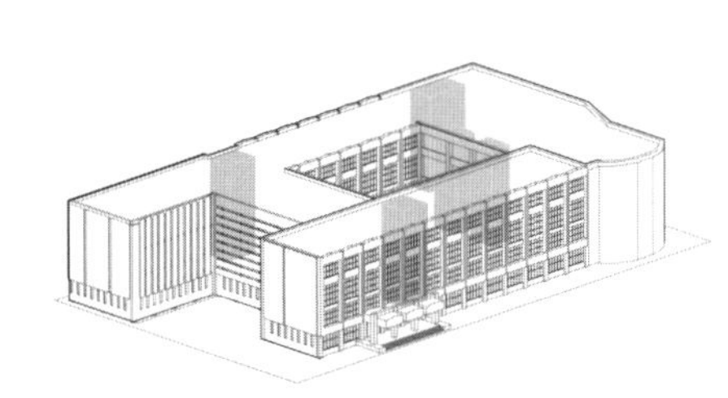

交通空间

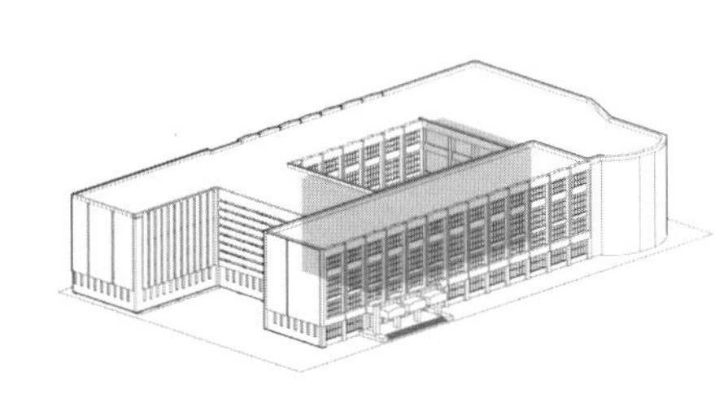

内院空间

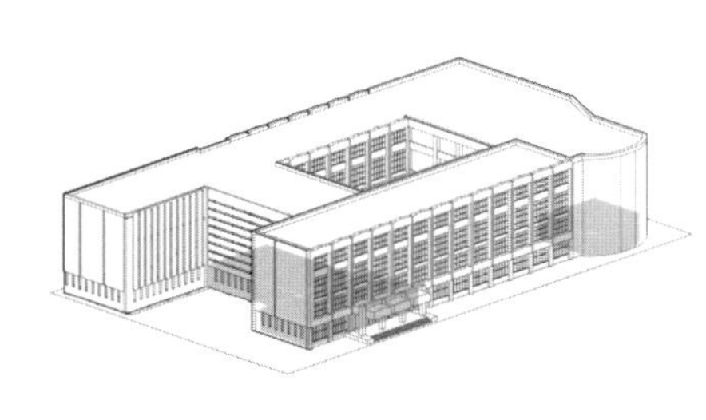

公共交流空间

2.2 南京理工大学

南京理工大学，位于江苏省南京市，北依紫金山，西临明城墙，是隶属于工业和信息化部，由工业和信息化部、教育部与江苏省人民政府共建的全国重点大学，是国家“世界一流学科建设高校”，是国家“211 工程”“985 工程”优势学科创新平台重点建设高校、全国专利工作试点示范高校等，是全国 18 所获批国家双创示范基地的高校之一，全国首批博士、硕士学位授予单位，是中俄工科大学联盟、工业和信息化部高校联盟、B8 协同创新联盟、CDIO 工程教育联盟成员单位，素有“兵器技术人才摇篮”的美誉。

学校由创建于 1953 年的中国人民解放军军事工程学院（简称“哈军工”）分建而成，经历了炮兵工程学院、华东工程学院、华东工学院等发展阶段，1993 年更名为南京理工大学。

截至 2019 年 4 月，学校占地 3118 亩（207.87hm^2），建筑面积 1080000m^2；设有 20 个学院，合作创办了两个独立学院；馆藏中外文图书文献 250 余万册；在校生 30000 余名，留学生 1000 余名；教职工 3200 余人，专任教师 1900 余人。2020 年 9 月，南京理工大学江阴校区正式启用。

机械学院

绘制：管菲、张增鑫、朱晨曦、杜少紫、谭斯梦
整理：袁玥

基本信息

建筑名称：机械学院
校区建成时间：1953 年
建筑风格：现代风格
建筑总面积：10490m^2
层　　数：5 层
结　　构：钢筋混凝土框架结构

整体分析

南京理工大学机械工程学院是由原一系、二系、五系组建发展而成，是学校规模最大、整体实力最雄厚的学院之一。

机械工程学院大楼于 2000 年前后新落成，坐落在校园次轴线的东侧，整个建筑呈现代主义风格，体量感强。

机械工程学院大楼正对校园次干道，建筑后部设有停车场，建筑周边人行通道顺畅，设有无障碍设施和非机动车停车处，建筑内外交通十分便捷。

建筑周边绿化覆盖率高，鉴于北侧邻近钟山风景区，考虑到雨水疏浚问题，机械工程学院设计初期将整个大楼地坪标高进行抬升，其内部庭院也比场地周边高出 0.5m 左右。

大楼建筑平面为“回”形，高度为五层，东侧适当降低有利于夏季庭院通风。

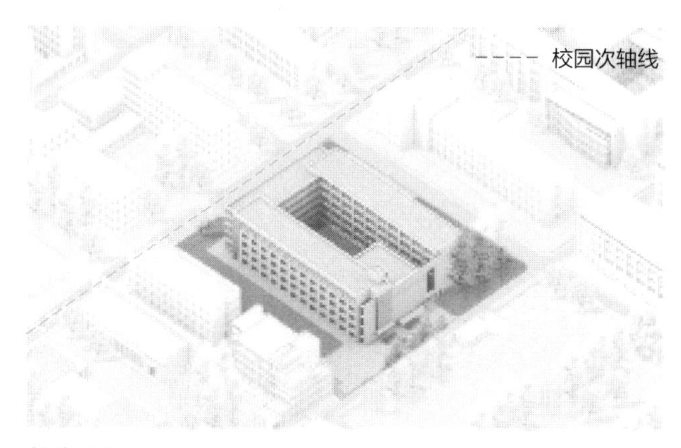

轴线分析

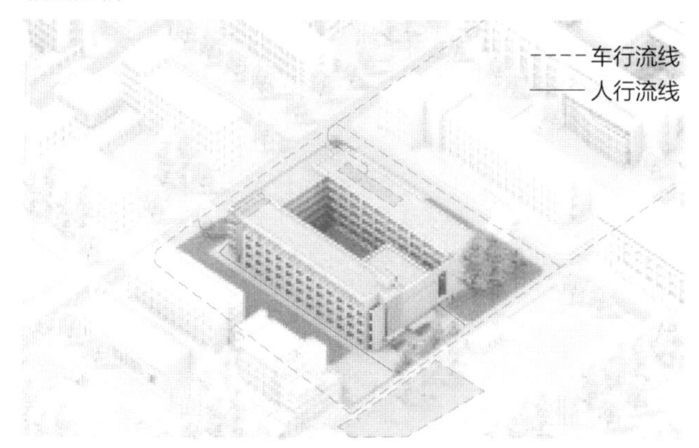

交通分析

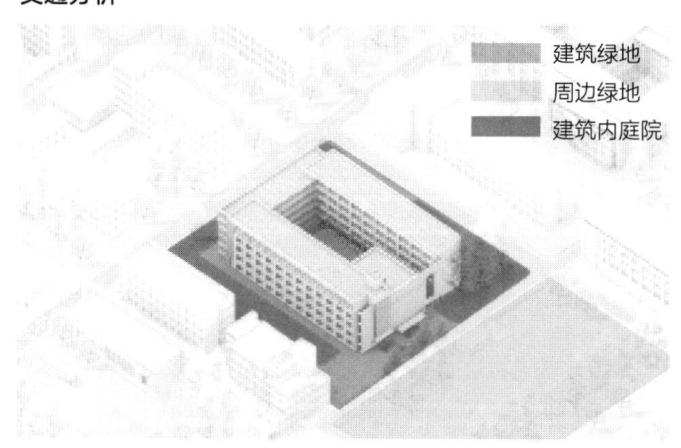

空间分析

实景图

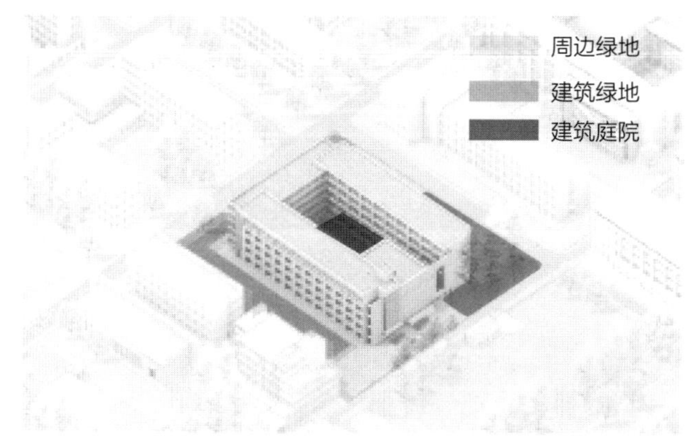

景观分析

平面分析

机械工程学院为“回”字形平面，北侧主要为办公室，南侧为实验室，研究生工作室在南北两侧均有分布。

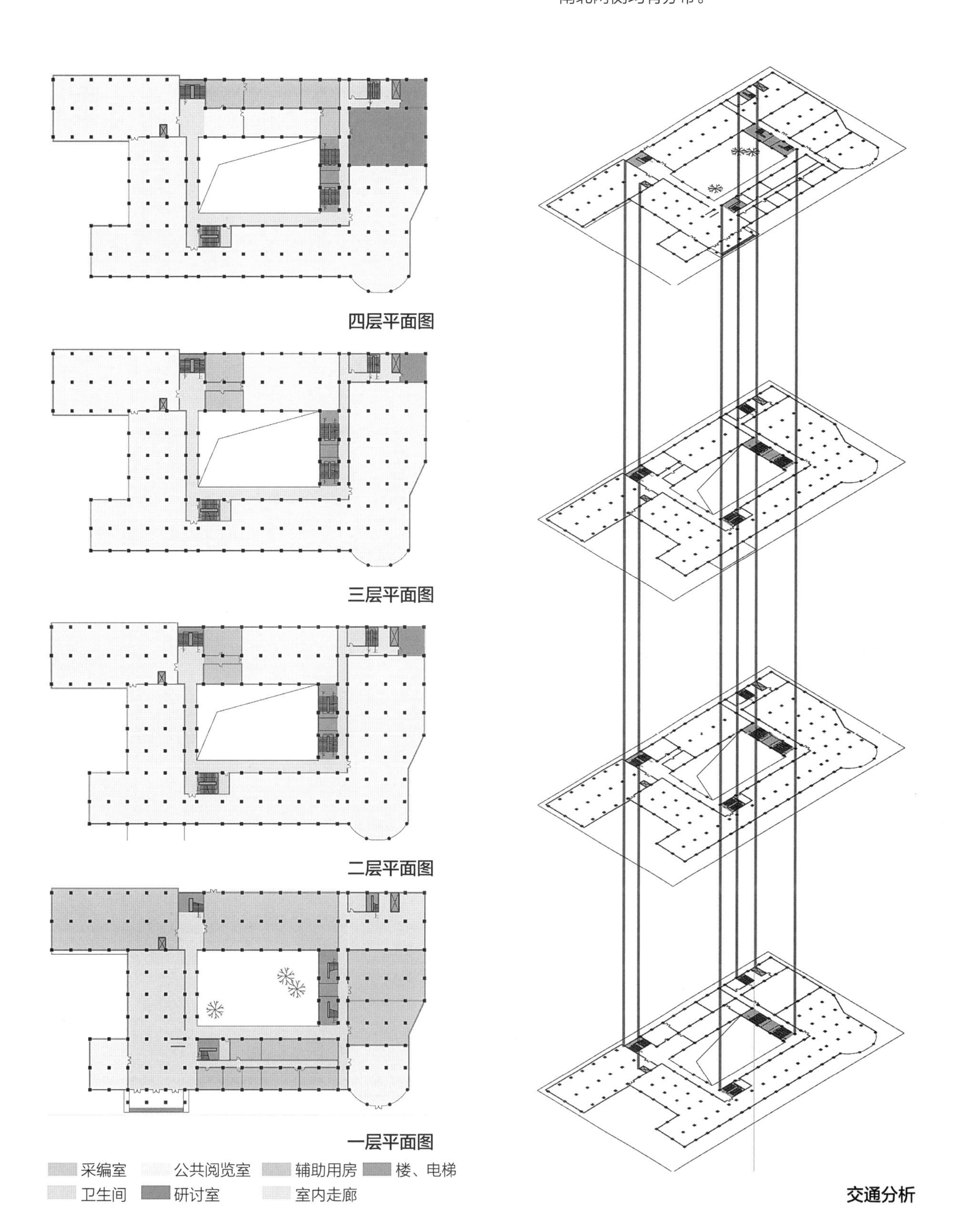

交通分析

立面分析

机械工程学院的西立面为其主立面，为现代主义设计风格。

建筑主体为 5 层的白色框架结构，采用架空、悬挑、穿插等手法来丰富立面视觉效果，强调虚实关系，细节丰富。

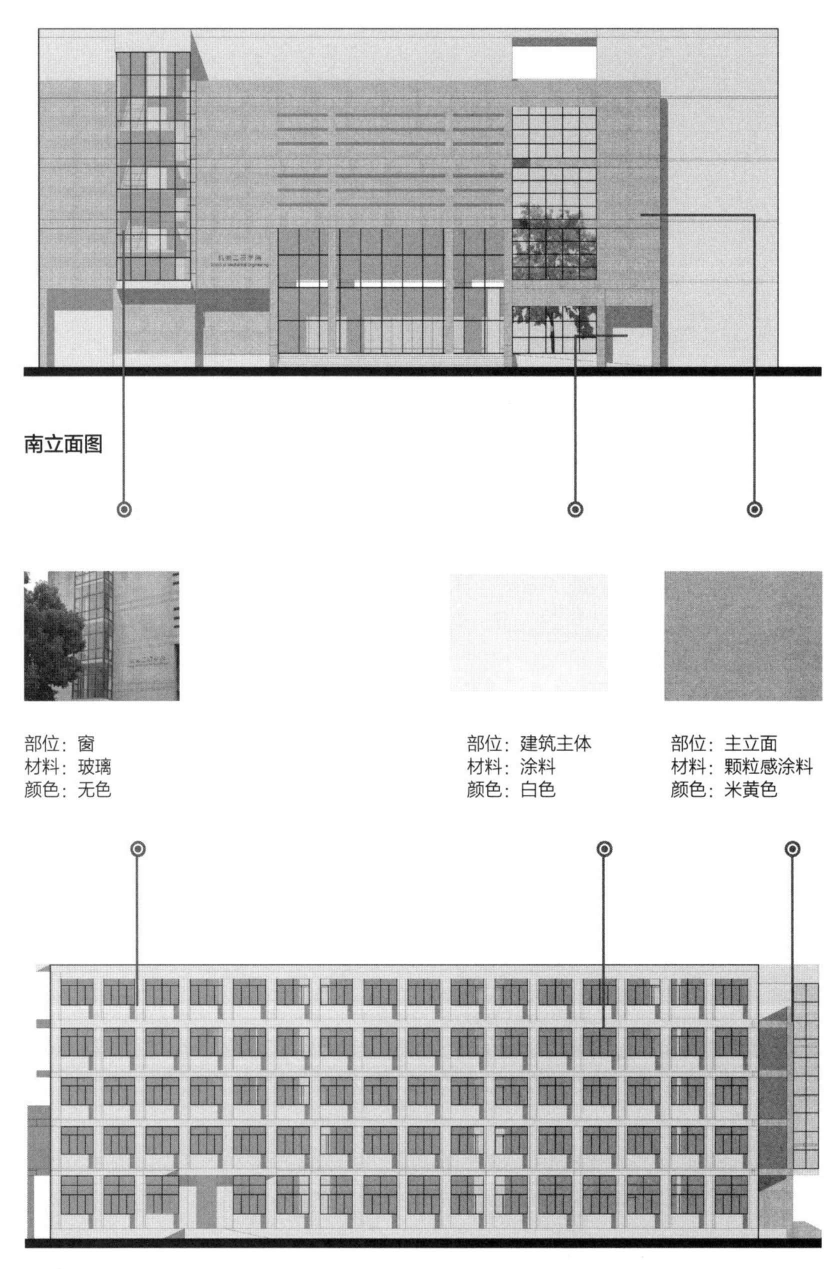

结构分析

机械工程学院大楼采用框架结构，为形成较强的韵律感，在开间当中设分隔柱。将排水管与立柱结合，使得立面干净纯粹。

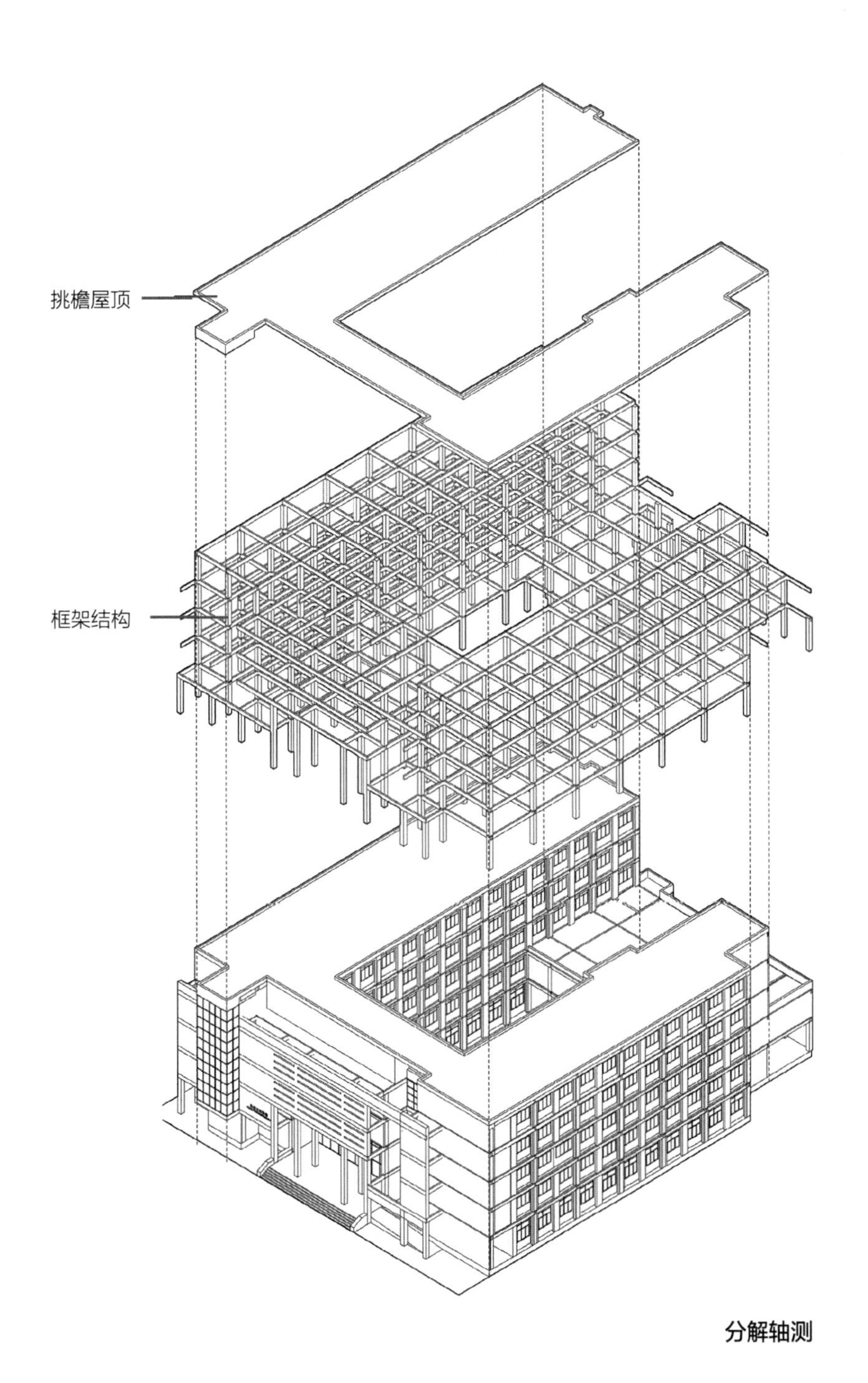

分解轴测

场地分析

建筑庭院的设置，使建筑的通风和采光更加合理，并提供了可供观赏的景观和学生活动的场所。

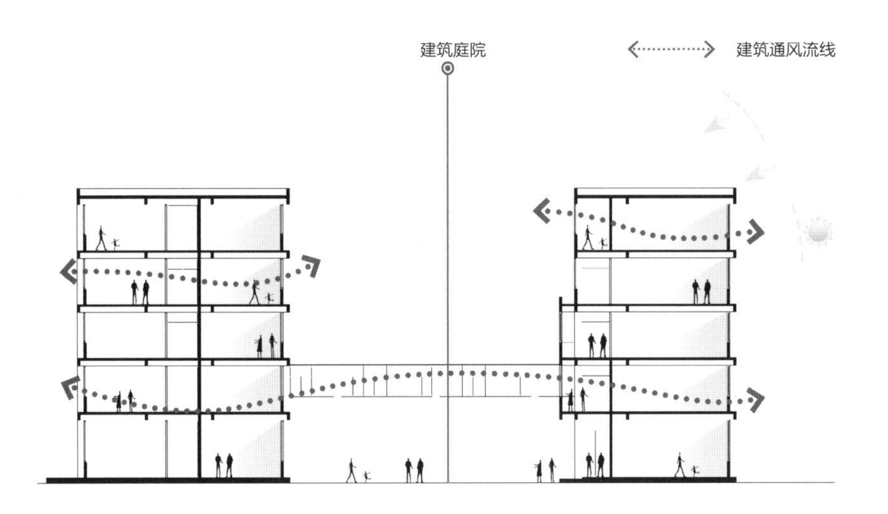

通风采光分析

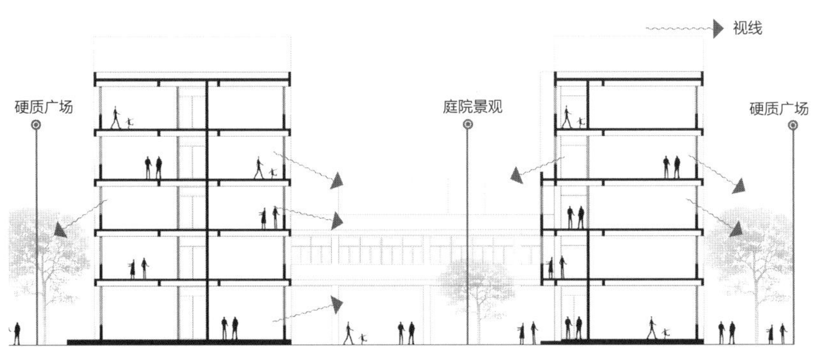

景观视线分析

空间分析

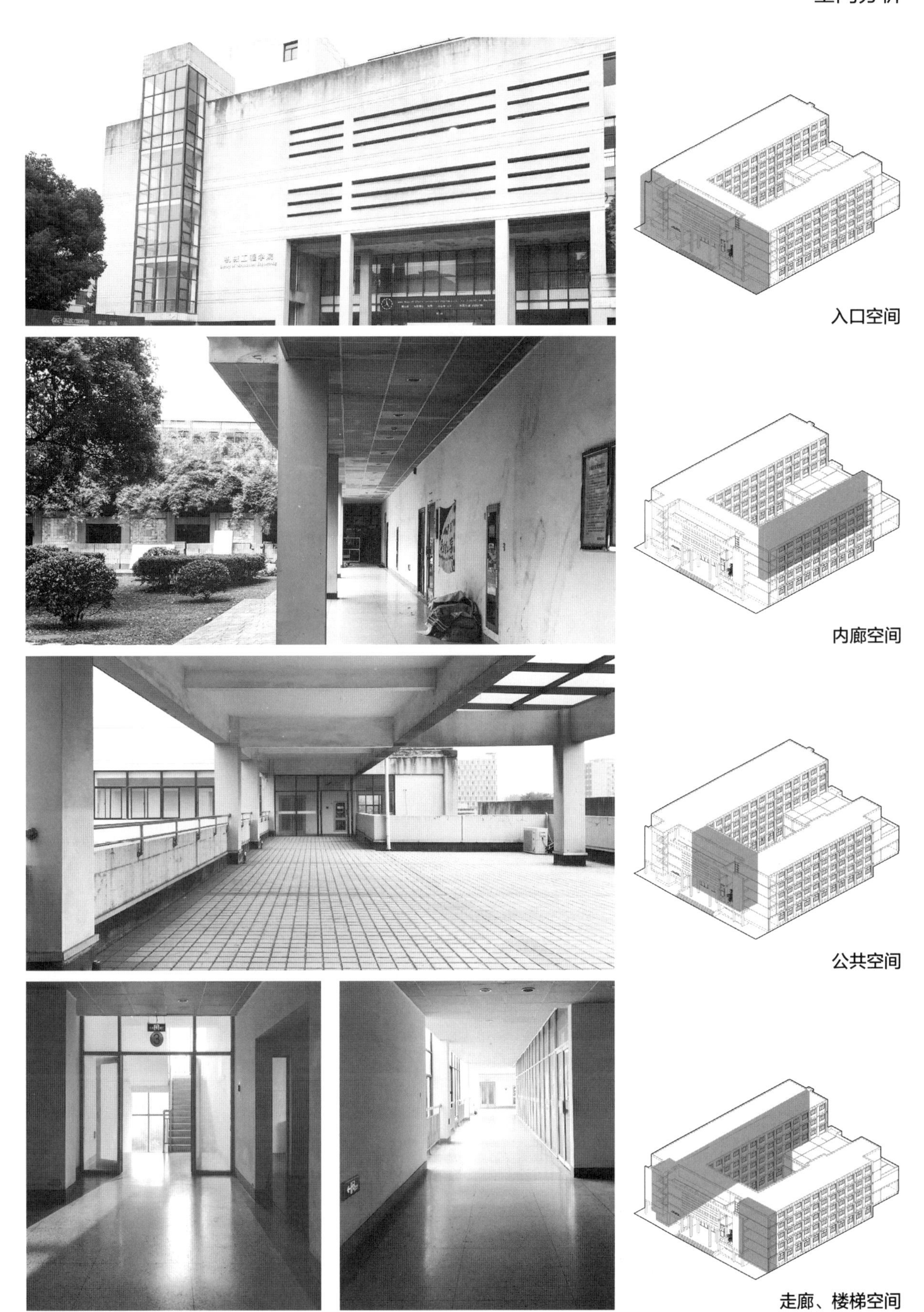

3. 扩招后建校的新校园（1999 年至今）

3.1　东南大学九龙湖校区

东南大学坐落于六朝古都南京，是享誉海内外的著名高等学府。学校是国家教育部直属并与江苏省共建的全国重点大学，也是国家“985 工程”和“211 工程”重点建设大学之一。2017 年，东南大学入选世界一流大学建设 A 类高校名单。

学校目前建有四牌楼、九龙湖、丁家桥等校区。2006 年夏季起，东南大学主教学区迁至九龙湖校区。新校区坐落在江宁开发区南部，苏源大道以东、双龙大道以西、东南大学路以北、吉印大道以南的范围内，总积 3752.35 亩。九龙湖校区建筑规划，采取公共核心教学组团与专业教学族群组团相结合的校园建筑形态，已建成教学区、科研实验区、行政区、本科生生活区、研究生生活区、教师生活区、后勤保卫区等，总建筑面积约 59.9 万 m^2。学校大部分党政机关、机械、计算机等十个院系和 15000 名学生已入驻校区。

3.1.1　李文正图书馆

绘制：达玉子、孙颖、陈美伊、王月瞳、程晨
整理：汪宝丽

基本信息

建筑名称：李文正图书馆
建筑总面积：53828m^2
建成时间：2007 年 3 月
层　　数：5 层
结　　构：混凝土框架结构
建筑风格：现代主义风格

场地分析

李文正图书馆于 2007 年 3 月建成，坐落在九龙湖校区的中心，庄重、典雅，充满现代气息。周围环境优美，紧邻生态湖和九曲桥，植被覆盖率高，以乔木和灌木配置方式为主，有较高的观赏价值和特色鲜明的植物季相。整体流线南侧以人行流线为主，北侧以车行流线为主。

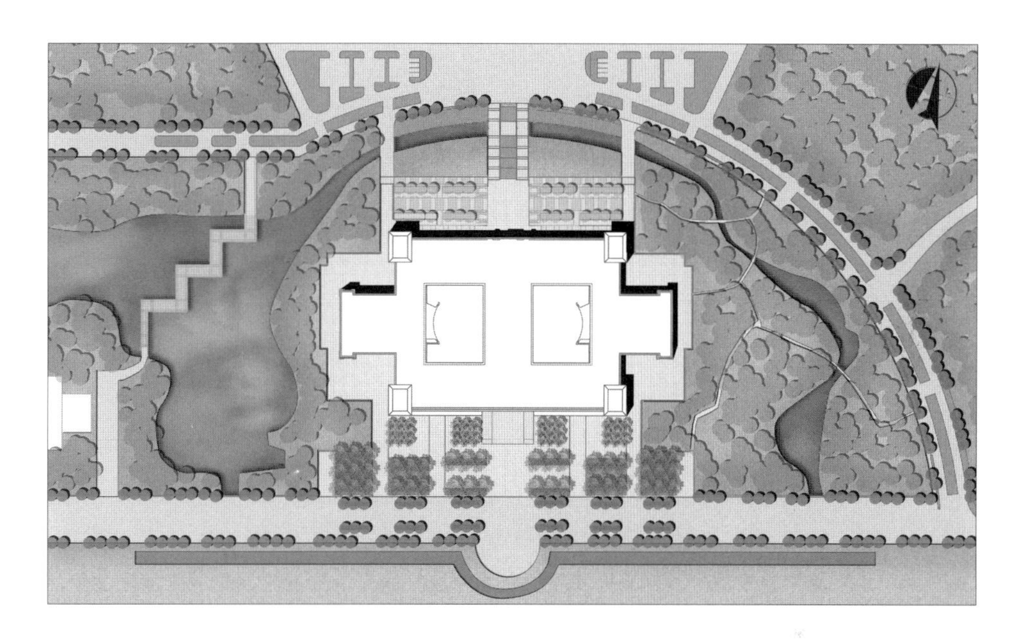

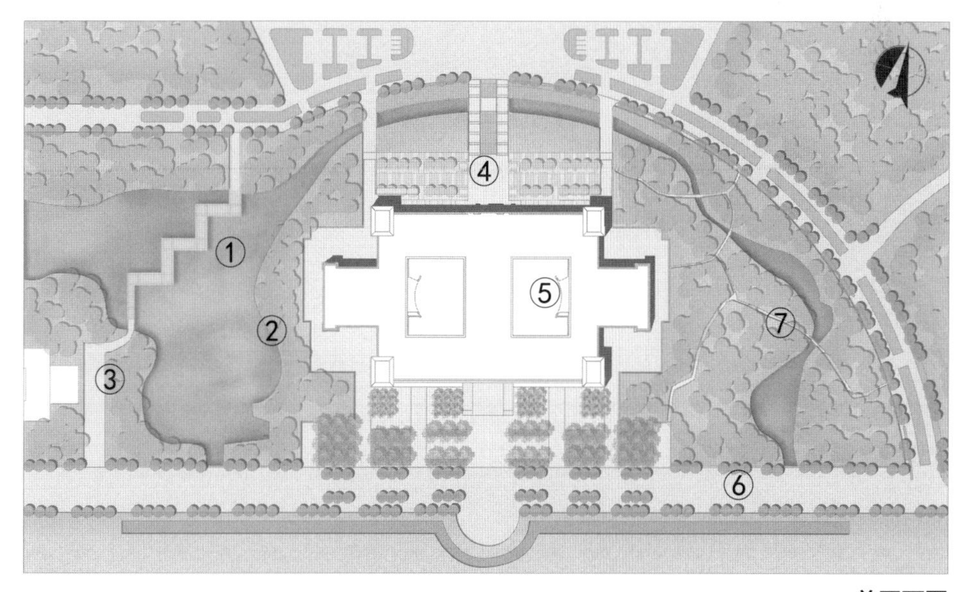

①九曲桥
②生态湖
③纪忠楼
④停车场
⑤李文正图书馆
⑥南工路
⑦林间步道

总平面图

平面分析

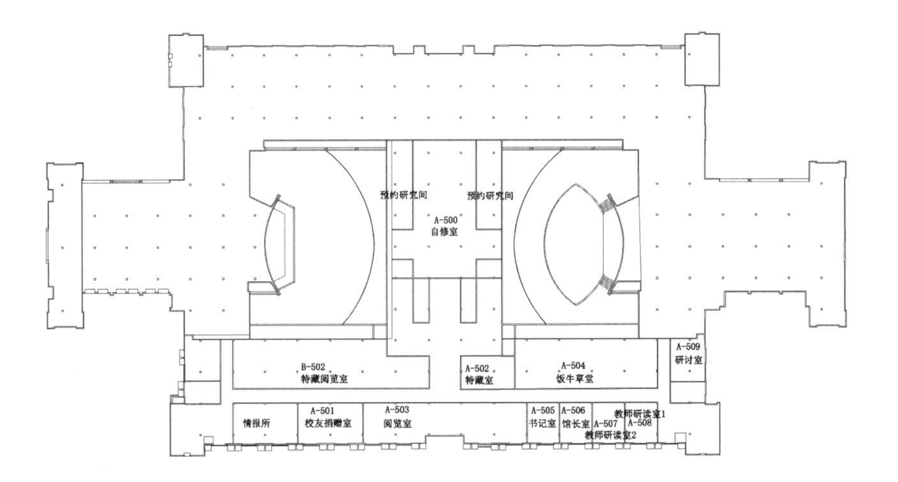

五层平面图

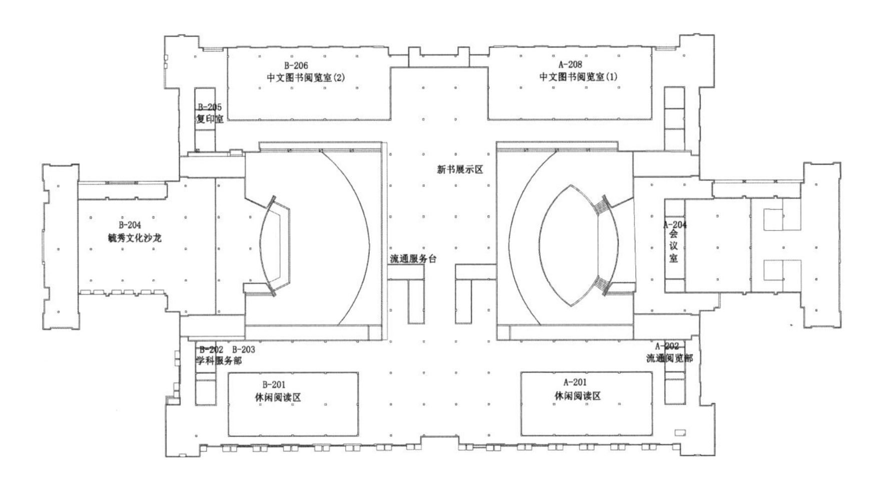

二层平面图

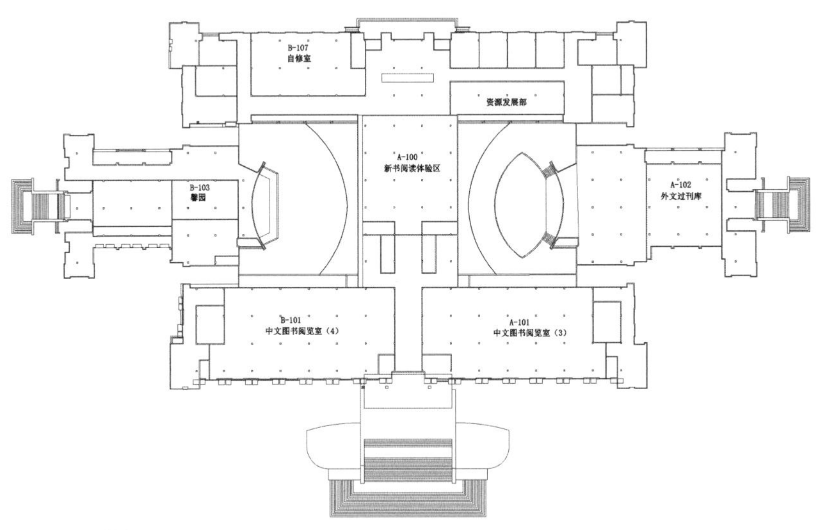

一层平面图

功能分析

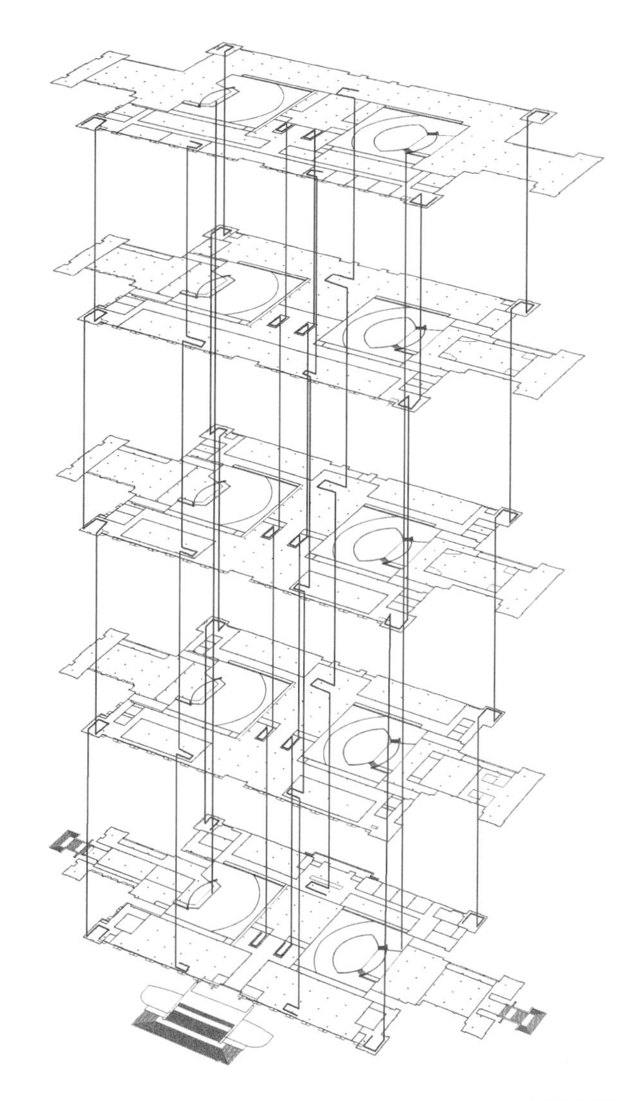

交通分析

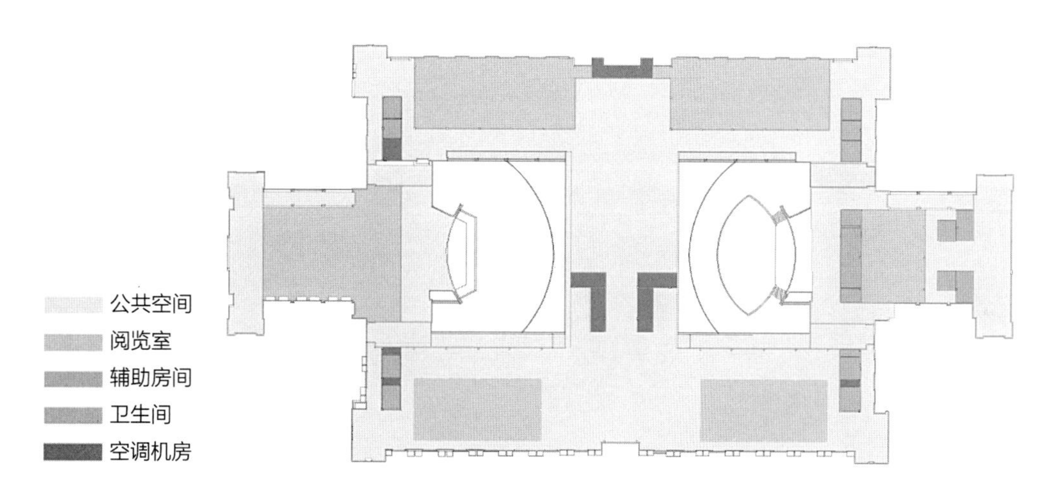

功能分区

剖面分析

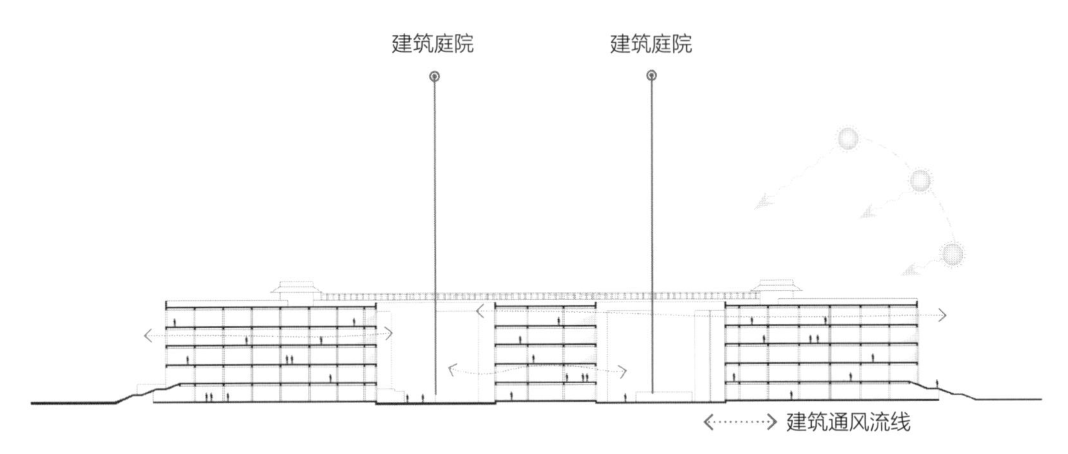

通风采光分析

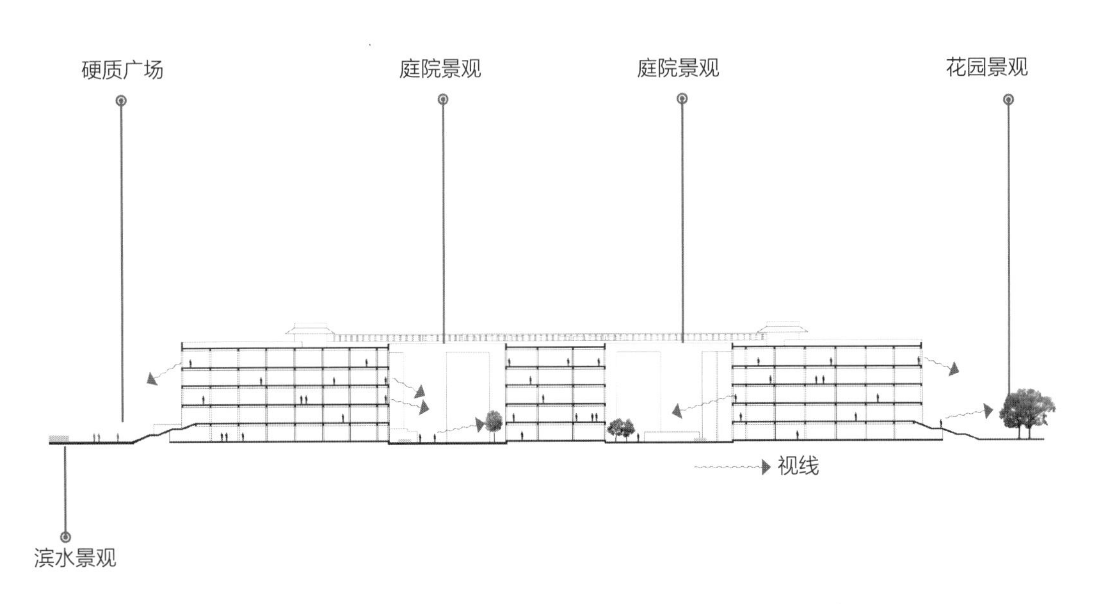

景观视线分析

建筑中庭景观

立面分析

李文正图书馆的主立面为南立面，既体现了现代主义风格，又有些许折中主义风格。多采用竖向的条状元素，以轴对称的形式呈现。材料方面使用了石材质贴面和半透明玻璃等。

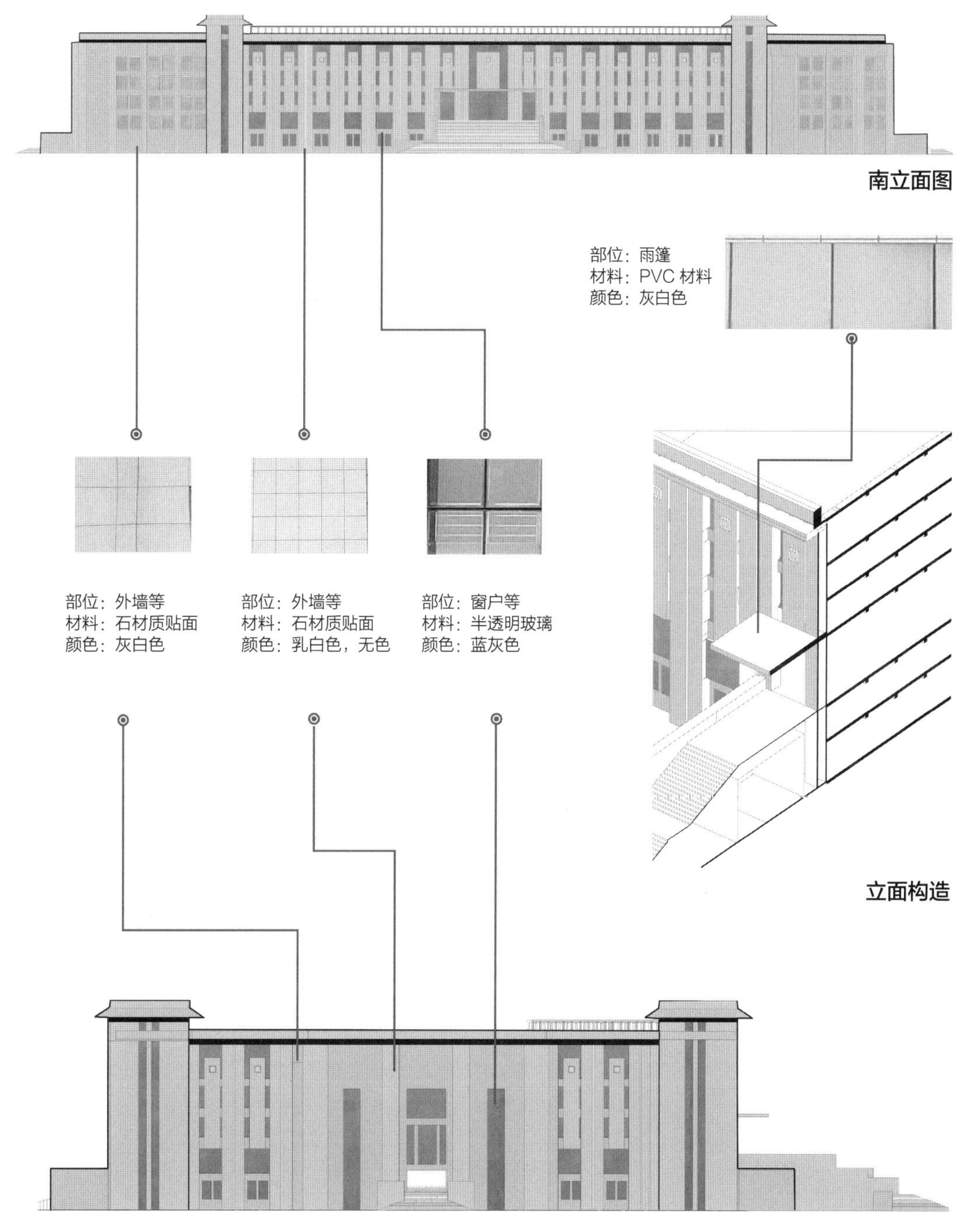

南立面图

立面构造

西立面图

3.1.2　桃园 3、4 舍

绘制：段兆轩、王玥、许凌哲、李明慧
整理：汪宝丽

基本信息

建筑名称：桃园 3、4 舍
建成时间：2006 年 9 月
建筑风格：现代主义风格
建筑总面积：约 14358m²
层　　数：6 层
结　　构：混凝土框架结构

场地分析

桃园宿舍区位于东南大学九龙湖校区东部，片区东侧是桃园操场，西侧为景观草坪，南侧配建有餐厅、体育馆等服务设施。

桃园宿舍两两一组围合出庭院，庭院内有活动场地，组团间设有花园。

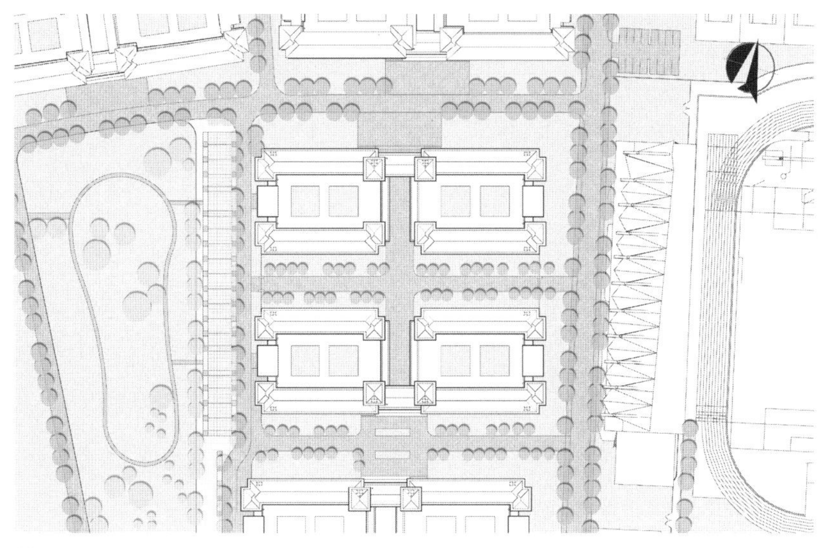

总平面图

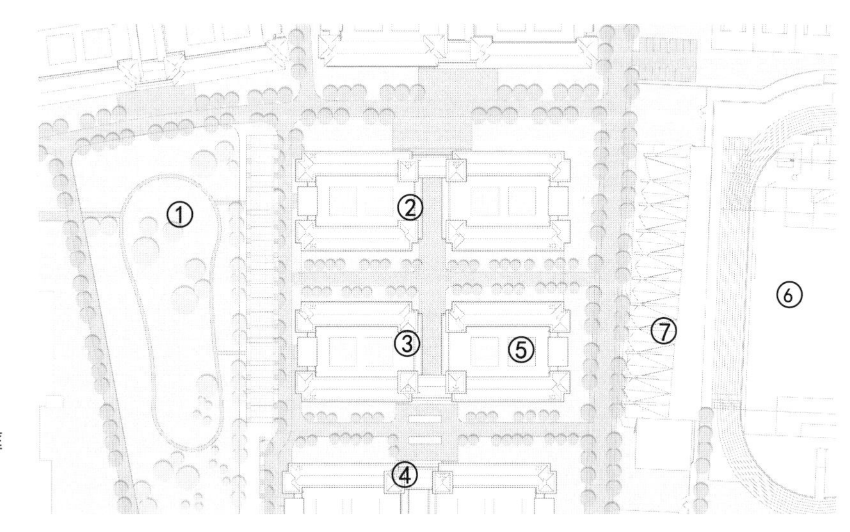

①景观草坪
②桃园 4 舍
③桃园 3 舍
④桃园 2 舍
⑤宿舍楼中庭
⑥桃园操场
⑦操场看台

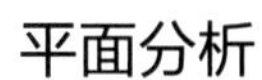

平面分析

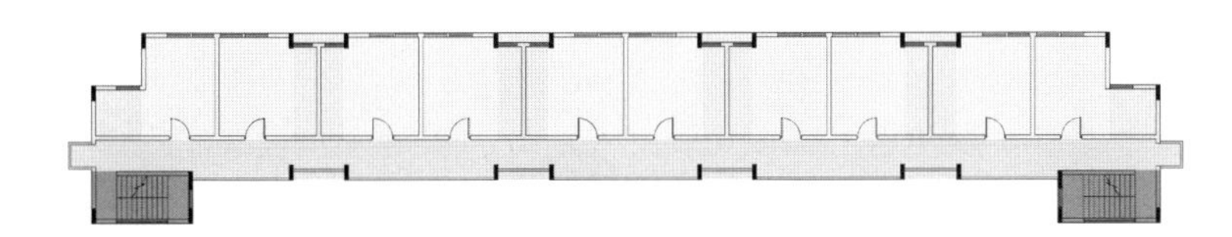

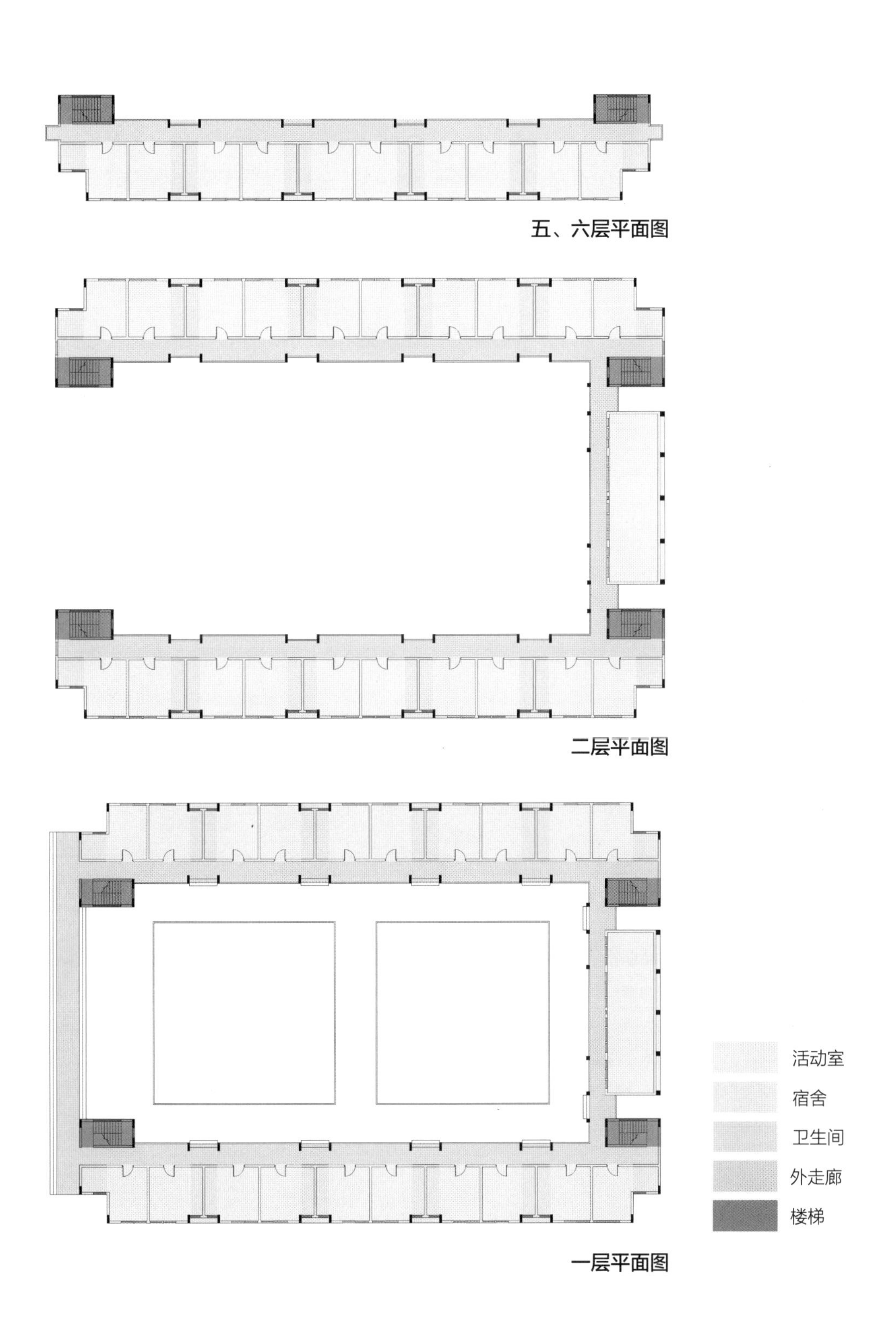

五、六层平面图

二层平面图

一层平面图

立面分析

建筑设计采用了三段式的构图手法，底层为灰色贴面砖，中间部分为白色墙面，顶层为青灰色釉面瓦，色彩来自白墙黑瓦的徽派建筑和青砖黛瓦的江南建筑风格。

表皮轴测图

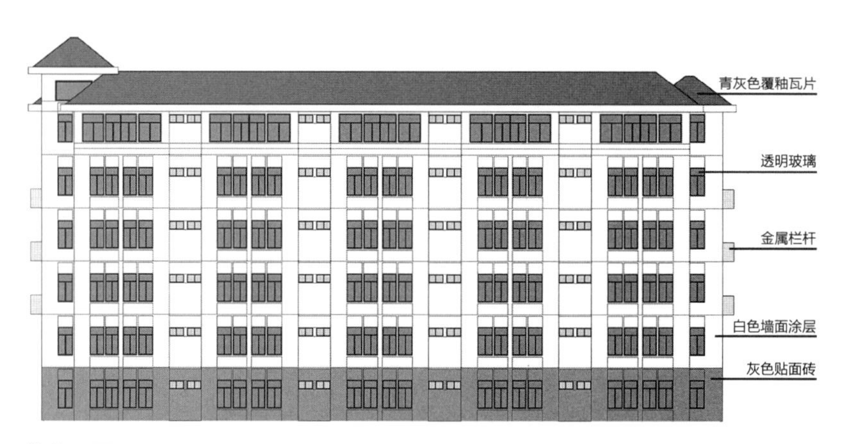

北立面图

空间分析

宿舍庭院空间尺度适宜，内部配有停车棚和硬地。建筑朝向庭院外侧的立面以开窗为主，内侧设置走廊，成为学生主要的活动空间。

建筑外部公共空间

建筑内部中庭空间

建筑表皮与体量

3.1.3　桃园餐厅

绘制：梁佳宁、陈冰红、张勇、杨叶晴
整理：汪宝丽

基本信息

建筑名称：桃园餐厅
建成时间：2017 年
建筑风格：现代风格
建筑总面积：4652m^2
层　　数：2 层（10.8m）
结　　构：混凝土框架结构

总平面分析

2006 年，随着九龙湖校区投入使用，桃园餐厅一期工程基本完成，随着学校的发展和其他院系的迁入，新餐厅的建设相继启动，2016 年底主体结构完成，2017 年正式完成。

桃园餐厅与焦廷标馆、体育馆形成东南大学九龙湖校区主轴线北侧重要的建筑组团，其于组团的中部，与桃园餐厅二期相互呼应。

桃园餐厅东侧为集中绿地，结合游憩草坪配置有景观休闲座椅；西侧为景观绿带，将桃园餐厅与校园快速通行道路进行绿化隔离；北侧为硬质广场，与桃园新食堂共同围合。

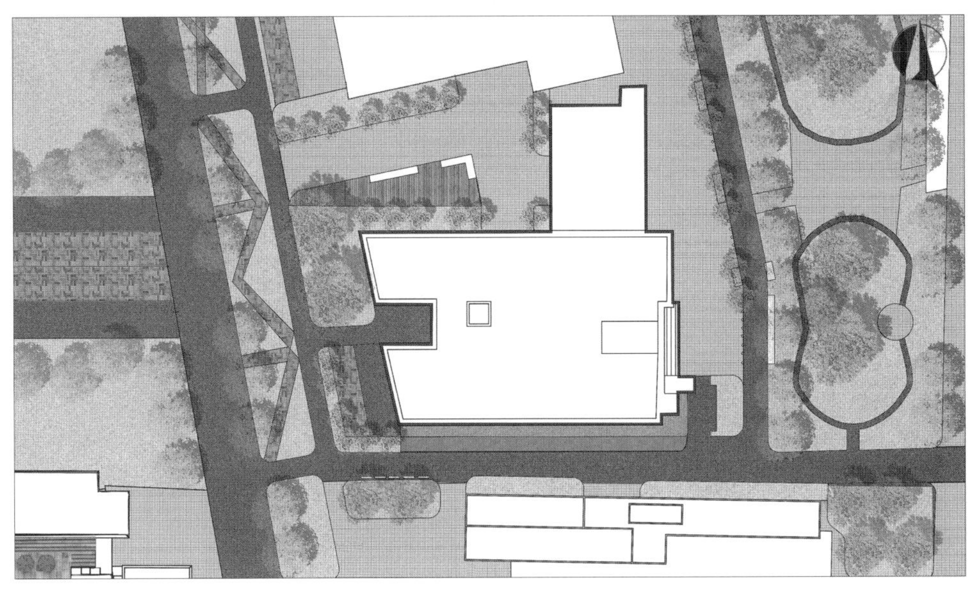

总平面图

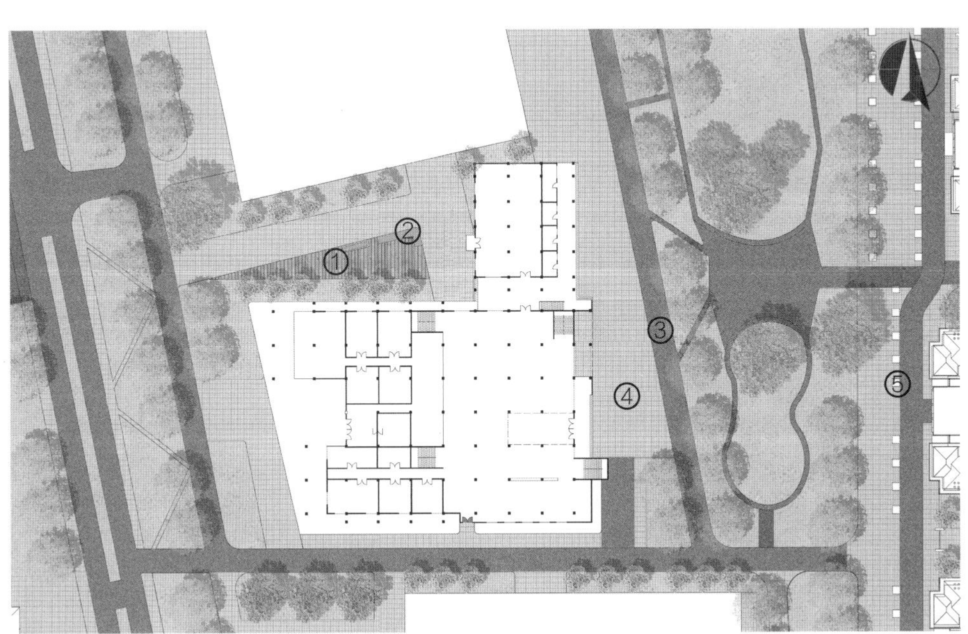

① 木平台

② 防腐木景观座椅

③ 沥青铺地

④ 地砖

⑤ 路灯

底层平面图

平面分析

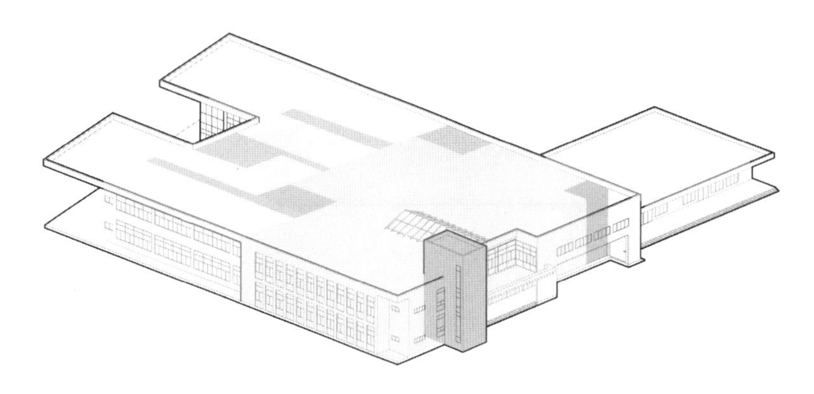

平面功能分析

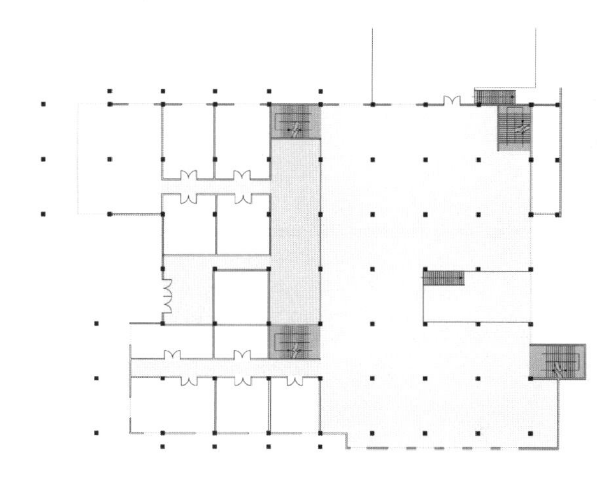

二层平面图

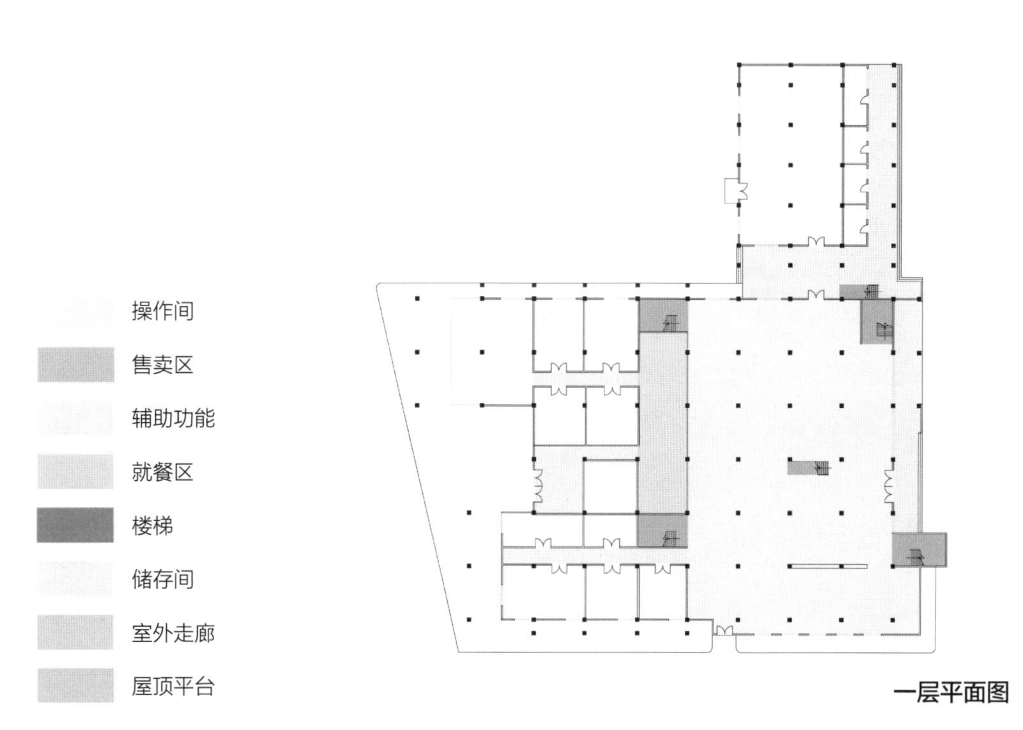

一层平面图

场地分析

桃园食堂主入口位于建筑东侧，北侧与南侧各有一个次入口，这三个出入口是主要的就餐人流入口，同时在西侧设有后勤服务入口。

建筑北侧与桃园新食堂围合出小广场，东侧设有景观花园，南侧与道路相接。

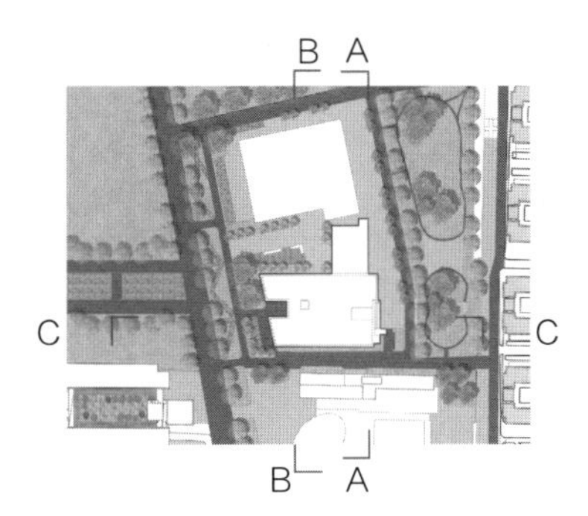

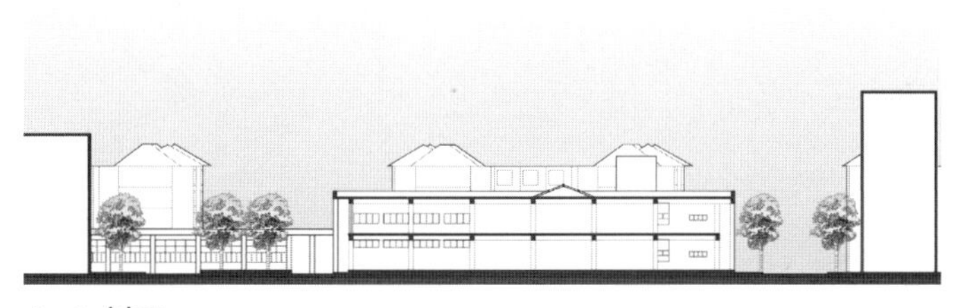
A-A 剖面

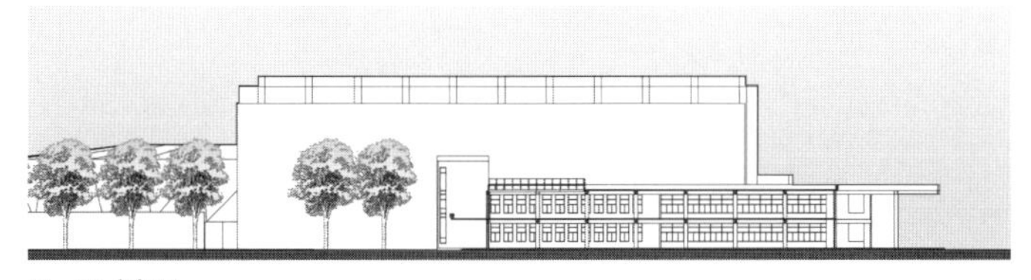
B-B 剖面

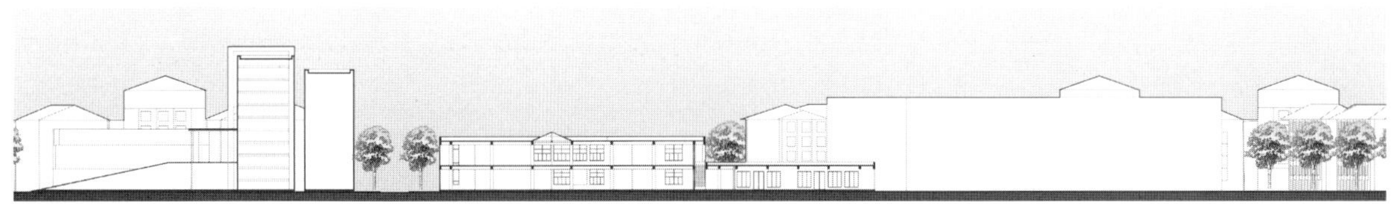
C-C 剖面

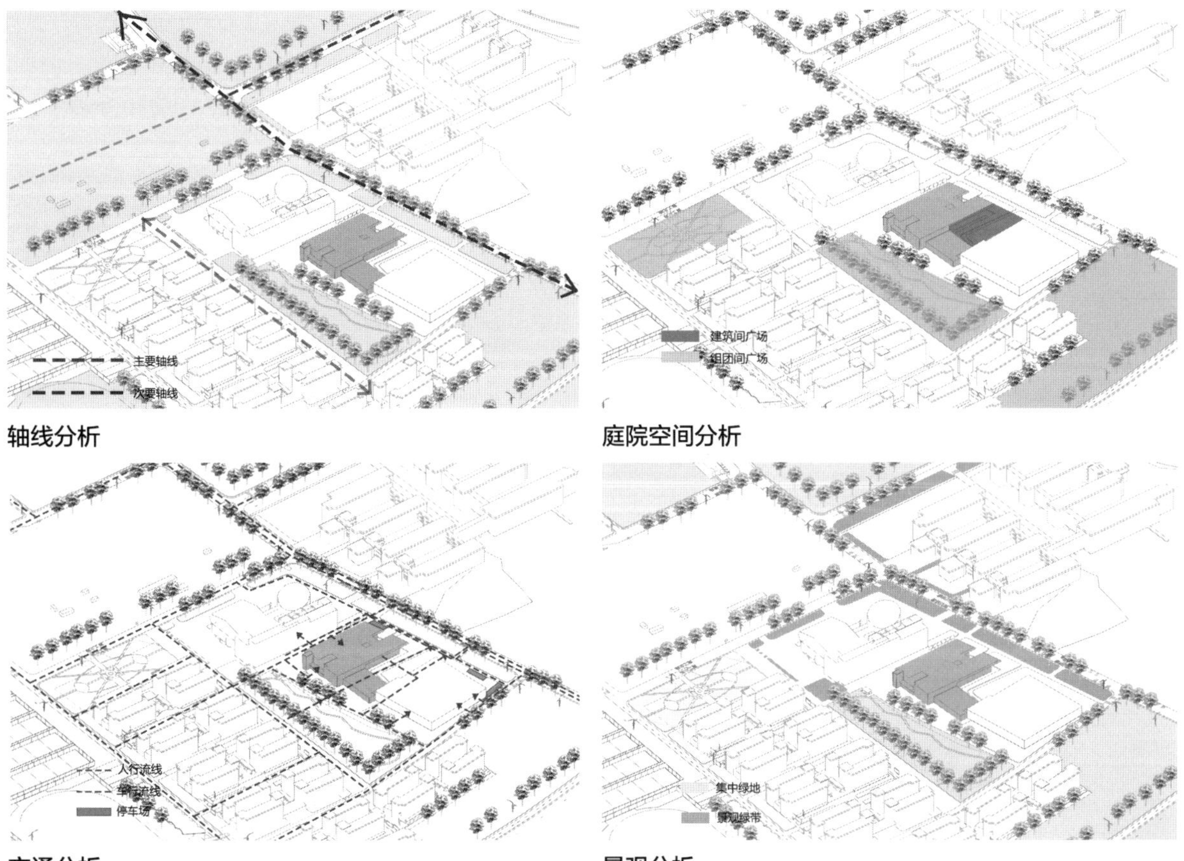

轴线分析　庭院空间分析
交通分析　景观分析

空间分析

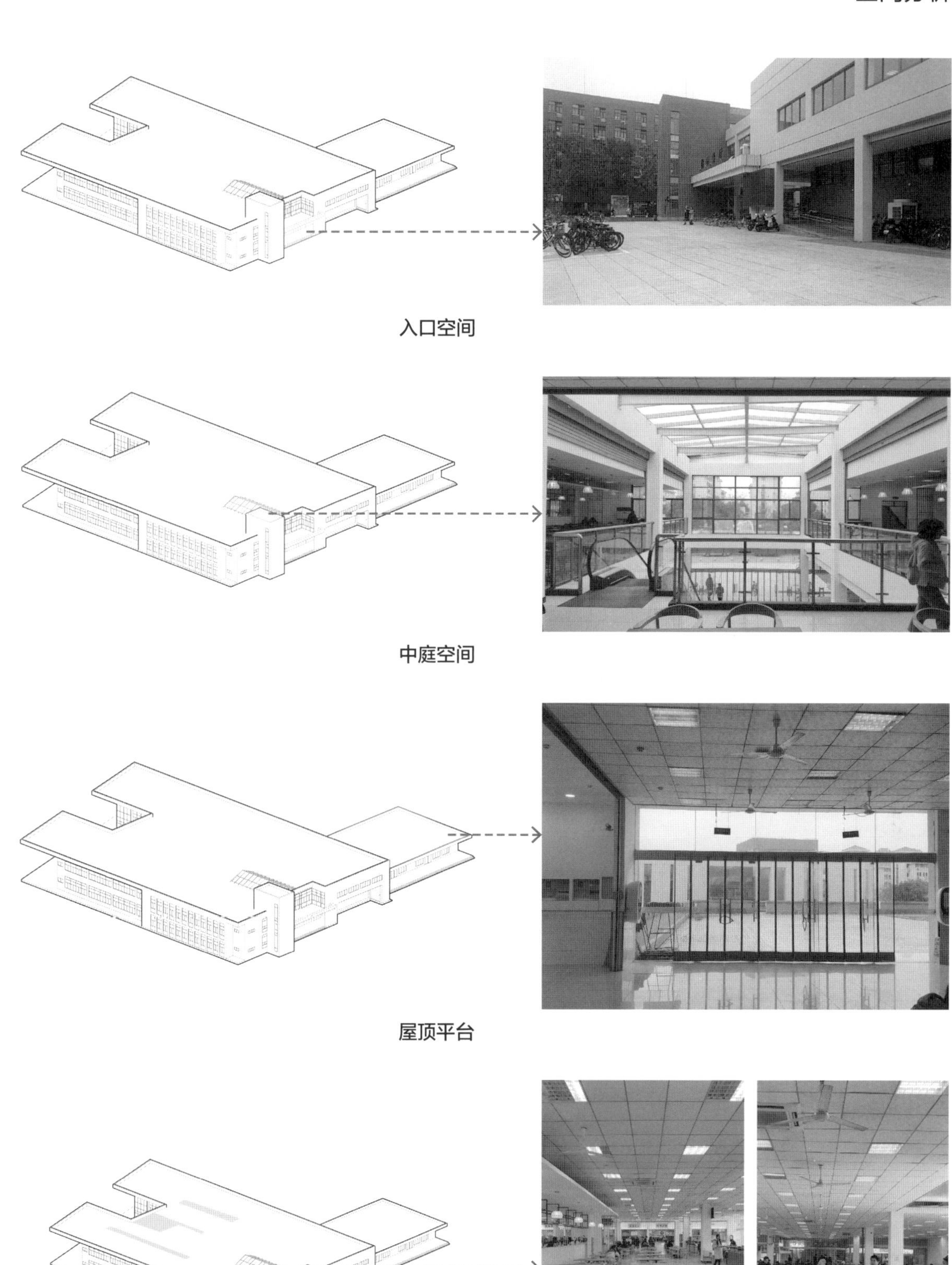

入口空间

中庭空间

屋顶平台

走廊空间

立面分析

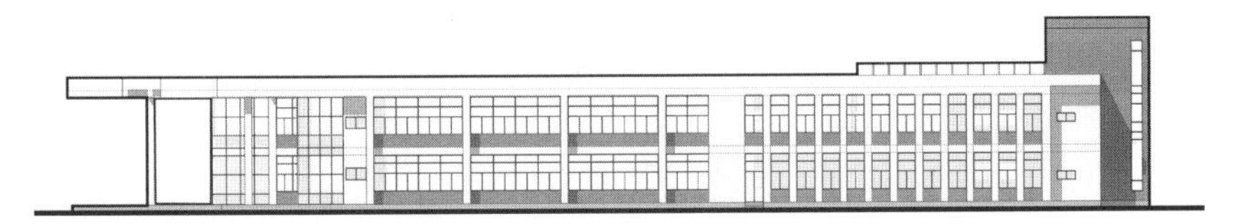

南立面图

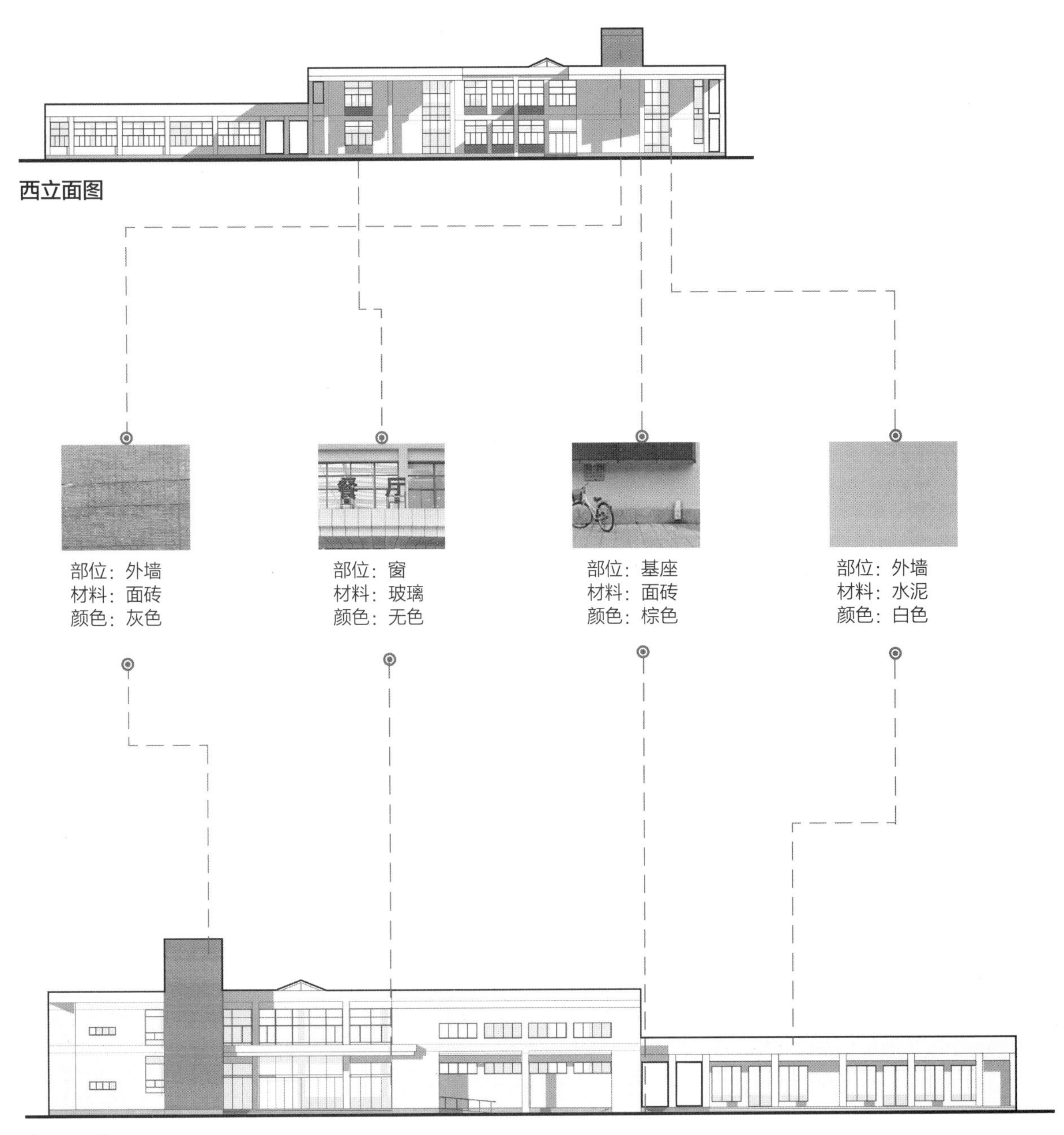

西立面图

东立面图

3.2 南京大学仙林校区

南京大学仙林新校区是南京大学为创建世界一流大学而建设的国际化新校区，位于南京城东的仙林大学城，地处九乡河湿地公园，东濒仙林湖，北望栖霞山景区，毗邻多所知名高校，2009 年 9 月正式投入使用。

南京大学仙林校区周边公园众多，环境优美。校园附近有众多的体育、文化和教育建筑，文化气息浓厚。学校周边以居民区为主，商业配套略微不足。校园内部及校园外部高层建筑大量兴建，对新建校园空间氛围产生了一定影响。

3.2.1 杜厦图书馆

绘制：张卓然、庞寅雷、谢斐然、杨灵、朱翼
整理：汪宝丽

基本信息

建 筑 名 称：杜厦图书馆
建 筑 风 格：现代主义风格
建筑建成时间：2009 年 10 月
建筑总面积：53000m^2
层　　　数：6 层
结　　　构：混凝土框架结构

场地分析

杜厦图书馆馆位于新校区入口中轴线上，是整个仙林校区的地标建筑。平面功能布局合理，充分体现了现代图书馆的交互性、开放性、灵活性和舒适性。

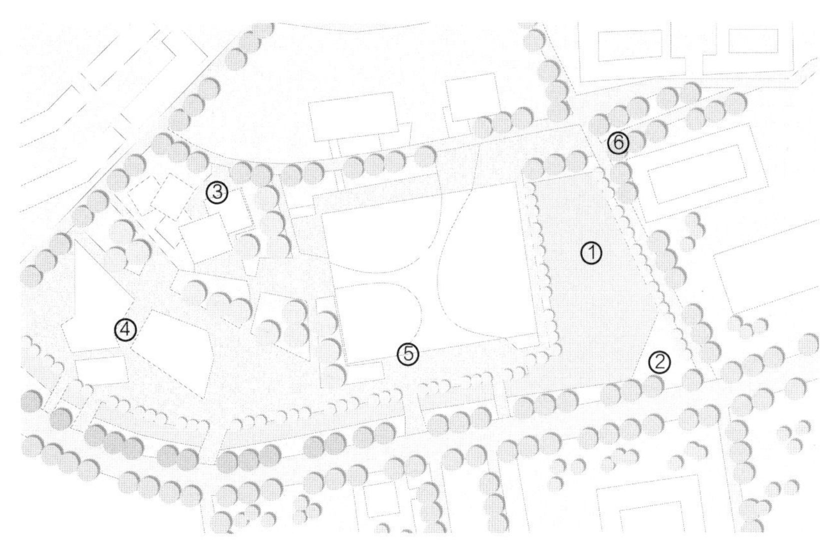

总平面图

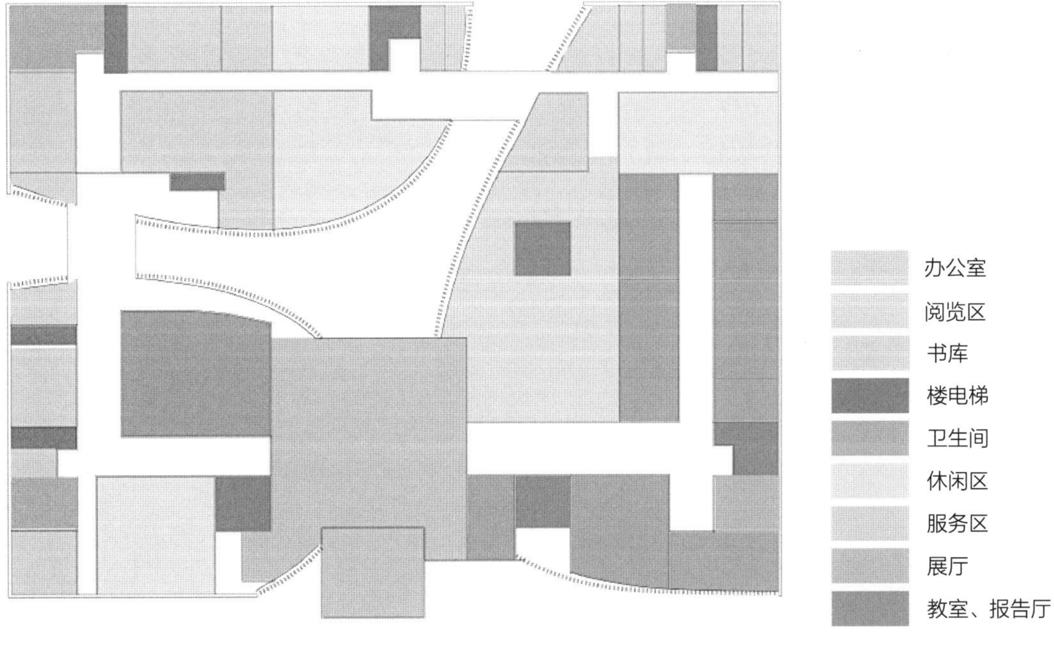

一层平面图

立面分析

杜厦图书馆建筑造型现代，延续着南京大学百年老校的文化精髓。杜厦图书馆的主立面为南立面，设计融合了南大鼓楼校区沉稳的灰砖、灰瓦以及从红门、红窗提炼出的色彩元素，虚实结合，体块分明。立面使用了较为现代的金属材质和大理石贴面，富有质感。

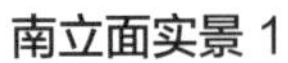

南立面实景 1

南立面实景 2

东立面实景

北立面实景

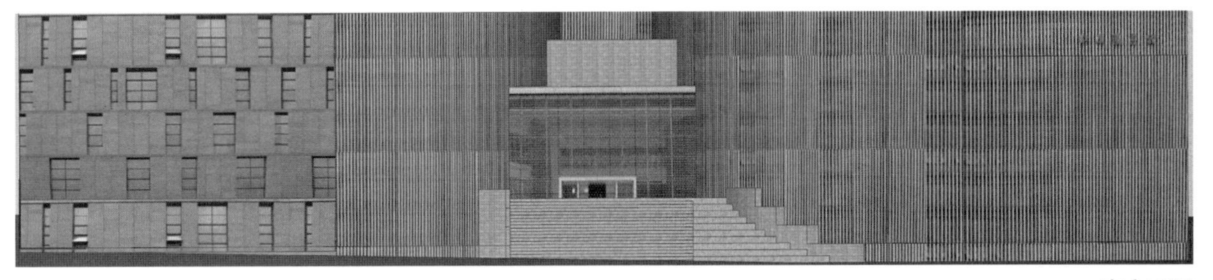

南立面图

3.2.2　朱共山楼

绘制：贺思远、曲逸轩、潘岳、游川雄
整理：汪宝丽

基本信息

建 筑 名 称：朱共山楼
建 筑 风 格：现代主义风格
占 地 面 积：15500m²
建筑总面积：23000m²
层　　　数：地上 5 层，地下 1 层（23.1m）
结　　　构：混凝土框架结构

场地分析

朱共山楼位于南京大学仙林校区东部，因朱共山先生为地球科学与工程学院捐款兴建的地科院大楼而命名，于 2012 年 5 月 18 日落成，用于学院的教学与科研活动。

场地整体平整，利用台阶和挡土墙、景墙等多种景观化的处理手法形成丰富的景观效果。场地内配置有落叶大乔木、常绿大乔木、常绿小乔木、常绿灌木和草坪，有较高的观赏价值和特色鲜明的植物季相，种植集中在建筑周围和道路边缘处。

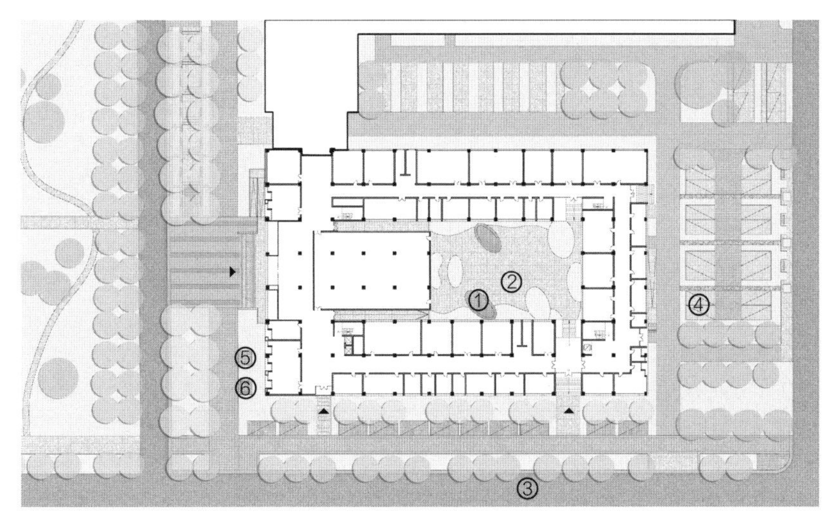

①防腐木景观座椅
②大理石砖铺地
③沥青铺地
④植草砖停车位
⑤地质岩石雕塑
⑥休憩座椅

总平面图

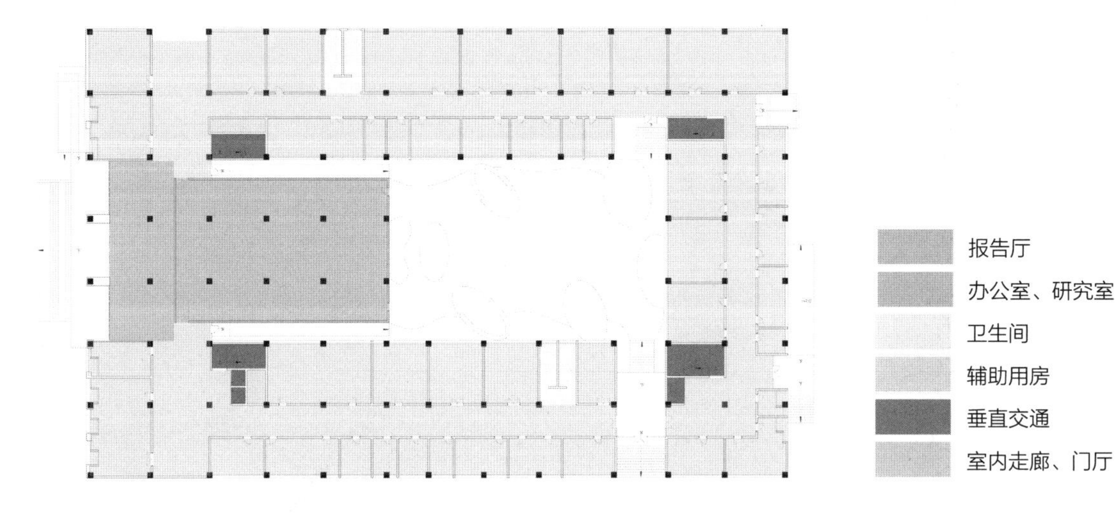

一层平面图

整体分析

朱共山楼与昆山楼、择善楼、思源楼、图书馆形成南京大学主轴线东侧重要的建筑组团。朱共山楼位于这组建筑的东南部，与择善楼相互呼应。朱共山楼西侧为集中绿地，直通轴线中央的体育馆；南侧为景观花园；北侧与昆山楼共同围合硬质广场，还设有停车场。

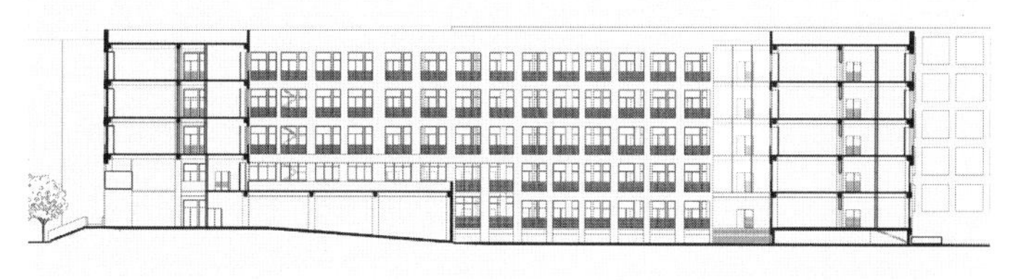

A–A 建筑剖面图

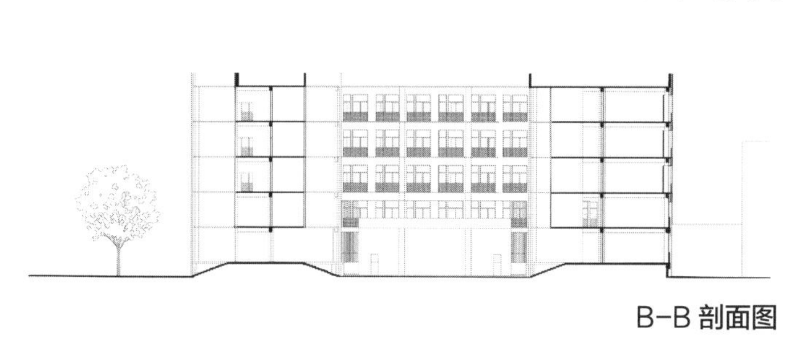

B–B 剖面图

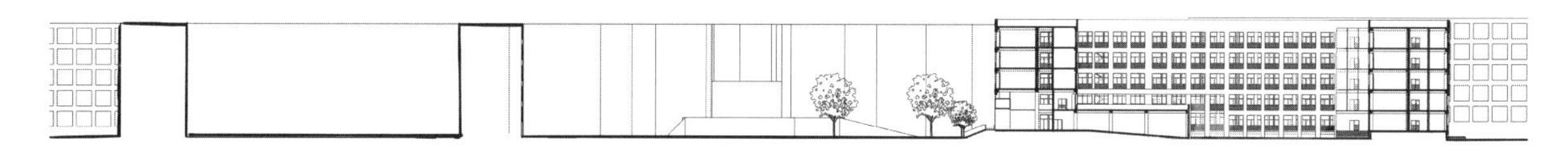

A–A 环境剖面图

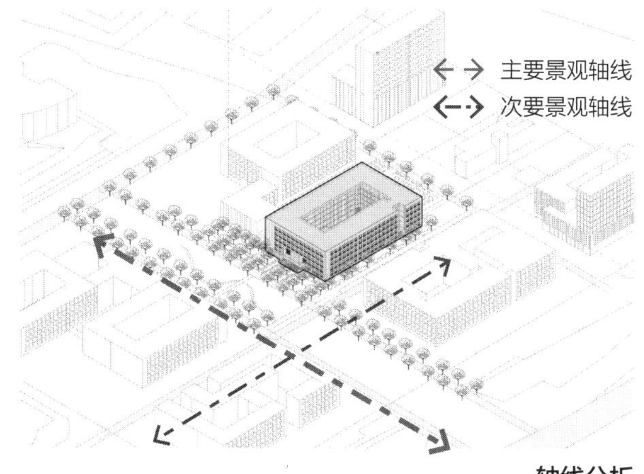

轴线分析

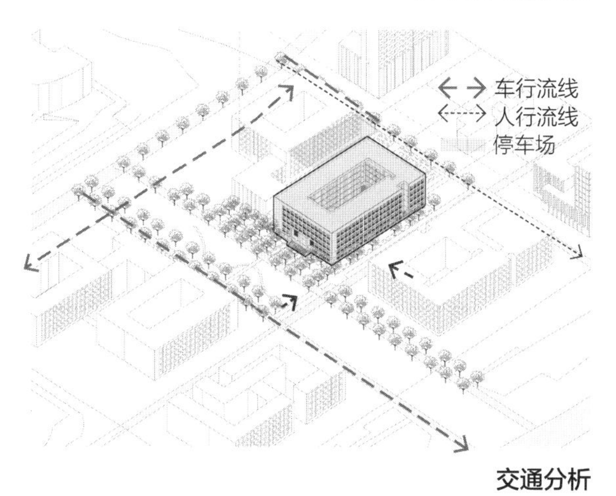

交通分析

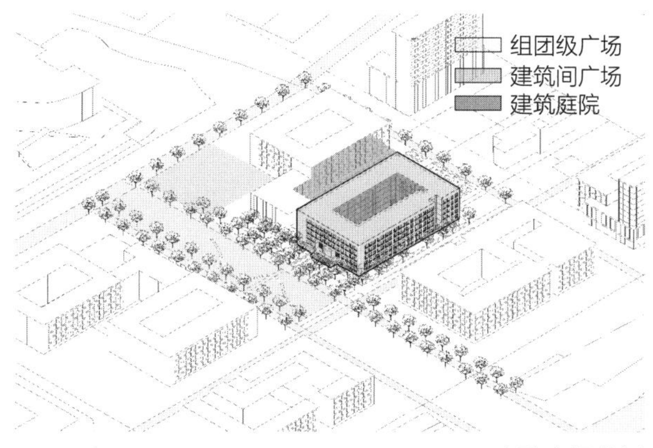

庭院空间分析

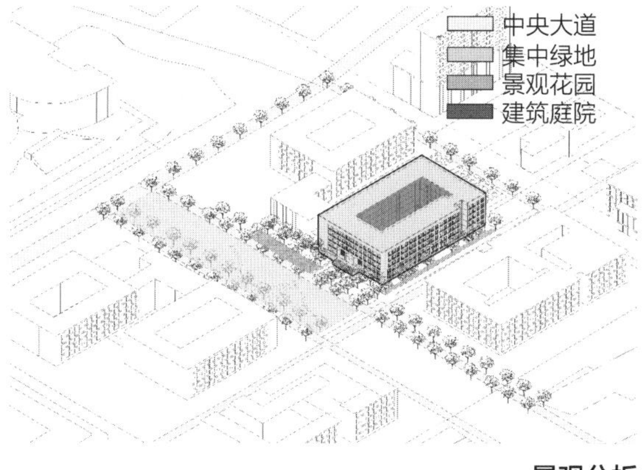

景观分析

空间分析

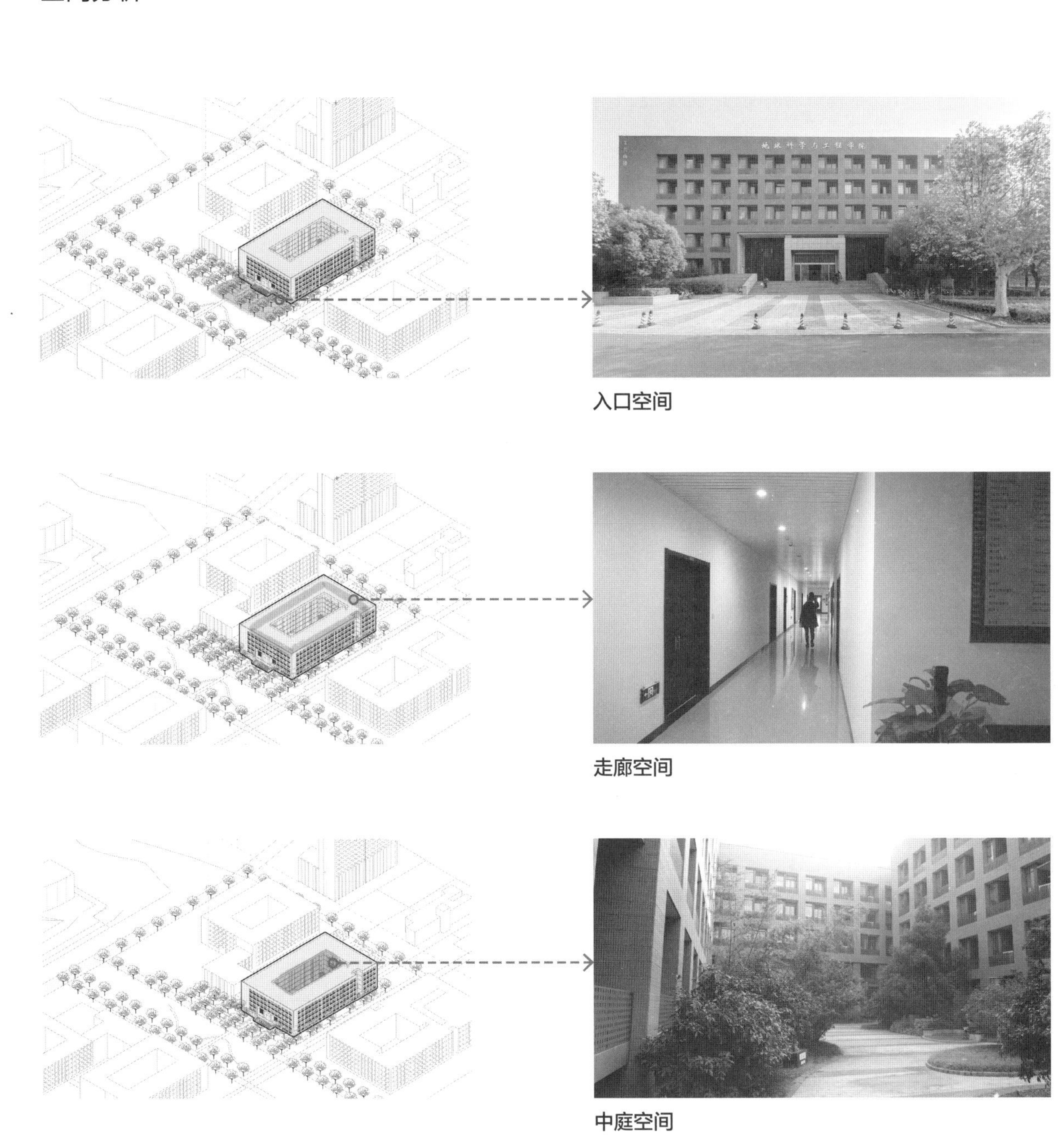

入口空间

走廊空间

中庭空间

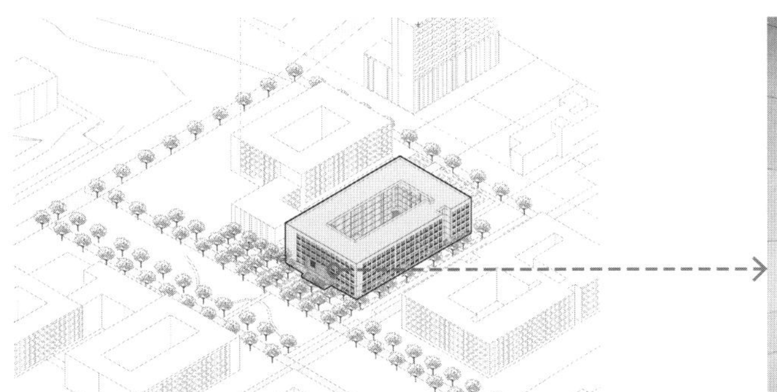

门厅空间

立面分析

朱共山楼的主立面是西立面，立面设计主要突出单元空间的分布，双层表皮的运用又打破了单元排布带来的对称性，重复单元中的红色隔墙为点睛之笔。

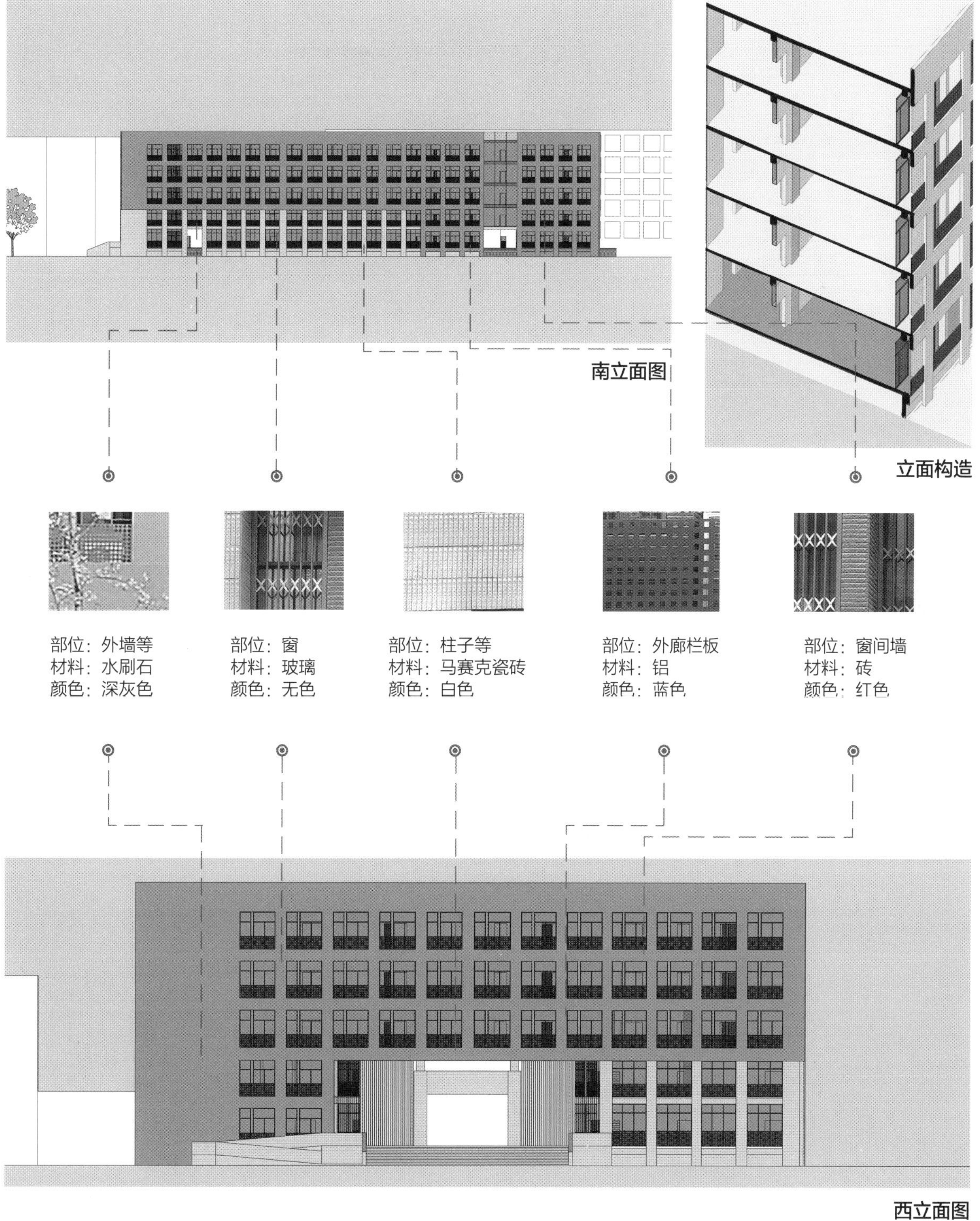

3.2.3　化学楼

绘制：刘浩然、杨潇、于鲜玥、王书怡、黄瑞
整理：汪宝丽

基本信息

建 筑 名 称：化学楼
建筑建成时间：2013 年 12 月
建 筑 风 格：现代主义风格
建筑总面积：58000m^2
层　　　数：5 层
结　　　构：混凝土框架结构

场地分析

仙林化学楼是目前高校中单体面积最大的化学楼。该工程将于 2013 年 12 月建成，2014 年 9 月正式启用。化学楼总建筑面积 58000m²，投资近 1 亿元。其主入口位于建筑西侧，东侧与南侧各有一个次入口，北侧为停车场。建筑内部庭院尺度适宜，由西侧底层架空空间进入。化学楼西面是校园内一处主要空间绿地，内部中庭也有丰富绿化，中庭东南角有一小片园林风景。

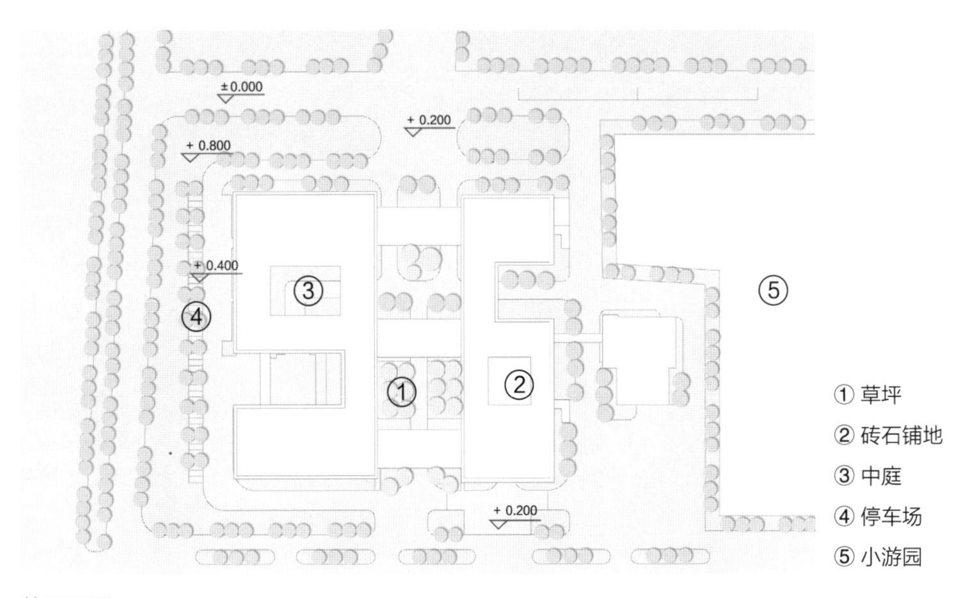

总平面图

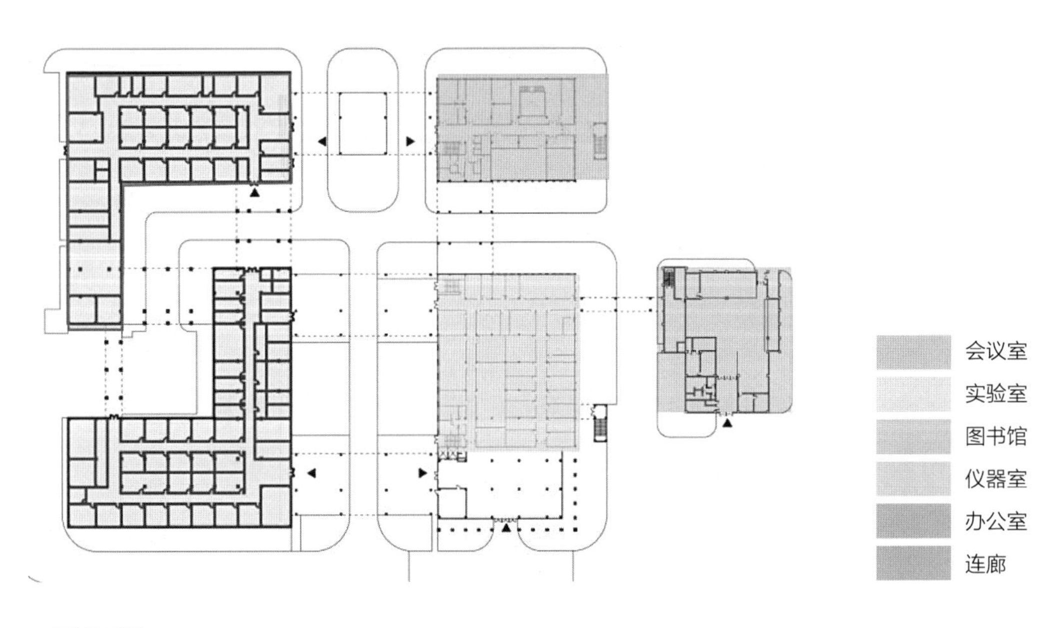

一层平面图

立面设计

化学楼主立面为南立面，长度约 100m。从左到右分为三段，中间一段架空作为场地入口。立面体块关系清晰、虚实对比处理得当。其中，红色面砖与红色金属板和灰色石材形成对比，随机排列的金属板与方格网立面形成活泼一秩序的对比。

场地内主要道路铺装为深灰色沥青铺地，入口广场是大块的灰色砖石铺地，场地西侧的自行车停车位为红色斜铺的砖石，而较为休闲的内部露台庭院咖啡厅则是小块的白色铺地。

南立面实景

立面材质

立面装饰

三段式立面

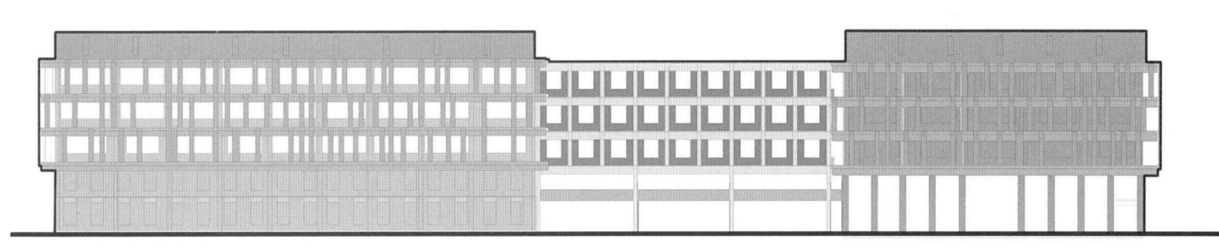

南立面图

空间分析

高差处理：化学楼整体场地高差起伏较小，其处理方法为：

1. 利用建筑台阶和景观墙进行过渡。
2. 利用马路、绿化草坪进行高差的自然过渡。
3. 利用台阶地园进行高差的过渡。

植物景观：场地内的景观植物配置有落叶乔木（如玉兰树）、落叶灌木（如油松）、杉树、修剪常绿灌木等，集中分布在内部天井庭院中，作为建筑物内院景观。

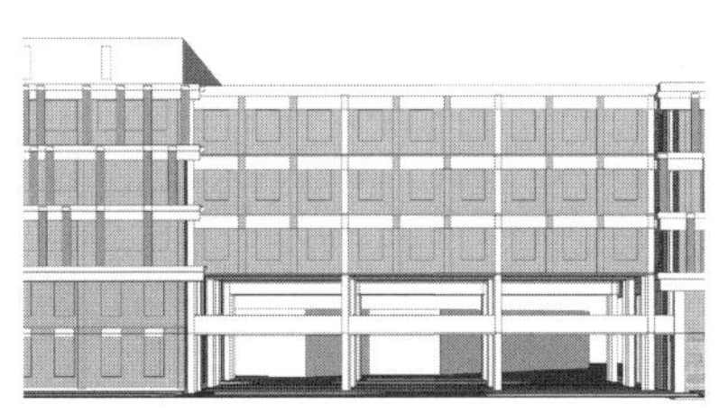

底层架空

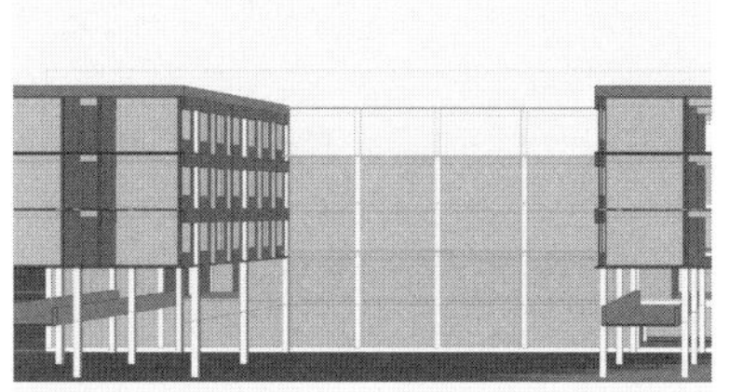

建筑连廊

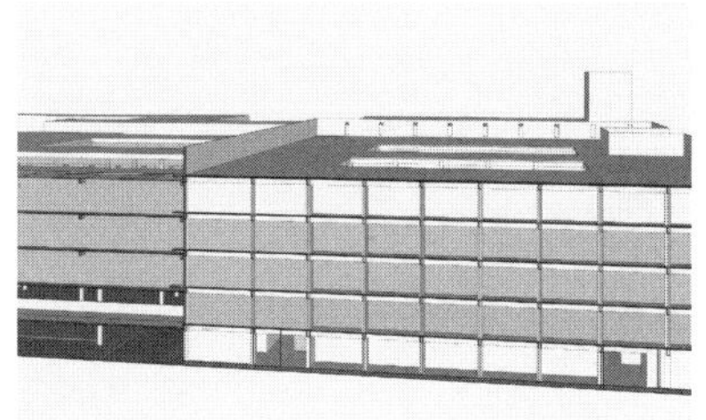

基础种植

建筑中庭

休憩空间

雨棚

走廊

建筑中庭座椅有三种——钢结构木板桌椅、欧式雕花钢桌椅加红色遮阳伞以及藤编筒圈椅。

场地照明灯具主要有两种——古典窗框装饰景观灯和普通激光灯。其主要颜色为灰色、黑色和白色。

场地内小型环保垃圾箱有与景观风格一致的古典花窗元素。

剖面分析

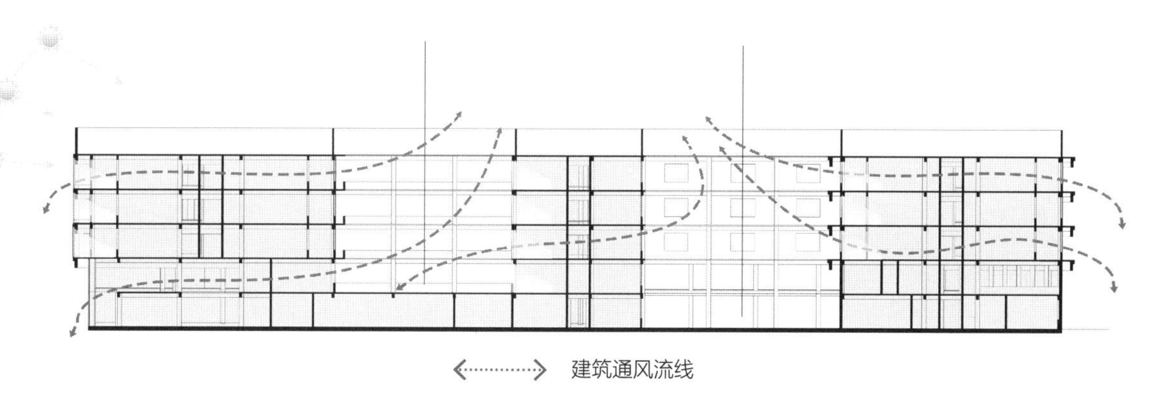

通风采光分析

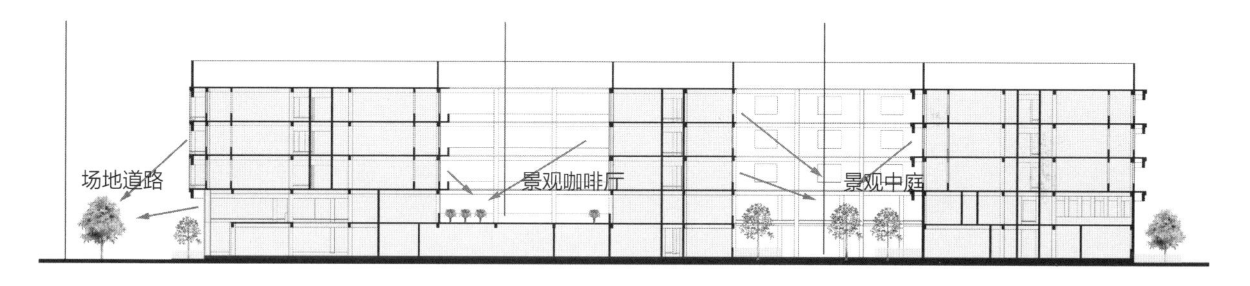

景观视线分析

景观设施

3.3　南京师范大学仙林校区

南京师范大学是国家“双一流”建设高校和江苏高水平大学建设高校。南京师范大学仙林校区位于江苏省南京市东郊，主要承担本科生教学。

依基地环境，校园分成南北两区。北区以学校大门至山体最高点为轴线，轴线两侧依次布置教学区、学生生活区和体育运动区，教工生活区和后勤保障区设在校区最西侧，最北边为外事接待区。南区分为教学实验区、学生生活区、体育运动区三个功能区。

3.3.1　学明楼＆学正楼

绘制：李昕燃、刘静娴、王蓓、王佳纯、陈轶男
整理：陈洁颖

基本信息

建 筑 名 称：学明楼 & 学正楼
校区建成时间：21 世纪初
建 筑 风 格：现代风格
建筑总面积：15700m^2
层　　　数：5 层
结　　　构：混凝土框架结构

总平分析

学明楼位于校园中部，与学正楼呈纵轴线对称。学明楼所处地势整体西南低、东北高，拥有良好的自然环境，一系列连续的广场轴线被公路与高差分割开来。

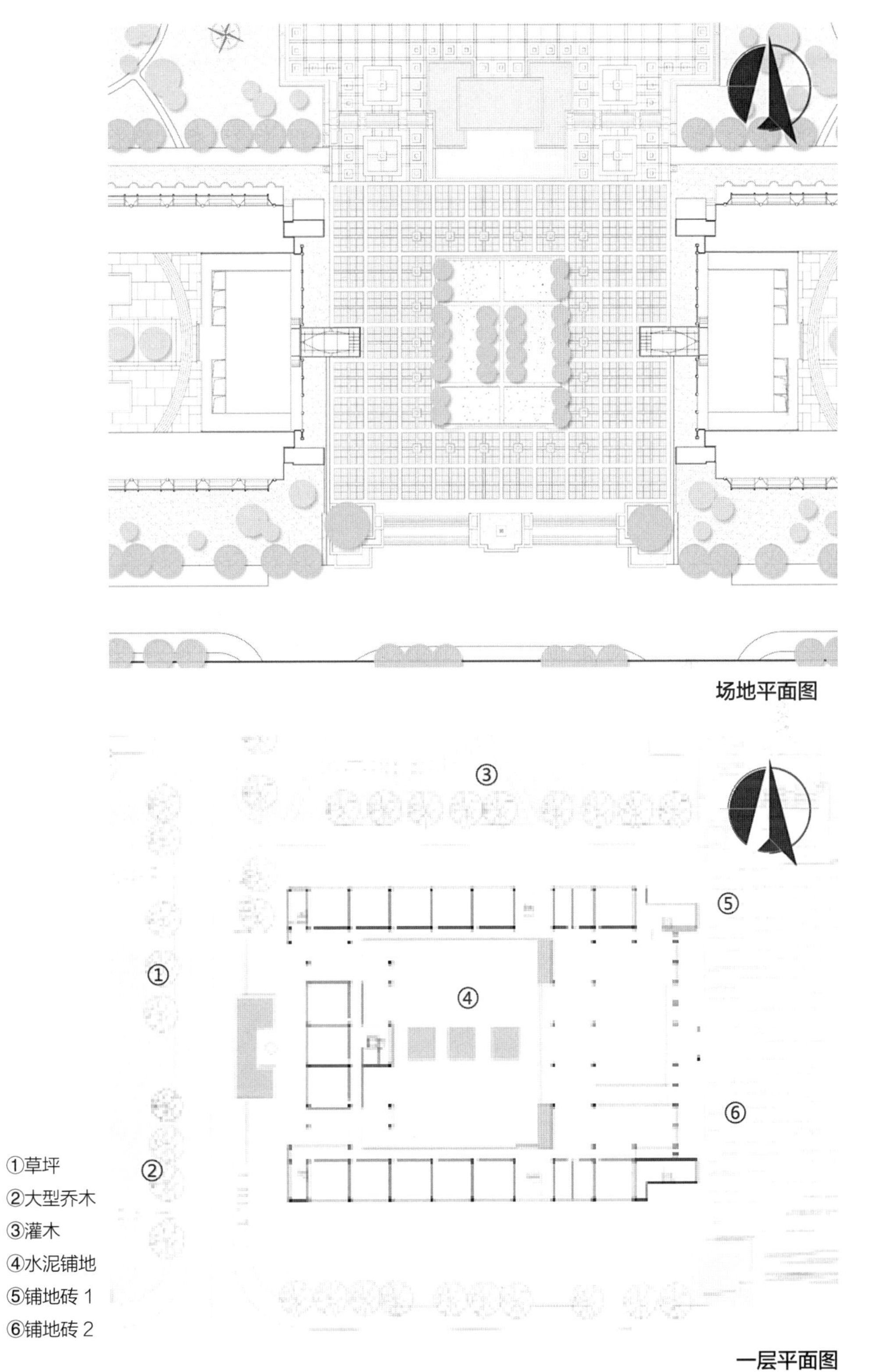

场地平面图

一层平面图

细部分析

学明楼整体使用白色混凝土材质，辅以透明的玻璃，形成连续表皮，加强了建筑的体量感，形体的变化显得十分清晰。

混凝土的分缝构造展现了真实的建造过程，材质划分也减小了立面的尺度感。玻璃使建筑显得轻盈，而具有一定透明性的、表面纹理细密的百叶则削弱了建筑的体积感和视觉重量。金属遮阳板的设置进一步划分了墙体，也让立面在视觉上尺度更小。立面上柱子突出墙体，从表皮上能明确建筑的框架结构关系。

表皮与体量

立面与尺度

墙体与结构柱脱离

结构退在墙体之后

立面分析

学明楼在不同方向的建筑形体设计上采取不同的材质和处理方式，立面层次丰富，采用大面积的玻璃幕墙与百叶，通透的玻璃窗使得建筑空间和建筑构件能清晰的显示，玻璃的反射功能使建筑很好地融入环境中去，与凝重朴实的混凝土形成对比。建筑虚实结合，建造逻辑明确。立面上半透明的金属百叶则丰富了表皮的层次。

金属百叶

百叶楼梯间

混凝土楼梯间

大量使用的玻璃

局部分析

学明楼和学正楼为对称的两栋教学楼，中间是通向图书馆的教育广场。教学楼呈“口”字形，四面围合，面朝东南方向。中间包围着一个公共景观庭院。

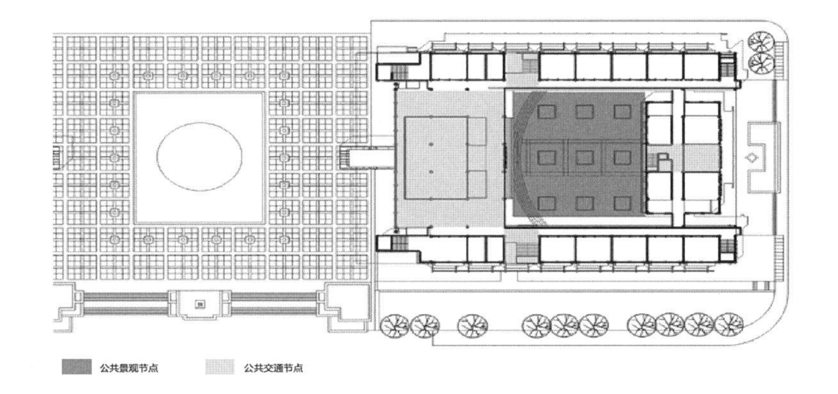

夏至日，教学楼与中间的公共内庭院采光均较好，内庭院与南北侧的教室大部分都能够得到直接光照。

冬至日，教学楼与中间的公共内庭院采光条件较差，整个内庭院均覆盖在阴影中，南侧的教学楼有直接采光，而北侧的教学楼由于冬至日的阴影覆盖，不能得到直接的南向阳光。

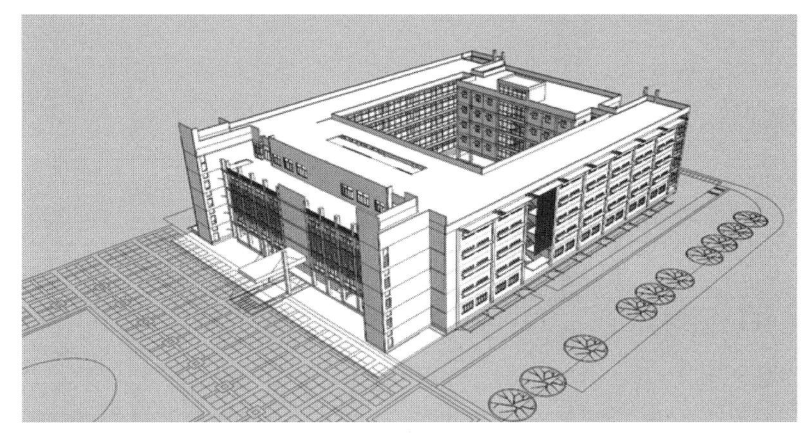

公共活动空间现状

架空入口节点：由教育广场过渡到教学楼的架空公共节点空间，由于进深较大，高度较低，整体采光条件较差，冬日没有直接光照，较为寒冷，人群不易停留。

架空入口

大楼梯节点：楼梯部分采光较好，但走廊部分由于卫生间与走廊窗户的阻隔则采光较差。

大楼梯

整体分析

中庭景观

中庭景观：主要由雕塑与景观树组成。方正的景观树花坛与铺地富有规律感，与建筑物的整体形式呼应。中庭与建筑间用透明的玻璃分隔，在走廊与教室中视线畅通无阻。

底层架空

底层架空：架空的底层是进出教学楼的主要出入口，没有固定的大门入口，在交通上便于人流迅速穿行，同时视线上也能穿越底层看到更远处，从而在内部公共空间与外部公共空间形成路线和视线上的渗透。

校园花坛

绿化设计：教学楼周围的景观树没有采用阔叶树，而是采用了灌木加树叶稀少的棕榈树，减少了对光照的遮挡，有利于教室采光。

细部分析

基本概况：敬文广场位于南师大中轴线上，位于学明楼和学正楼两栋教学楼中间，正对敬文图书馆。广场面对两栋 5 层的教学楼，连接道路和建筑。

空间尺度分析：公共空间的面积较大，处于校园较为宽阔的地方，视线开阔。公共空间的尺度较大，四周空旷，人们不会有长时间的停留，更多的是交通空间。轴线感强烈，花坛的尺寸较大，无法使行人缓解疲劳。

空间基础设施分析：空间内部基础设施基本完善，有垃圾桶、地灯、花坛灯等。

公共空间铺地分析：硬铺地，正交网格砖块铺地，填充红色砖块网格 7m × 7m 和分隔砖块网格 1m。

公共空间植被分析：教学楼入口两侧设有花坛，植常青灌木，较为低矮，不会对建筑产生遮挡。中心花坛多为阔叶植被和低矮灌木。

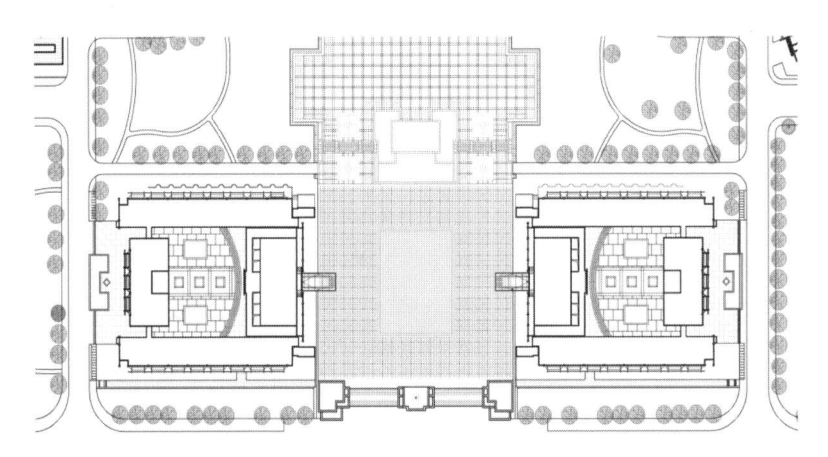

总平面图

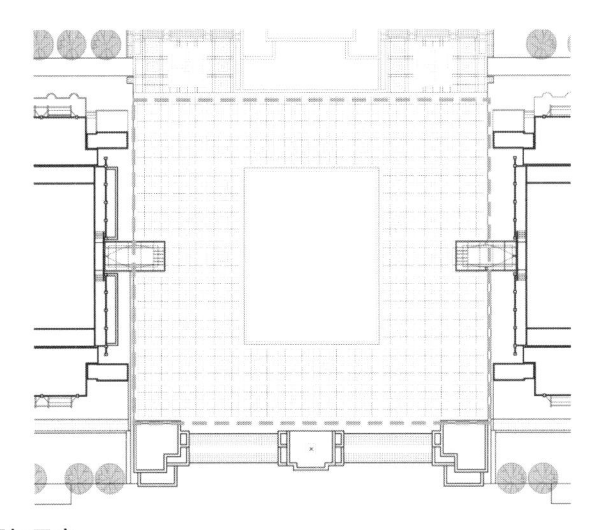

空间概况与尺度

铺装 1

建筑基础种植

铺装 2

公共空间种植

空间分析

基本概况：学明楼的庭院空间是四面围合的休闲庭院，建筑四周都有入口进入中庭，通过学明楼底层架空灰空间和敬文广场联系起来。

空间尺度分析：公共空间面积适中，多作为交通和休闲空间。公共空间尺度适中，到建筑的距离适中。四周都是建筑体，形成包围感，成为人们的交流休闲空间，和建筑内部容易产生视线交流。

空间基础设施分析：空间内部基础设施基本完善，有垃圾桶、地灯、花坛灯等。

公共空间铺地分析：硬铺地，正交网格砖块铺地，红色瓷砖填充，以深红色瓷砖分隔。

公共空间植被分析：树木为休闲座椅提供绿荫，使公共空间更舒适。教学楼边设有花坛，烘托了空间的舒适氛围，增加了活力，也使内部走廊进一步感知外部活动空间。

总平面图

空间概况与尺度

景观灯

铺装 1

雕塑

铺装 2

空间分析

基本概况：学明楼次入口的入口广场空间聚集人群，接近道路。

空间尺度分析：次入口的入口空间和道路有一定的距离，尺度不大，不宜停留。树木与道路和建筑的距离相似，没有明确的空间分隔，绿化剩余空间尺寸不规则，无法开展活动。

空间基础设施分析：几乎没有，树池的花坛可以作为休息坐凳。

公共空间铺地分析：硬铺地，正交网格砖块铺地，红色瓷砖填充，以深红色瓷砖分隔。

公共空间植被分析：硬地中间分布 4 棵高大的玉兰，遮挡建筑立面，树木与道路和建筑的距离相似，没有明确的空间分隔。

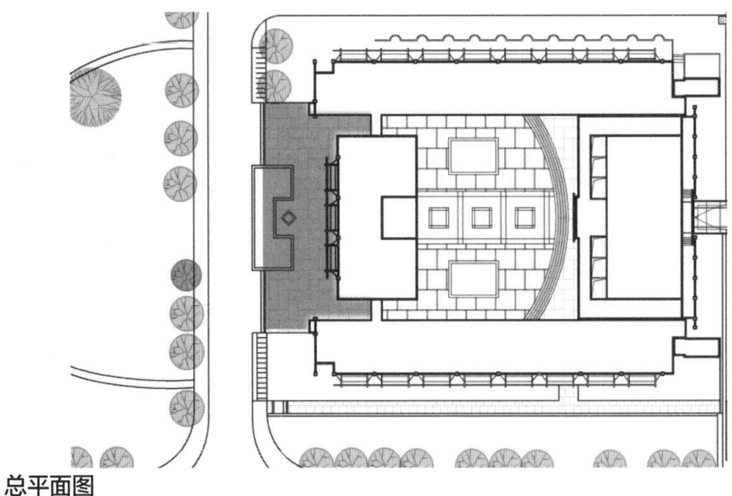

总平面图

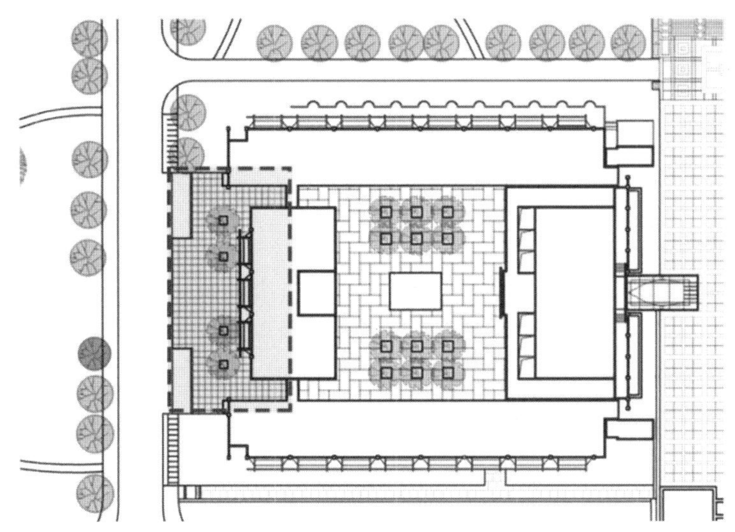

空间概况与尺度

铺装 1

铺装 2

公共空间种植

3.3.2 化成楼

绘制：张修祺、孙哲、于宝良、徐文煬
整理：陈洁颖

基本信息

建筑名称：化成楼
建筑风格：现代主义建筑
建筑总面积：17390m^2
层　　数：5层
结　　构：钢筋混凝土结构

总平面分析

化成楼位于校园中轴线的西侧，与东面的行政楼相对，是校园北区的重要建筑。

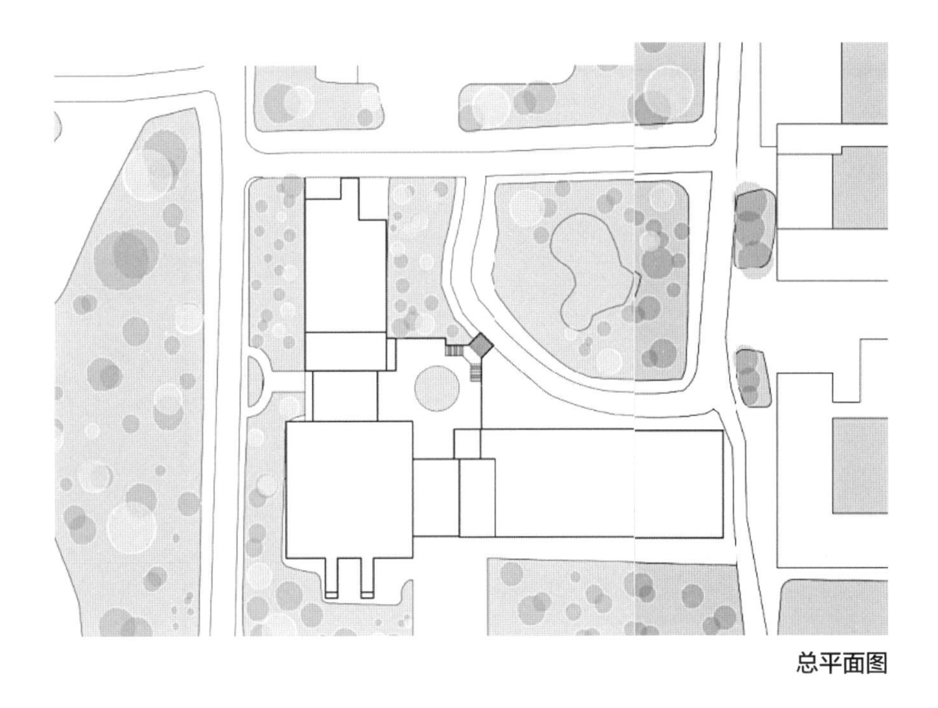

总平面图

①铺地砖 1
②铺地砖 2
③沥青铺地
④水池
⑤草坪
⑥大型乔木
⑦常绿乔木
⑧小型落叶乔木

总平面概况

场地分析

化成楼主入口设在建筑东北角，西侧与南侧各有一个次入口。利用地形高差在建筑北侧下挖半层，形成一个半地下停车场，而南侧抬高半层，在二层形成一个挑高的大厅。

场地北侧有一个半围合的庭院，尺度宜人，庭院中心有一个水池，水池周围树林环绕，形成一个静谧、私密的半公共空间。

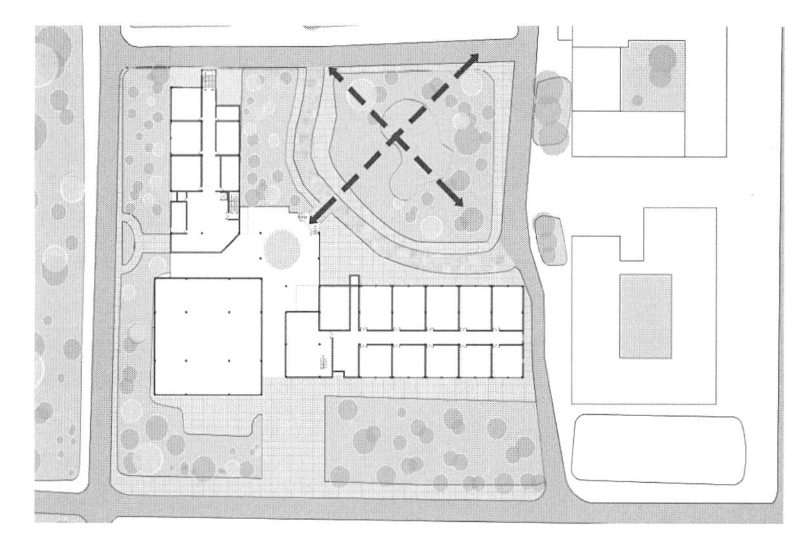

轴线分析

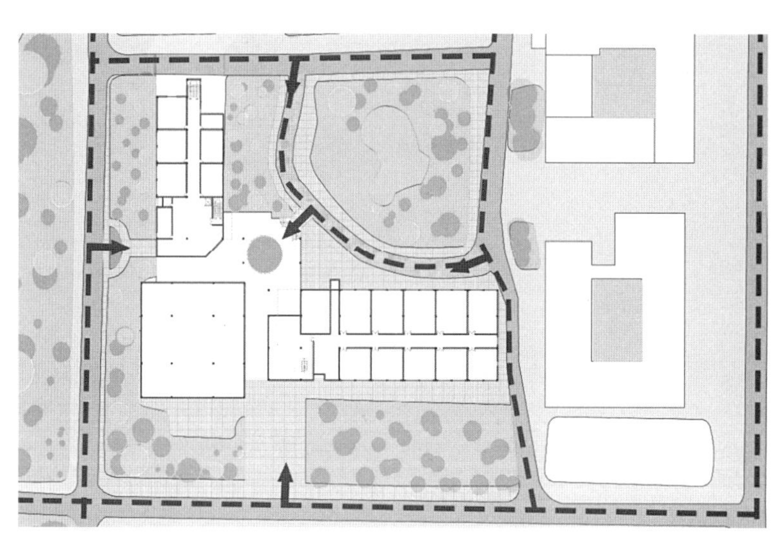

交通分析

场地现状

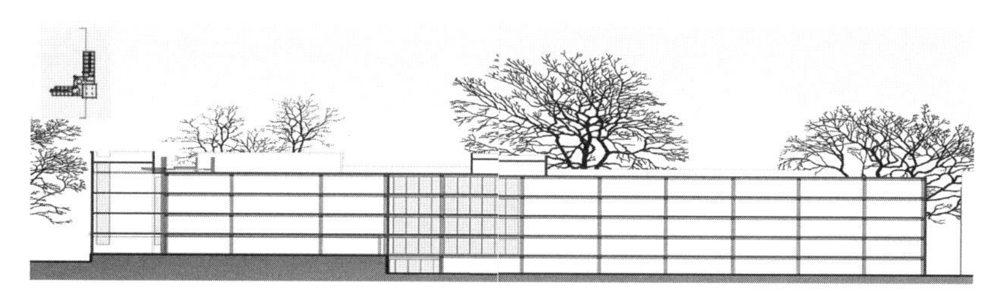

剖面 A–A

剖面 B–B

场地现状

环境分析

首先场地建筑注意轴线关系，使总体规划中新旧建筑布局风格尽量统一、协调，延续其原有肌理。再次补充、完善各分区的功能，适应学校发展的要求。其次是合理提高容积率，做到疏密有致、高低错落，形成良好的校园环境。最后则是注重与周边地区的协调发展，构筑完整的空间形态。

教学实验区楼层较高，位置比较醒目，符合主教学楼的定位，同时，内部设施齐全、功能完善，为上课、实验等提供便利。

空间分析

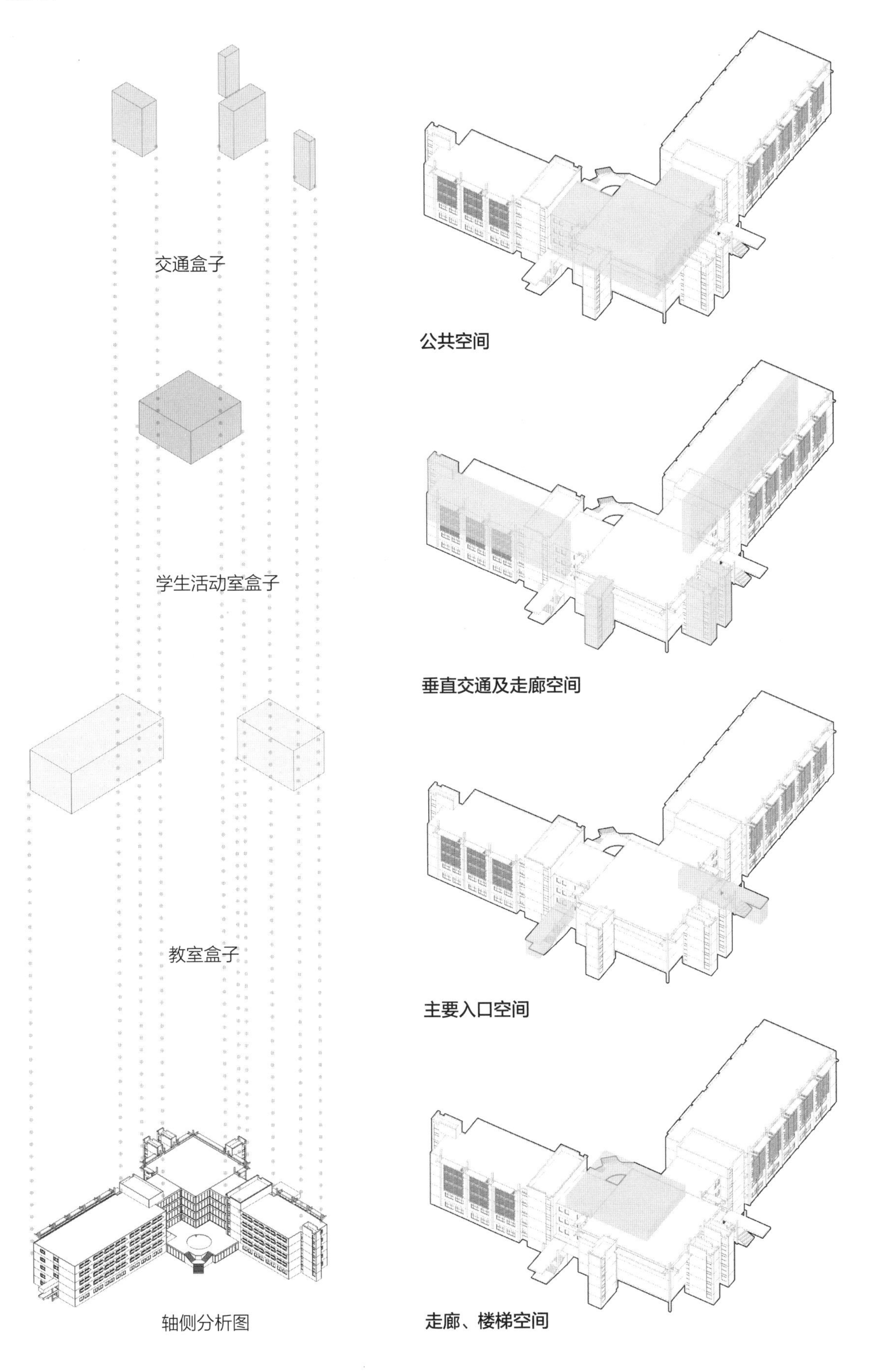
交通盒子
学生活动室盒子
教室盒子
轴侧分析图
公共空间
垂直交通及走廊空间
主要入口空间
走廊、楼梯空间

4. 专业性校园：南京艺术学院

校园现状环境调查

南京艺术学院简称“南艺”，是江苏省唯一的综合性艺术院校，也是中国独立建制创办最早并延续至现今的高等艺术学府。由中华人民共和国文化和旅游部与江苏省人民政府共建，是中国—东盟艺术高校联盟成员、中国六大艺术学院之一，江苏省属重点大学，全国学校艺术教育先进单位，国家级人才培养模式创新实验区和国家级特色专业点建设高校。

学校坐落于南京主城区内，占地 700 余亩，校舍面积 30 万 m^2，是一所历史悠久百年老校。1912 年，刘海粟先生创办了上海图画美术院 (1930 年更名为上海美术专科学校)；1922 年，颜文梁先生在苏州创办了苏州美术专科学校；1952 年，在全国高等学校院系调整中，这两所中国最早的私立美术学校与山东大学艺术系美术、音乐两科于江苏无锡社桥合并成为华东艺术专科学校。1958 年 6 月更名为南京艺术专科学校；1959 年升格为本科院校，更名为南京艺术学院；1978 年，获准为全国首批招收硕士研究生的高等院校 ,1986 年获得博士学位授予权，是中国唯一一个拥有艺术学学科下全部五个一级学科博士点和博士后流动站的高校。

4.1　逸夫图书馆

绘制：洪婉婷、禾不识、吴孟珊、江文绮、马锐
整理：陈洁颖

基本信息

用 地 面 积：3258.8m²
校园总面积：480000m²
（总高 21.2m）
层　　　数：6 层楼（地下 2 层）

场地分析

左侧均为学校教学建筑，右侧为功能建筑，如图书馆、食堂、宿舍等。

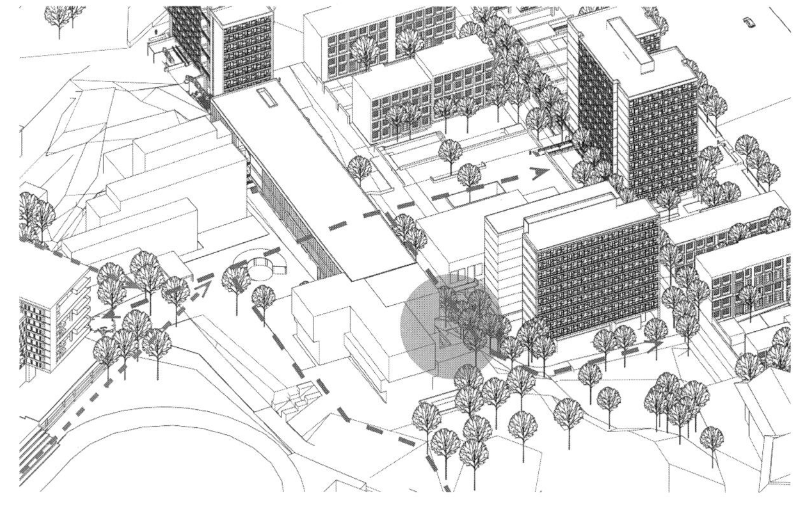

轴线分析

因地形起伏关系，车道在图书馆的底层，图书馆与校园交通动线空间垂直高度相差 10m。

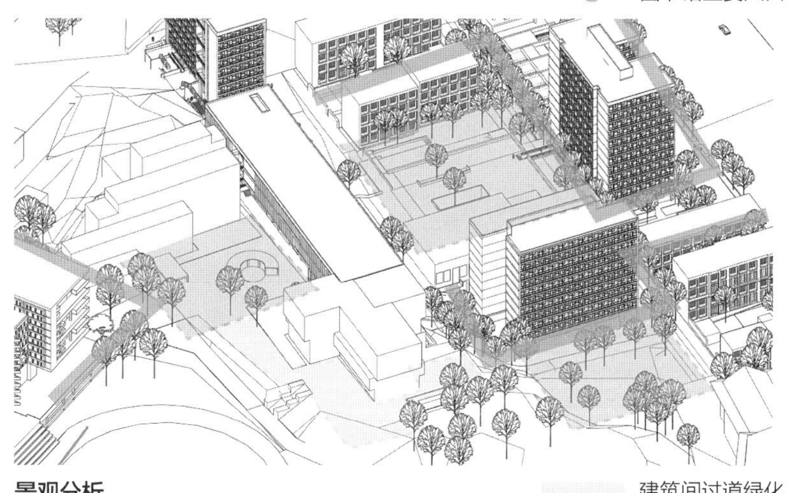

景观分析

南京艺术学院基本上整个校园都以建筑为主，景观的种植都是环绕建筑与人流动线。在大面积的广场周边也会有围塑或者大片绿化的意象。

逸夫图书馆位于校园中部，其东侧为生活区，西侧面对操场。图书馆主要出入口设在南端，周边因地形高差设置不同的活动场地和绿化景观。

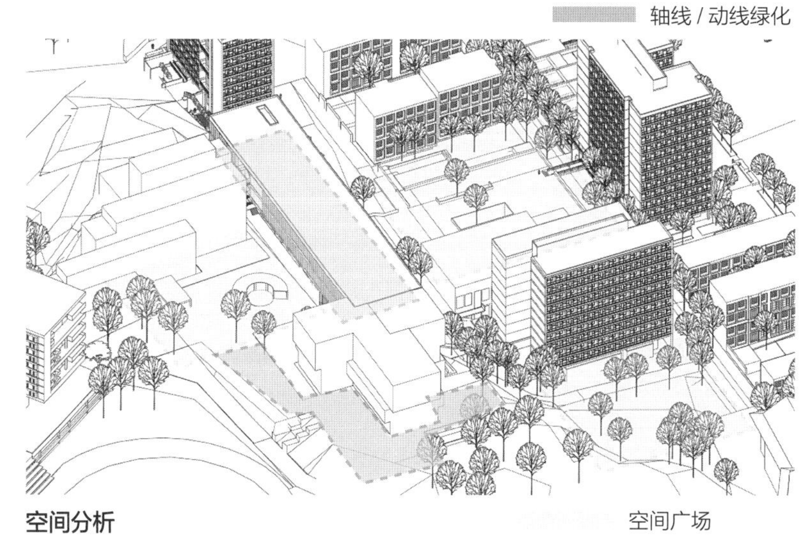

空间分析

周边分析

建筑利用地形高差实现人车分流，将车行道与人行道分置于不同标高上。图书馆人行出入口与周边的建筑围合出景观丰富的活动空间和广场，用于展览及休闲活动。

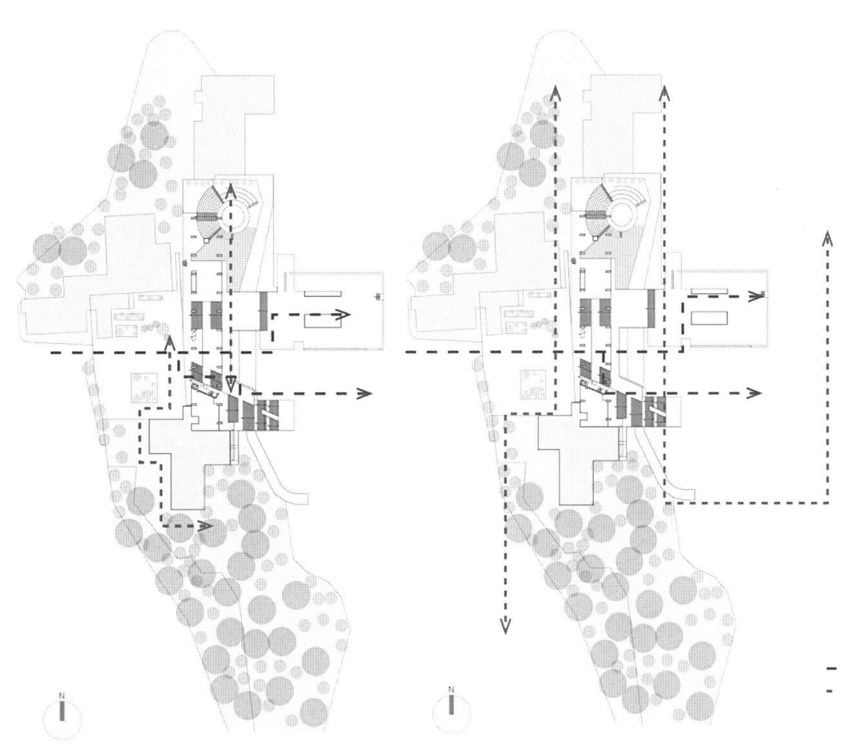

轴线分析　　交通分析

主要轴线　　人流动线

次要轴线　　车流动线

藤状灌木于下沉广场周边

图书馆周边绿化 1

图书馆周边绿化 2

图书馆周边绿化 3

平面分析

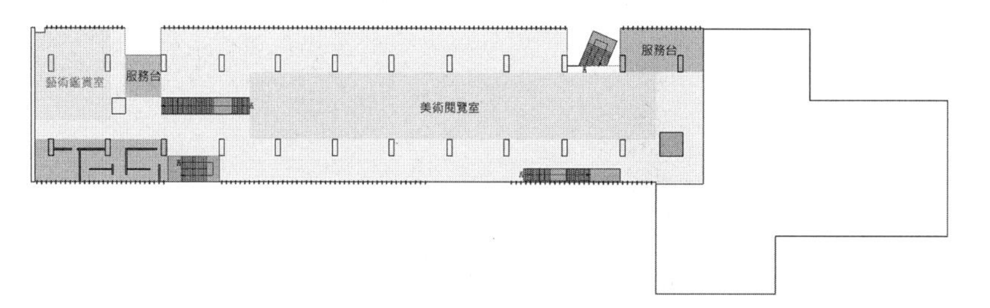

四层平面图

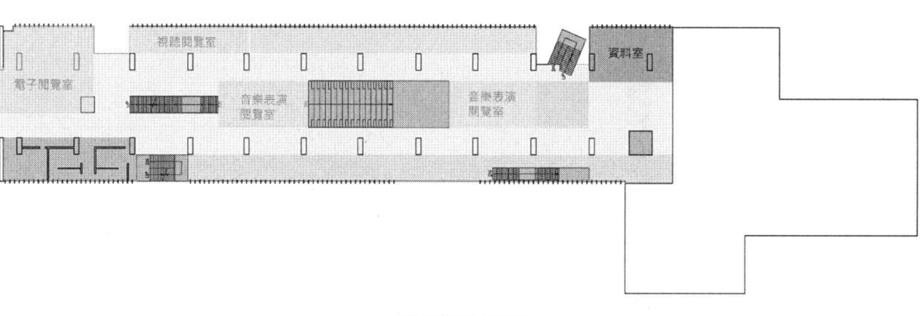

三层平面图

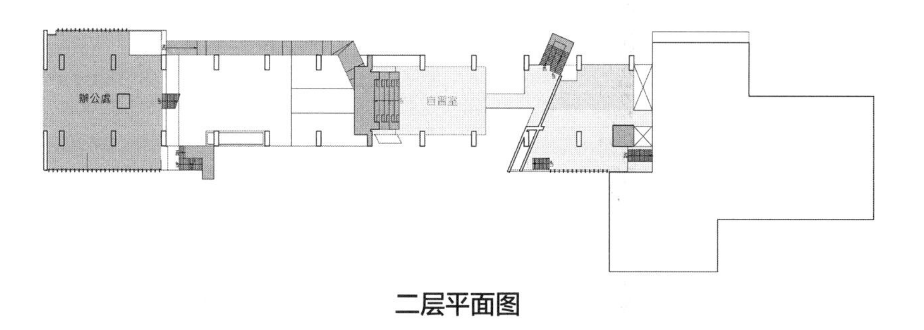

二层平面图

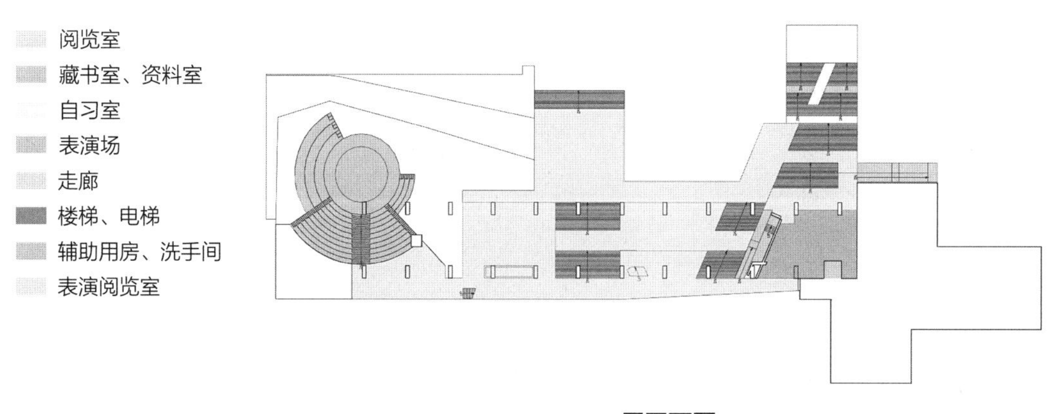

一层平面图

4.2 设计学院主楼

绘制：魏小糠、洪云、林虹羽、陈劲翰、梁伟聪
整理：陈洁颖

基本信息

用地面积：5079m²
建筑总面积：14909m²
建成时间：2009年
层　　数：6层（27.9m）
结　　构：框架结构，局部钢结构

平面分析

场地内景观植物配置基本全为阔叶大乔木和草坪，有较高的观赏价值，但植物季相特色不鲜明。

场地内铺地主要为淡色砖石辅以少量深色同花纹砖石，建筑背面有一些人行道铺砖和水泥地面。

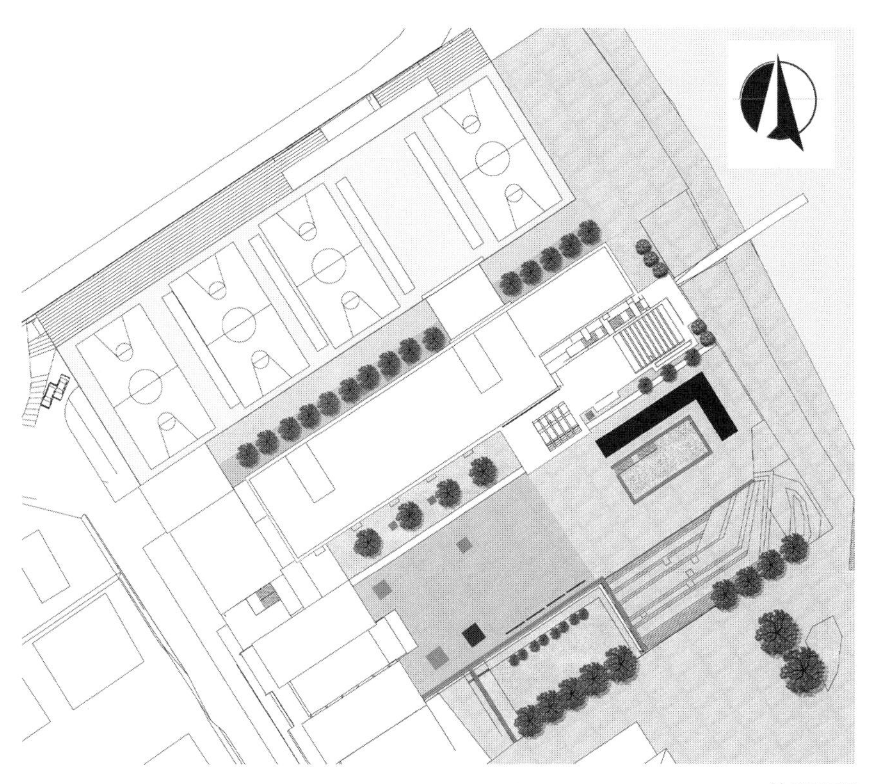

总平面图

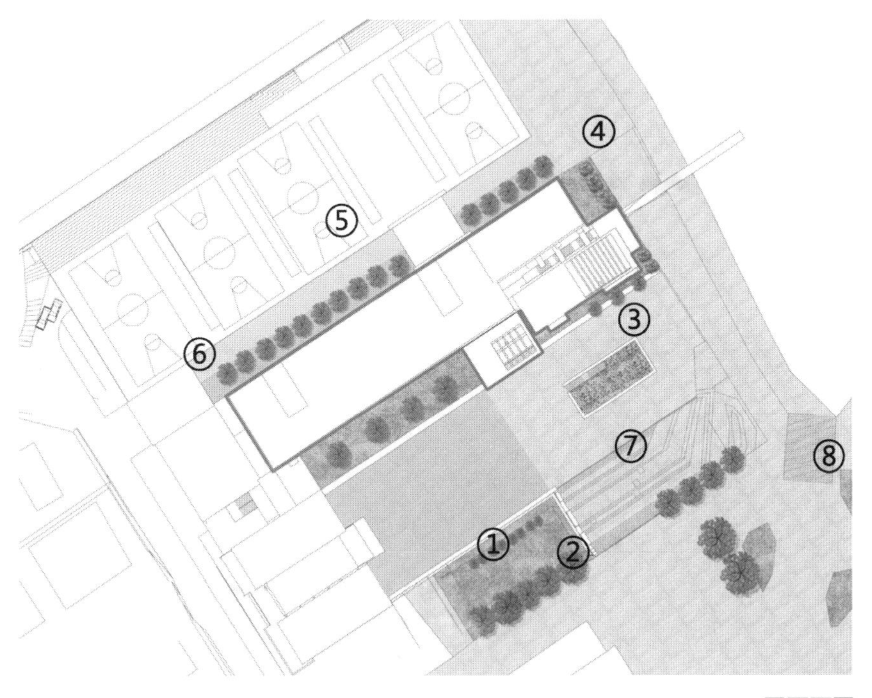

①草坪
②乔木
③菜地
④低矮灌木
⑤铺装 1
⑥水泥铺地
⑦铺装 2 淡色
⑧铺装 2 深色

一层平面图

场地分析

设计学院主楼的主入口设在建筑的南侧，有大台阶通向建筑前广场，这里作为一个展览区陈列优秀设计作品。建筑的北侧和东侧各有一个次入口，地下车库出入口则分别设在南侧与东侧的大台阶旁边。此外设计学院主楼与其北侧的设计工作室在二层设有连廊，中间相对窄长的通道形成南北两栋建筑的灰空间。

鉴于整体场地高差起伏较大，为解决人行、车行问题，场地处理方法为：

1. 依据地形走势，采用坡道和台阶等，将人引入不同标高的建筑和场地上。

2. 合理利用地形高差，将建筑功能组织在不同标高上，低洼用地作为地下车库和辅助用房，减少土方量。

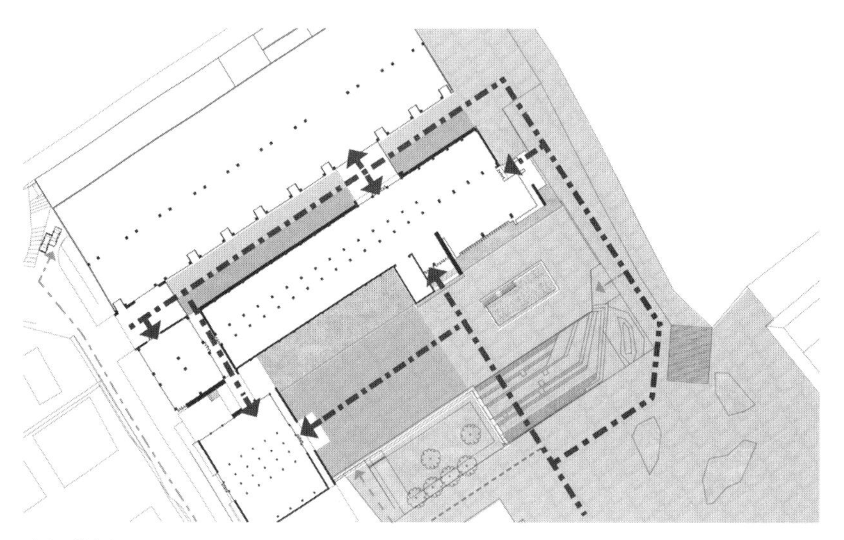

交通分析

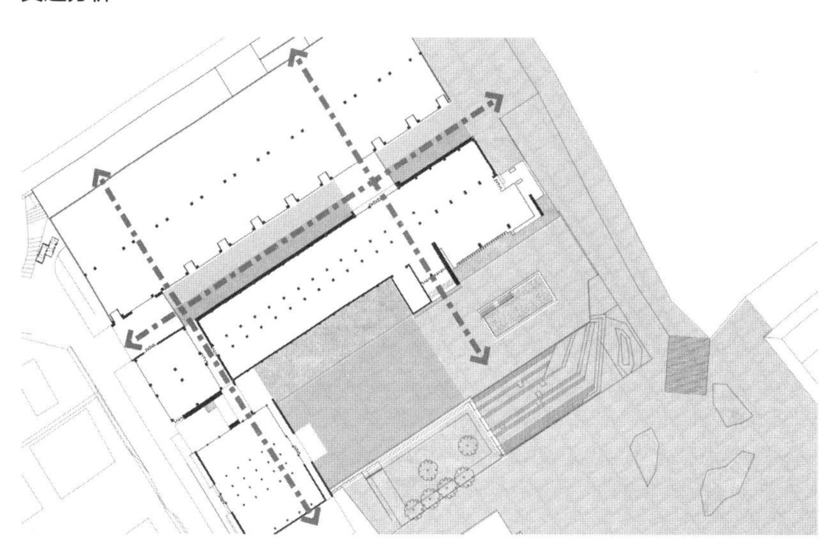

轴线分析

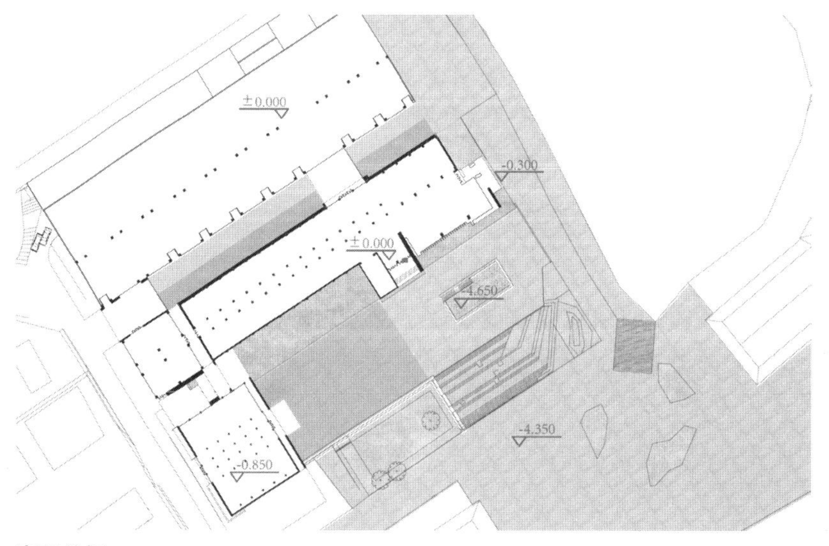

高程分析

空间分析

设计学院主楼是南艺校园中较为醒目的一栋建筑，南立面为其主立面，是现代主义设计风格。立面虚实结合，采用体块穿插的操作手法，塑造出很强的立体感。大理石、砖等不同材质结合竖向遮阳板，为建筑的立面增加了韵律感。

主楼南面设有景观花园，北面设有篮球场等活动场地。

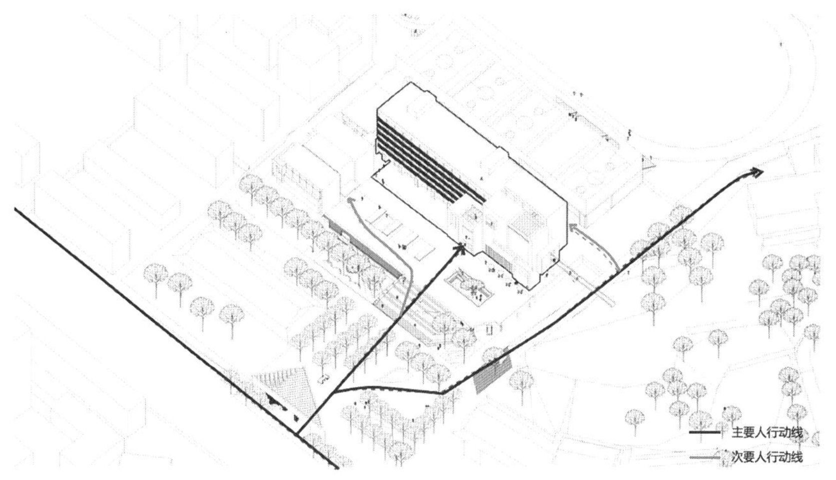

流线分析

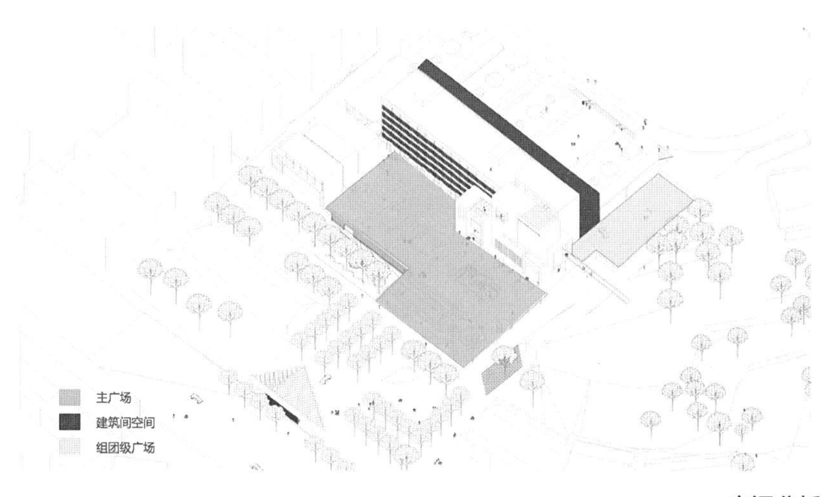

空间分析

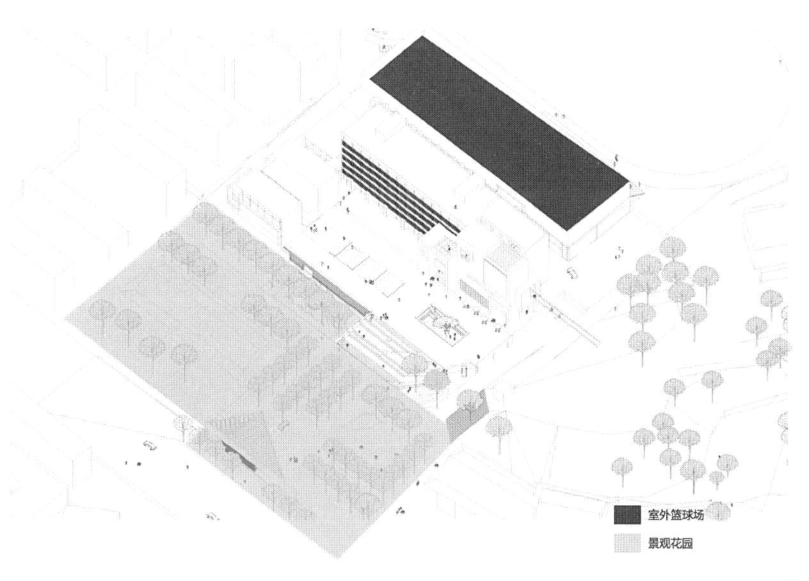

景观分析

平面分析

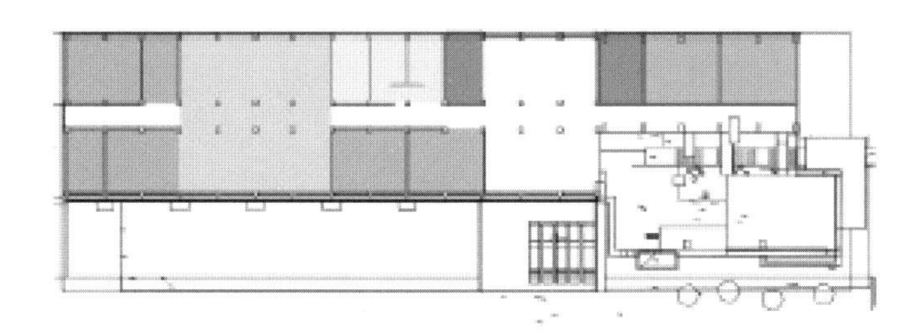

六层平面图

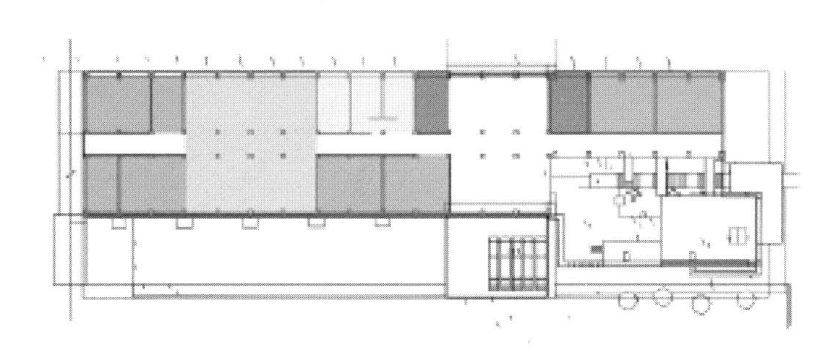

五层平面图

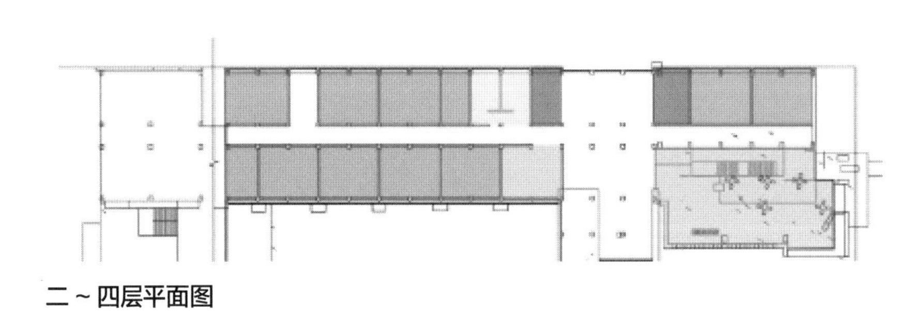

二～四层平面图

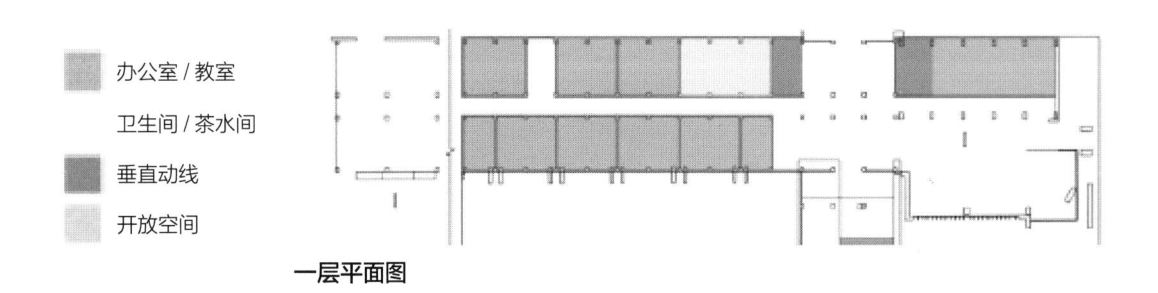

一层平面图

4.3 黄瓜园食堂

绘制：吴康楠、宋哲昊、王耀萱、孙志鹏、唐哲坤
整理：陈洁颖

基本信息

用 地 面 积：3600m^2
建筑总面积：4100m^2
绿　化　率：25.3%
层　　　数：2 层（15.0m）
结　　　构：混凝土框架结构

空间分析

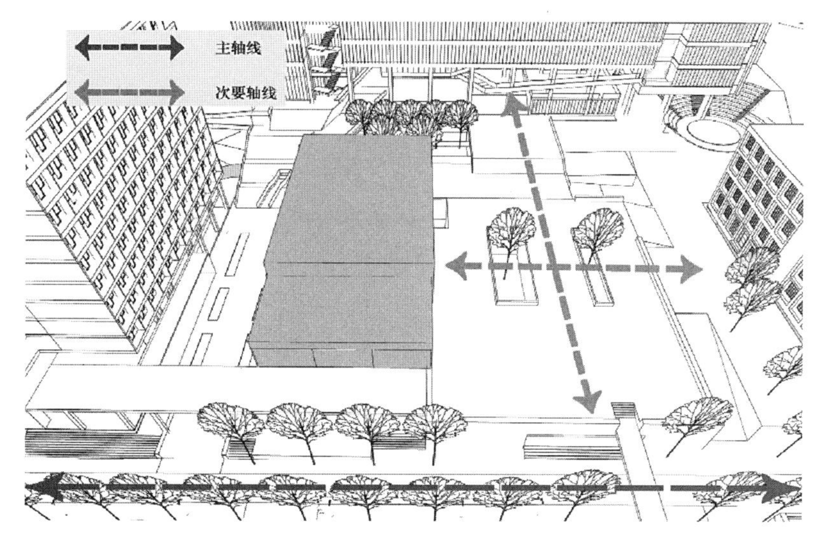

轴线分析

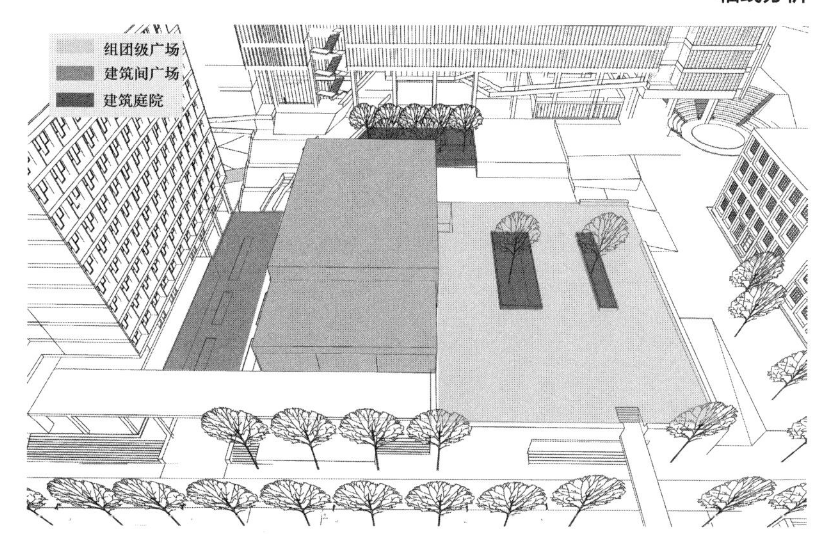

空间分析

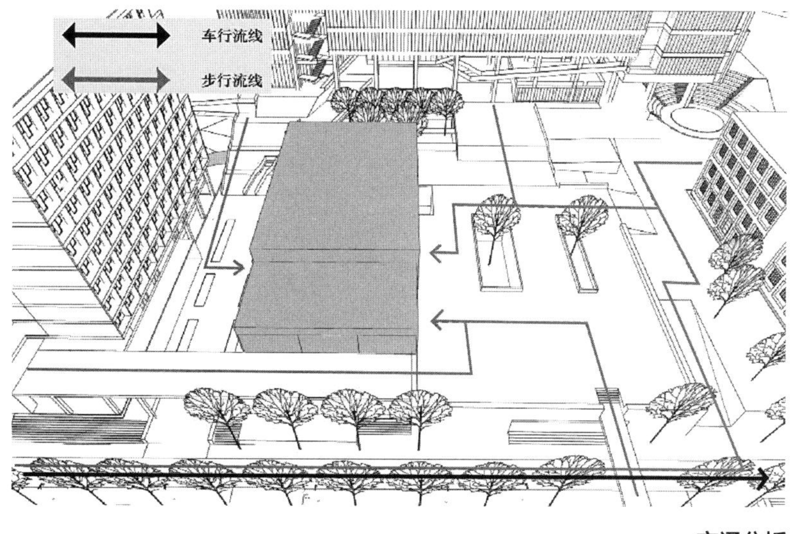

交通分析

黄瓜园食堂位于南艺校园东侧，它的西侧是图书馆，北侧及东侧是宿舍区。食堂处于架空平台上，周边有天桥通向宿舍，形成步行活动广场，广场下设置辅助用房，车行道出入口设在西侧地下。

黄瓜园食堂北侧为开放式大广场，广场以硬地为主，设有几个绿化天井。食堂东侧邻南艺东区主干道。南侧为下沉庭院，有台阶可直达食堂就餐区。

剖面分析

食堂场地高差较为复杂，顺应地形，将庭院、广场和附属用房设置在不同标高上。

建筑东侧为道路，西侧图书馆设有平台与食堂广场连通。

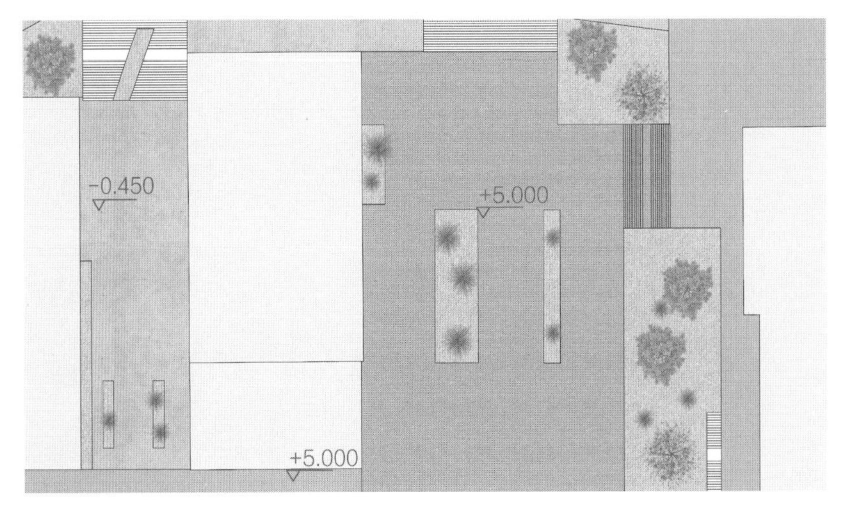

高程分析

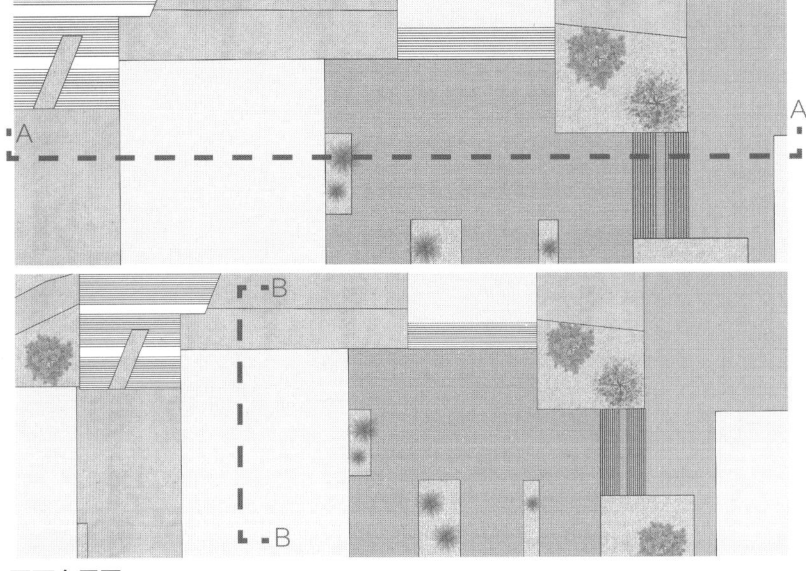

平面布置图

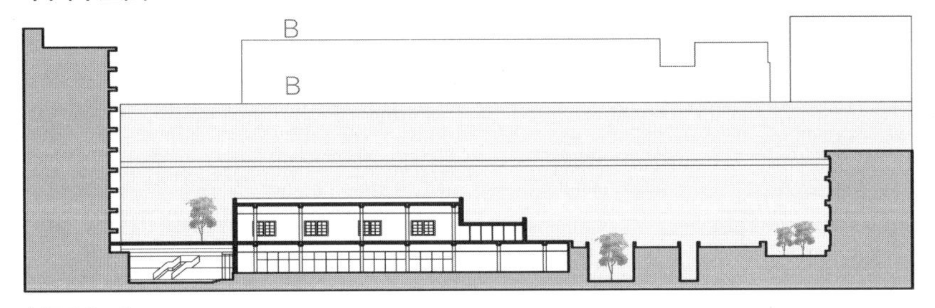

剖面 A-A

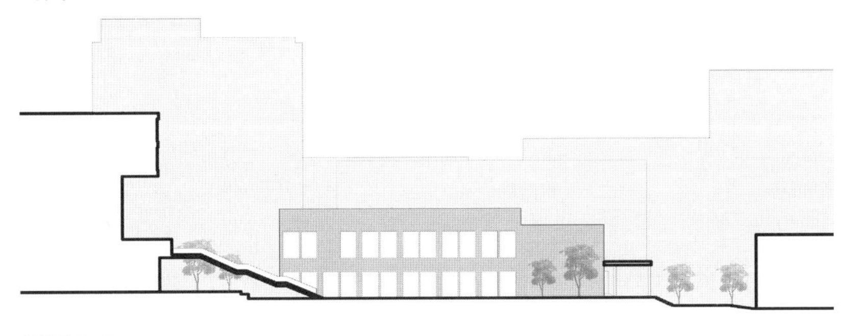

剖面 B-B

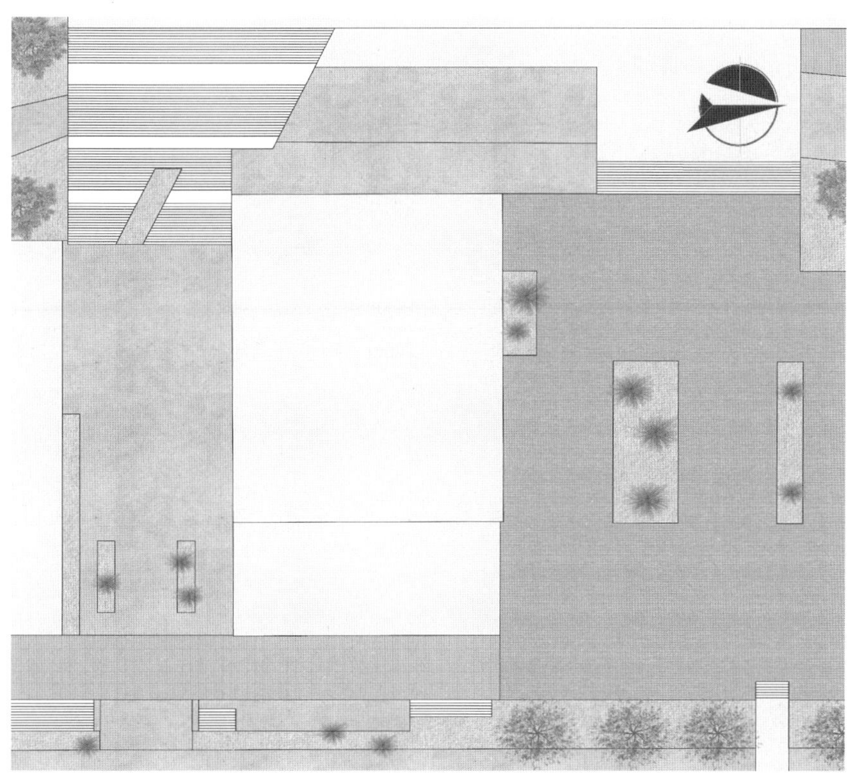

总平面图

场地分析

场地内的景观植物配置有圆冠阔叶大乔木、小型乔木、零散灌木，有花池和草坪。

场地内主要道路铺装：首层场地为沥青铺地，二层场地为铺地砖，北侧广场为大片木质铺地。

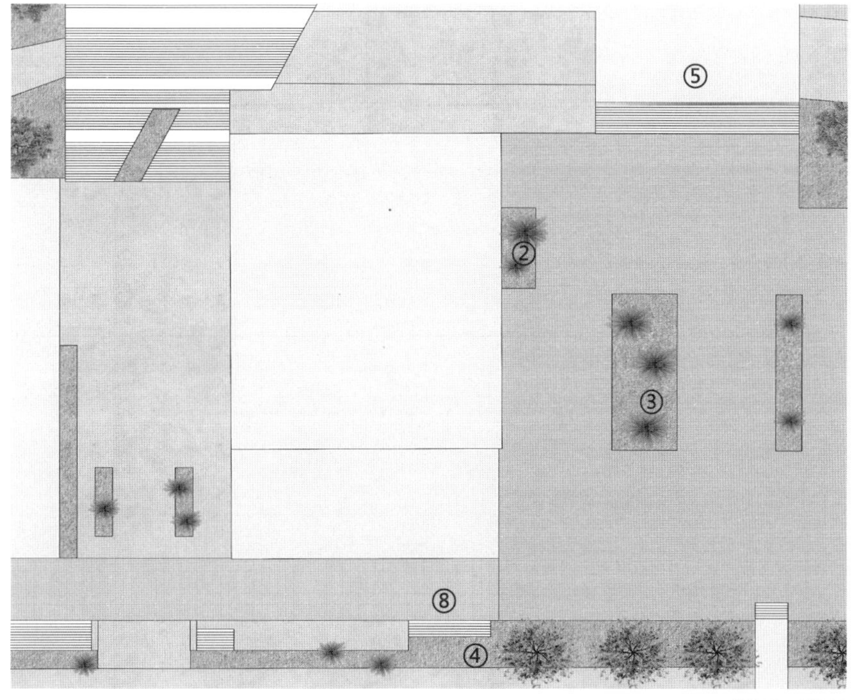

①草坪 1
②灌木
③小型乔木
④大型乔木
⑤沥青铺地
⑥木质铺地
⑦草坪 2
⑧铺地砖

总平面概况

平面分析

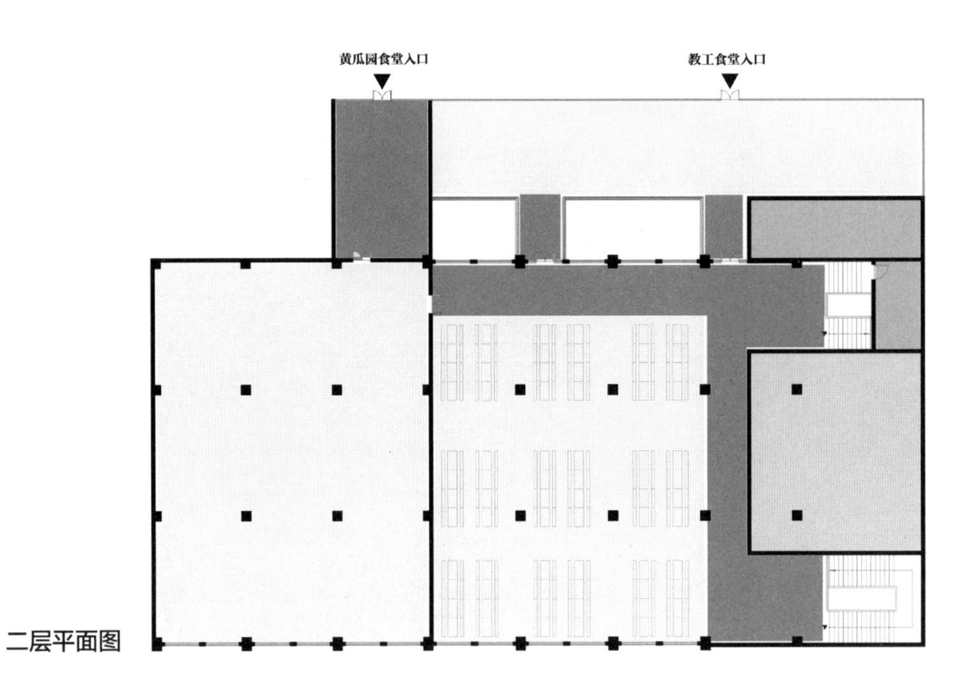

二层平面图

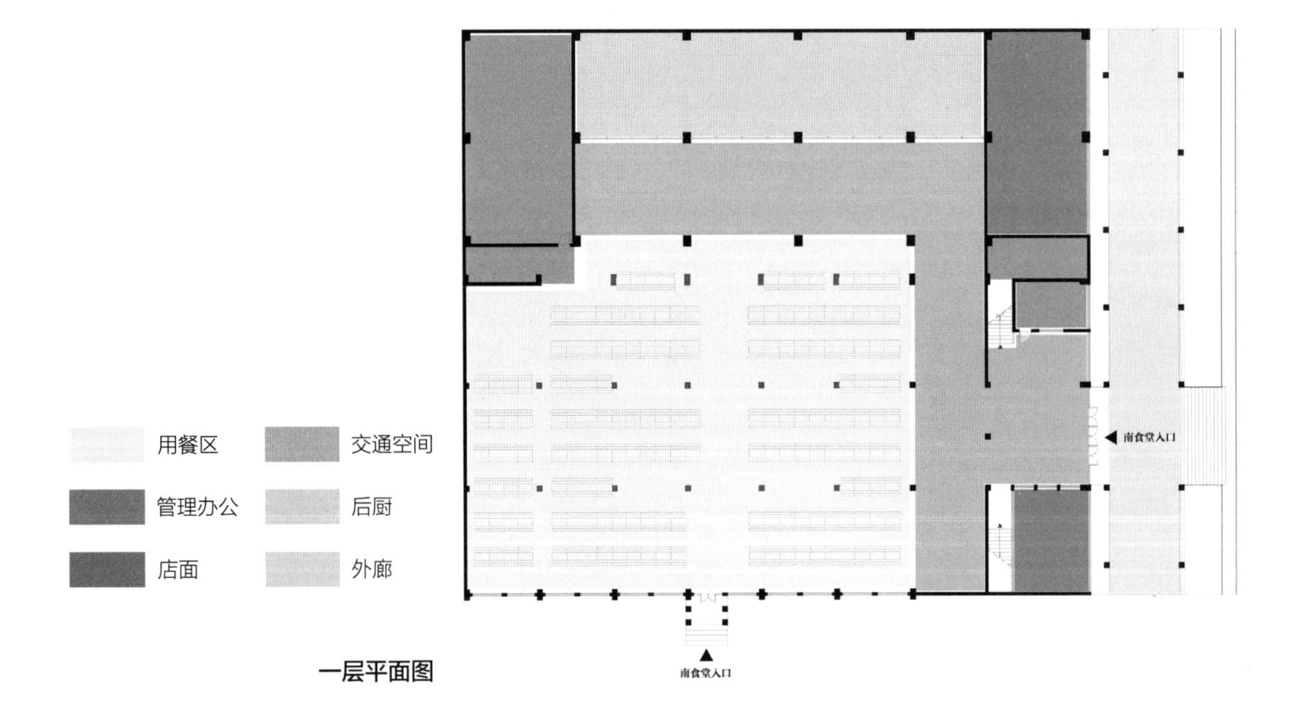

一层平面图

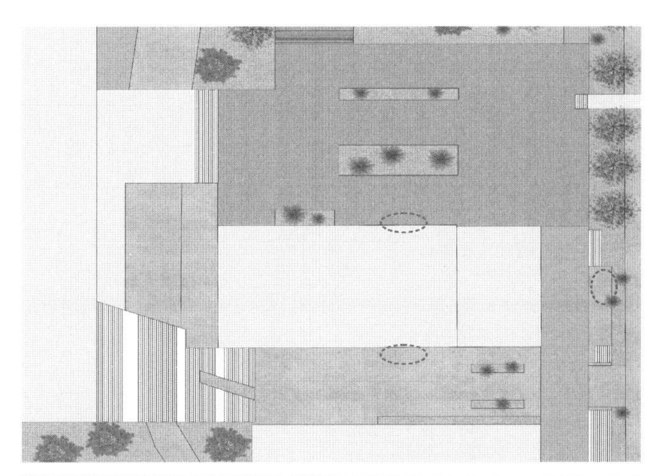

入口空间

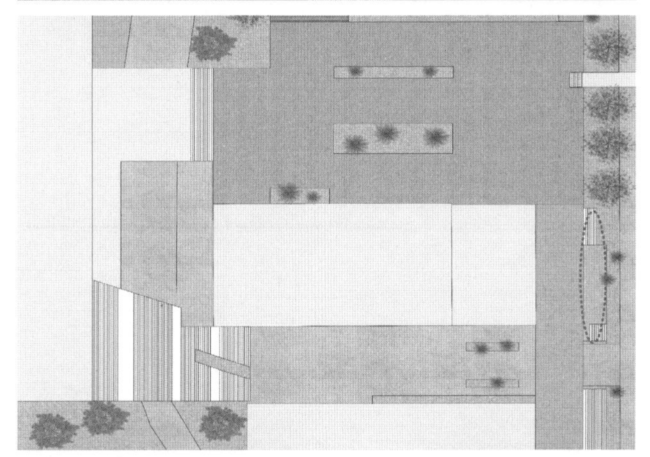

公共空间

第二章　设计
——建筑与环境优化设计研究

随着新校区建设大潮逐渐降温以及我国高等教育进入内涵式发展的新阶段，大学校园中的既有建筑由于悠久的历史文化底蕴和重要的资源价值而受到越来越多的关注，信息技术的发展也促成了教学和学习方式的迅速变化，对大学校园空间提出了新的要求。因而，在大学校园中，很大一批既有校园建筑已经或正在经历着各种改造更新，用以满足当前新的教学科研活动的要求。

本章关注大学校园建筑与环境的改造更新设计，主要以位于东南大学四牌楼校区的三个既有建筑更新改造设计的案例为例，阐述既有校园建筑改造更新设计的内容、方法以及改造效果。

1. 老体育馆改造

老体育馆落成于 1923 年，是重要的历史建筑，位于四牌楼校区西北侧，东侧正对体育场。东侧主入口处门廊采用西方古典柱式。老体育馆改建、扩建设计要求在保护历史建筑的前提下，针对当下的需求进行功能策划和建筑改造设计，将体育馆及西侧场地改造扩建为大学生健身中心和服务中心，以服务于东南大学学生、教职工以及周边居民。老体育馆外观经改造后应能体现原有风貌，保留原有梁柱结构，并满足各项规范要求。作为校园西入口的重要建筑，老体育馆的改建、扩建还需要考虑与周边建筑与环境的关系，注重校园西门入口空间形象塑造，协调好与周边六朝松、梅庵等历史遗迹的关系。注重使用与空间的关系，合理组织流线，创造出良好的公共空间。

2. 东南院改造

东南院位于东南大学四牌楼校区东南角，建于 20 世纪 80 年代初，一直是校区内重要的教学建筑。建筑学院已成功申报并正在建设全国唯一的建筑学科国际化示范学院。国际化示范学院需要一完整且相对独立的教学与科研基地，建筑学院准备向学校申请将东南院改造成具有国际化建筑教学模式的教学和科研空间，满足国际化示范学院的需求。改造后的功能主要用于国际化示范学院的教学与科研、师生的交流互动以及小型展示。改造更新设计需要在各种规范以及原有建筑空间等限制条件约束下，综合利用建筑学和室内设计学的方法，从策划开始，对空间、使用、结构、光线等方面进行设计。

3. 道桥实验室改造

道桥实验室位于东南大学四牌楼校区东北角，建于 1984 年，建筑风貌和结构体系保存良好。基地东邻成贤街，北邻北京东路，街角对面便是和平公园和南京市政府，地理位置十分优越。按照学校整体规划，现拟改建建筑学院为建筑学院工作室，改造更新设计充分研究未来建筑学院个性化教学空间的各种可能，考虑到策划、空间、使用、结构、光线等建筑学设计方法的综合利用，并对重要空间进行精细化推敲。

1. 老体育馆改造

设计：潘岳、周洁羽、刘浩然、周思文、谢季楠、徐文炀
指导老师：吴锦绣
主讲教师：陈宇

改造方案 1

本设计将改造的体育馆（服务中心）和西侧新建的健身中心当作一个整体来考虑，在新旧建筑之间创造了层次丰富的室内外空间体系，不仅可以更好地为师生创造健身和活动的场所，也很好地联系西侧的校门、北侧的梅庵和东侧的运动场，成为四牌楼校区西侧供师生活动和锻炼的充满活力的空间节点。

本方案中，老体育馆的结构体系以及东侧、南侧和北侧的立面被完整地保留下来，西侧的立面按照原有的窗洞格局局部打开，内部和新建的健身中心连为一体，并通过庭院、檐廊和广场形成了丰富的外部空间系统。西侧的健身中心简洁现代，既体现了对老体育馆和周边环境的尊重，也符合了当今健身中心的空间和技术要求。

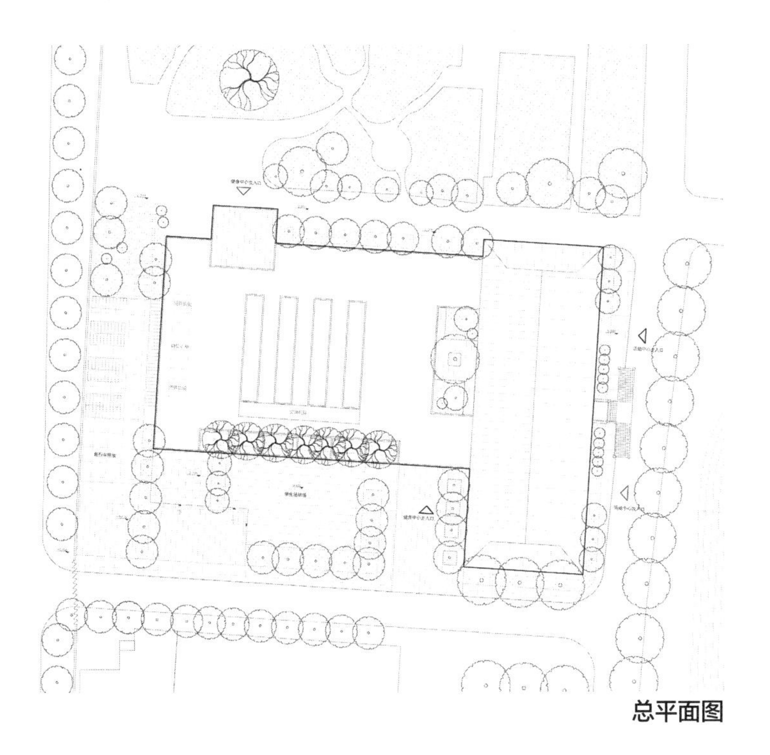

总平面图

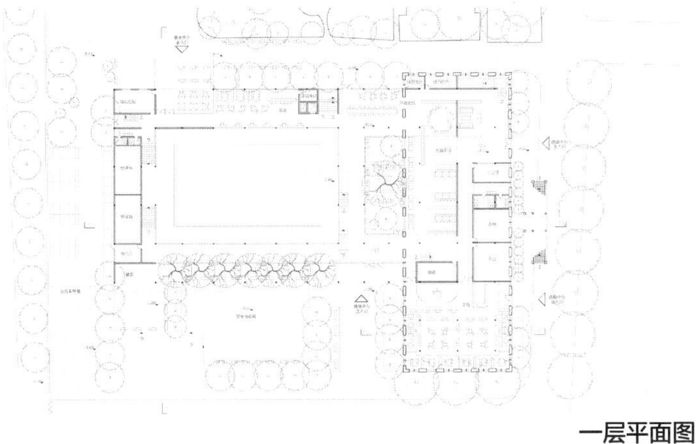

一层平面图

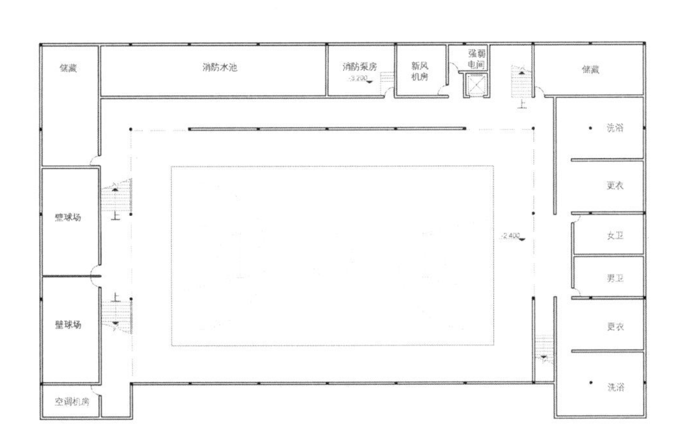

地下一层平面图

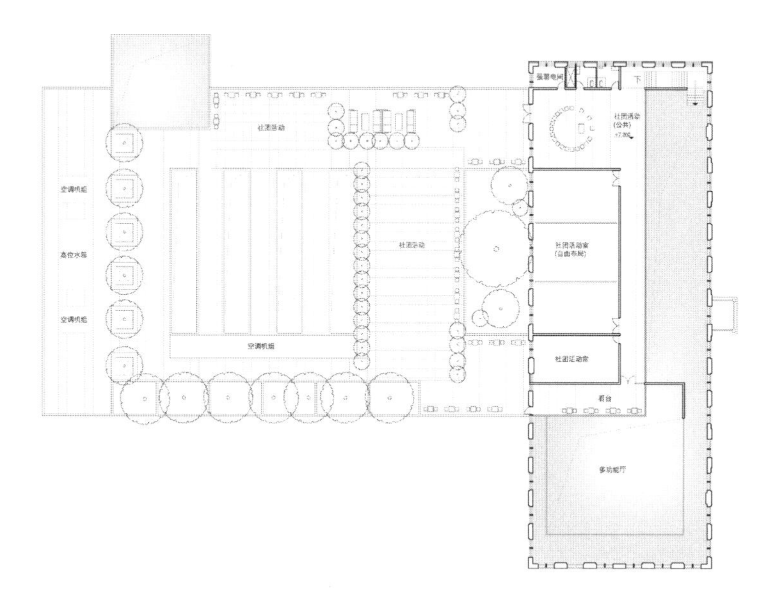

三层平面图

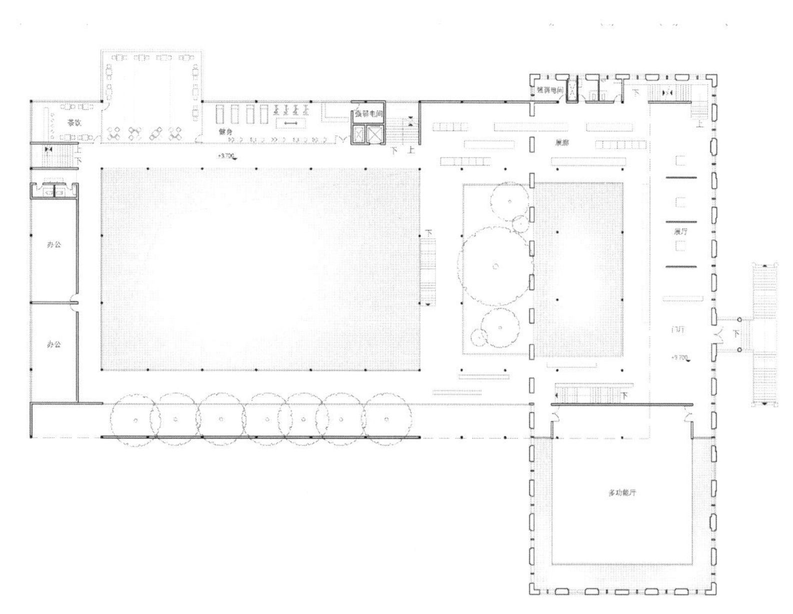

二层平面图

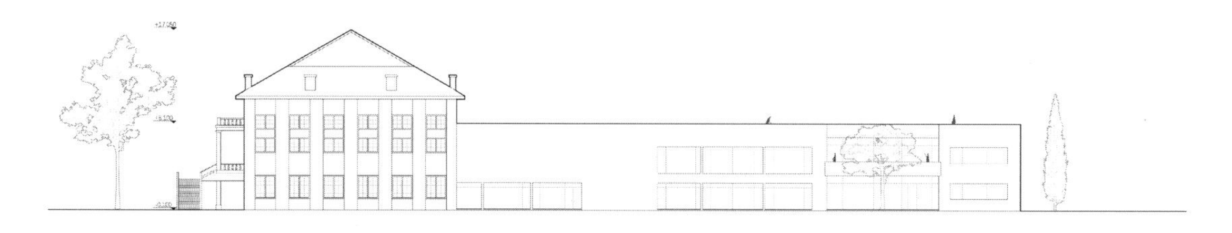

北立面图

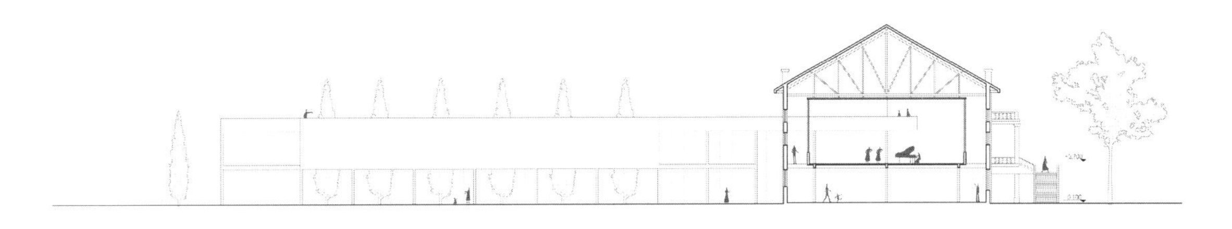

剖面 A

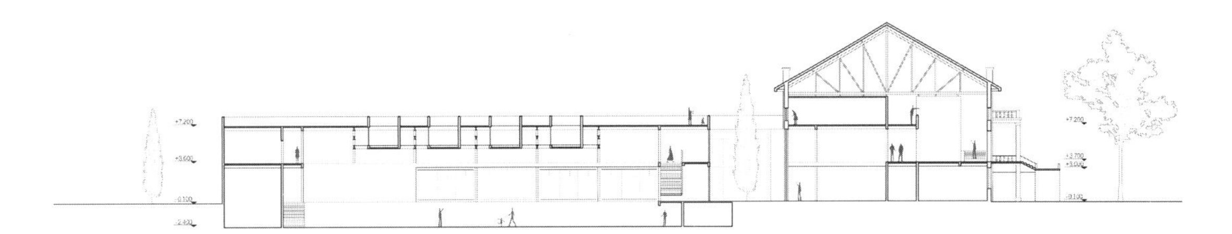

剖面 B

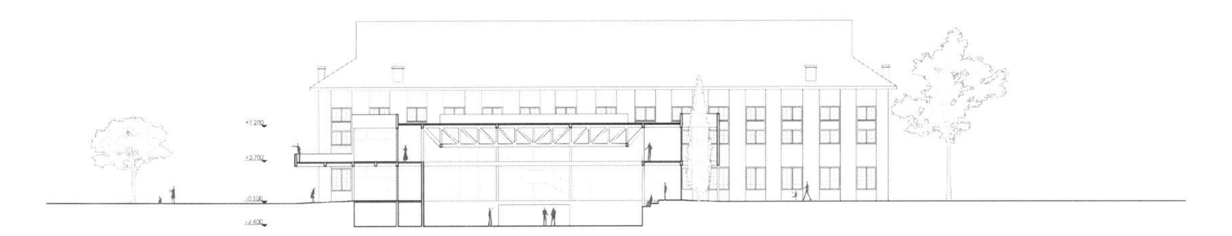

剖面 C

场地局部透视图

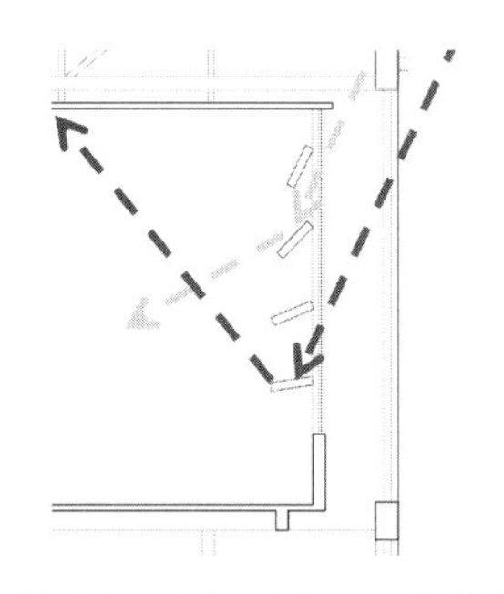
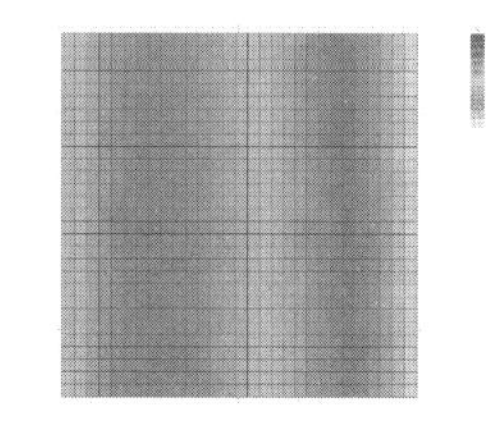
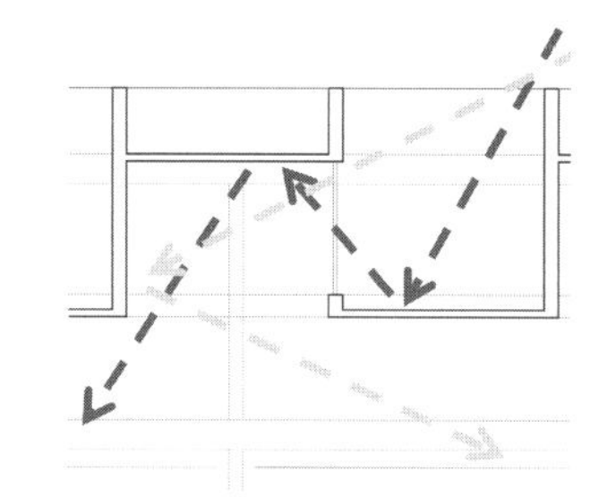
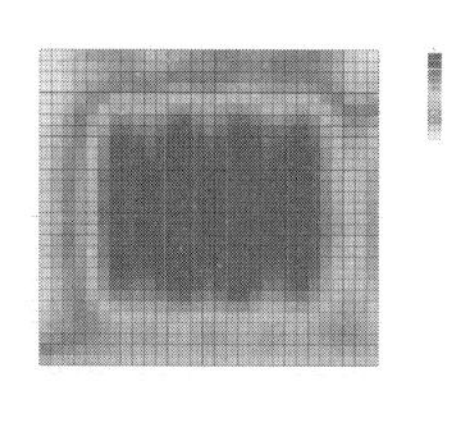

体育场采光设计及照度分析

局部透视图 1

局部透视图 2

展示空间透视图

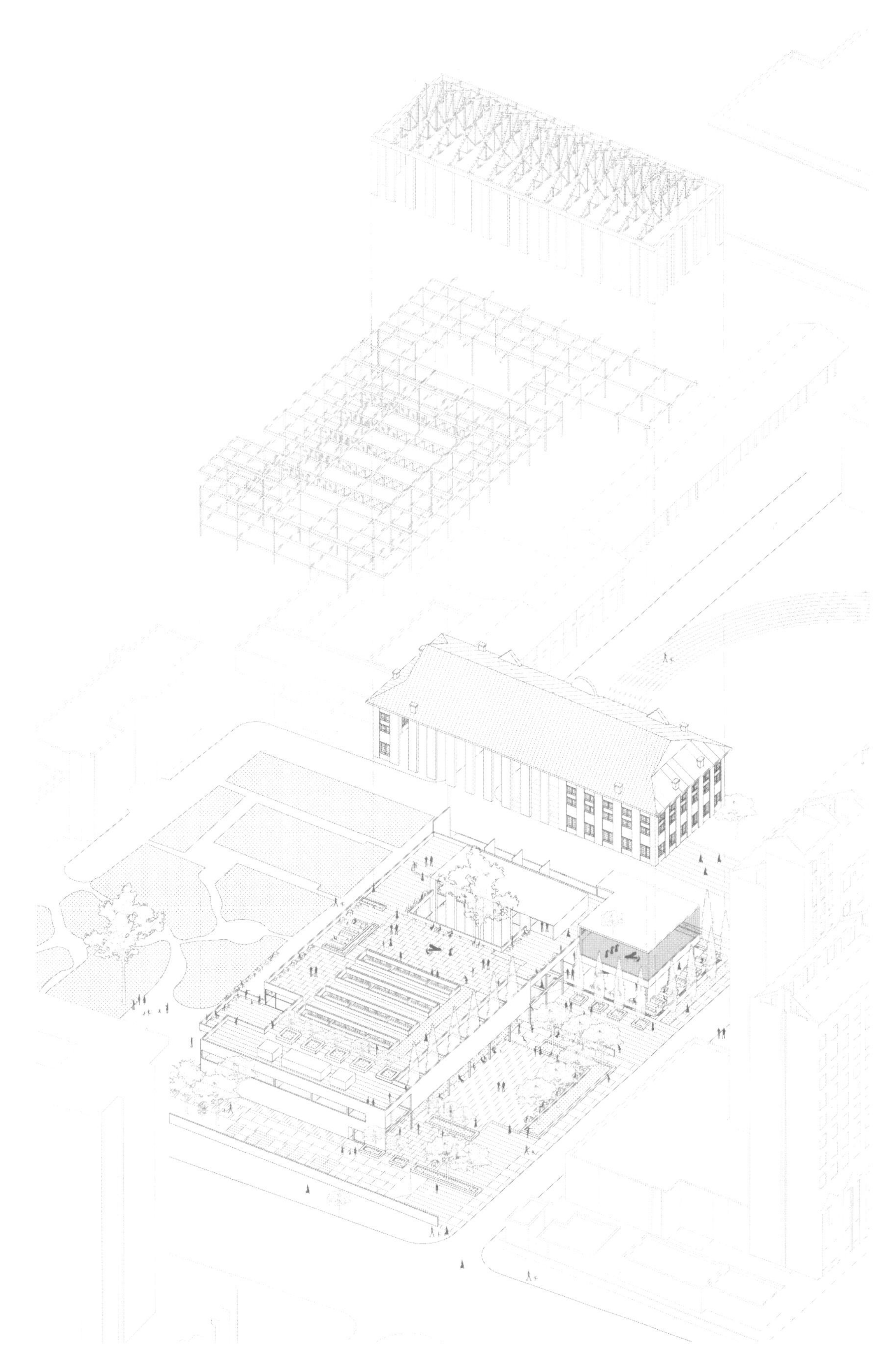

轴测分解图

改造方案 2

本设计在改造的体育馆（服务中心）和西侧新建的健身中心之间创造了层次丰富的室内外空间，通过庭院、平台、连廊等限定出了丰富的室外空间，为师生休憩和交流提供了场所，也很好地联系了西侧的校门、北侧的梅庵和东侧的运动场。

本方案中，老体育馆立面被完整地保留下来，通过两组楼梯和辅助空间组成的交通和重组体育馆的内部空间，形成了有大有小、有高有低、有疏有密的空间体系，为师生各种不同的交流和活动提供形态各异的丰富空间。西侧的健身中心空间简洁、风格现代，结构新颖，既符合当今健身中心的空间和技术要求，也体现了建筑设计中结构、功能和空间的统一。

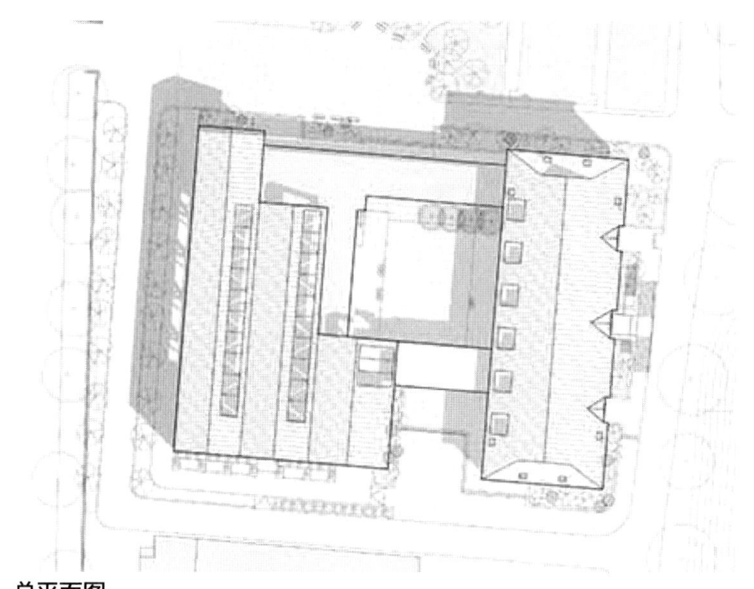

总平面图

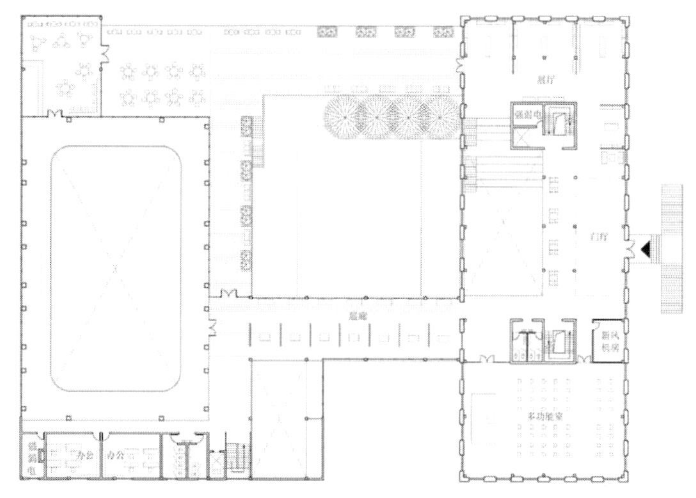

二层平面图

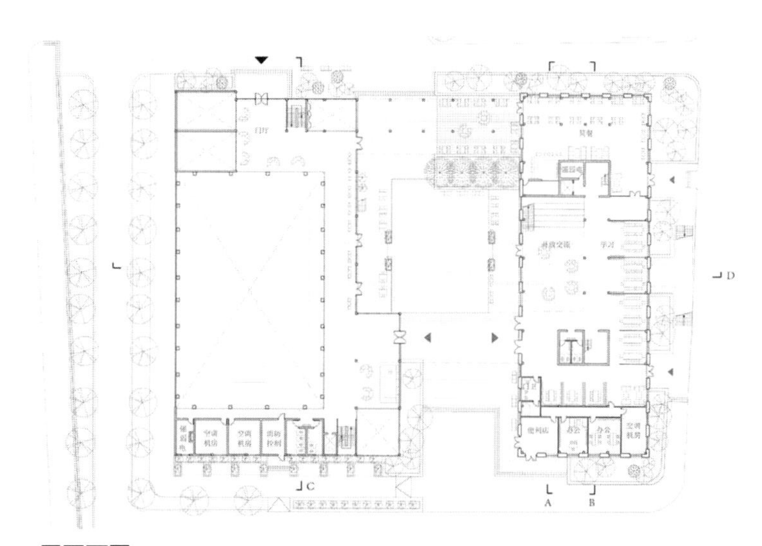

一层平面图

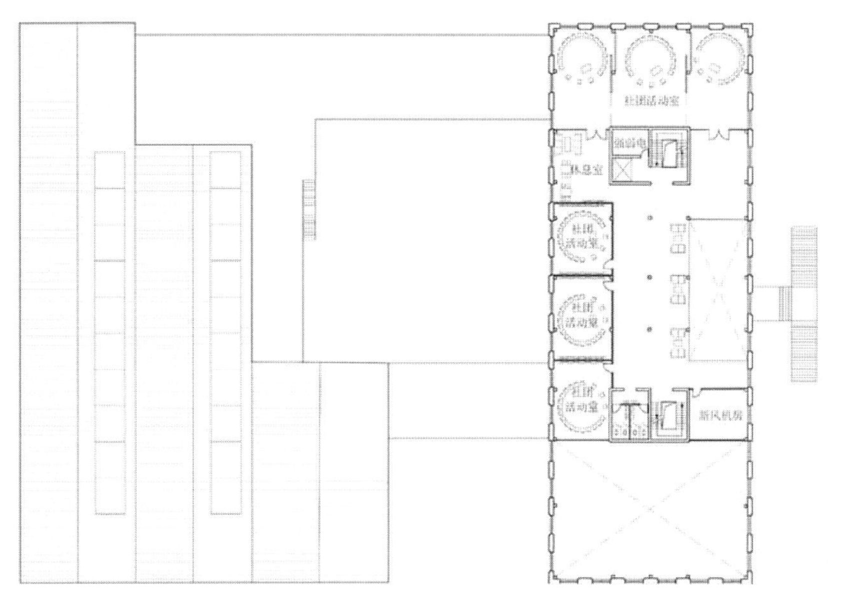

三层平面图

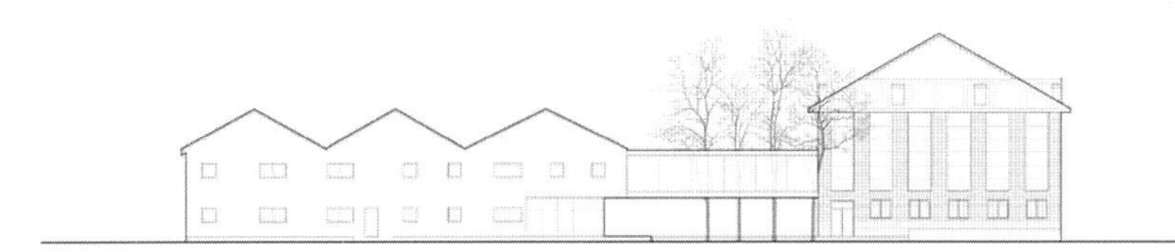

南立面图

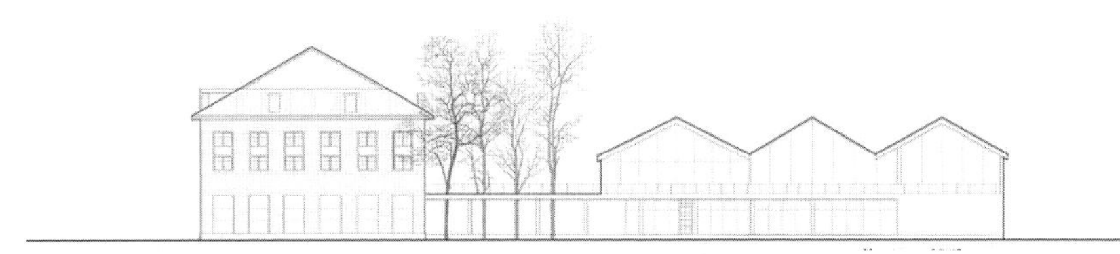

北立面图

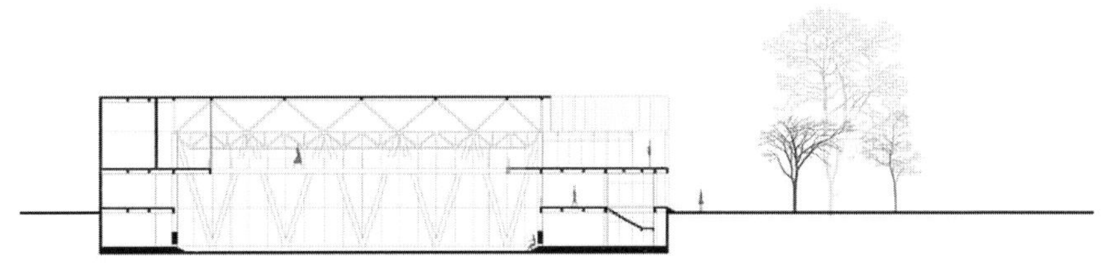

剖面图 C

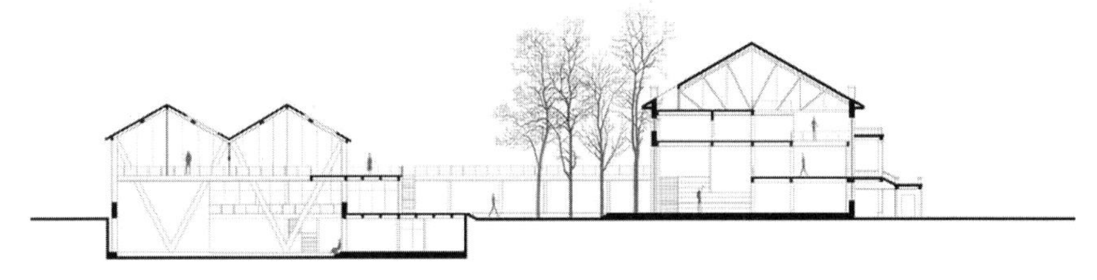

剖面图 D

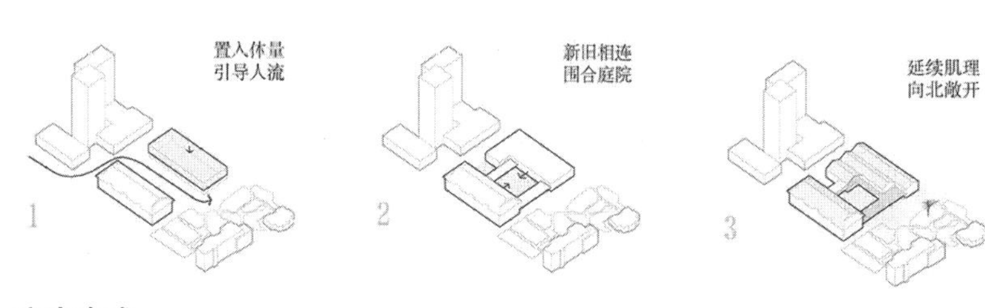

方案生成

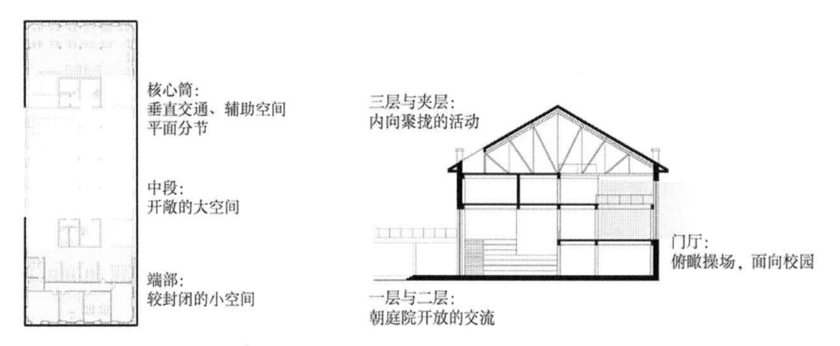

内部空间分析

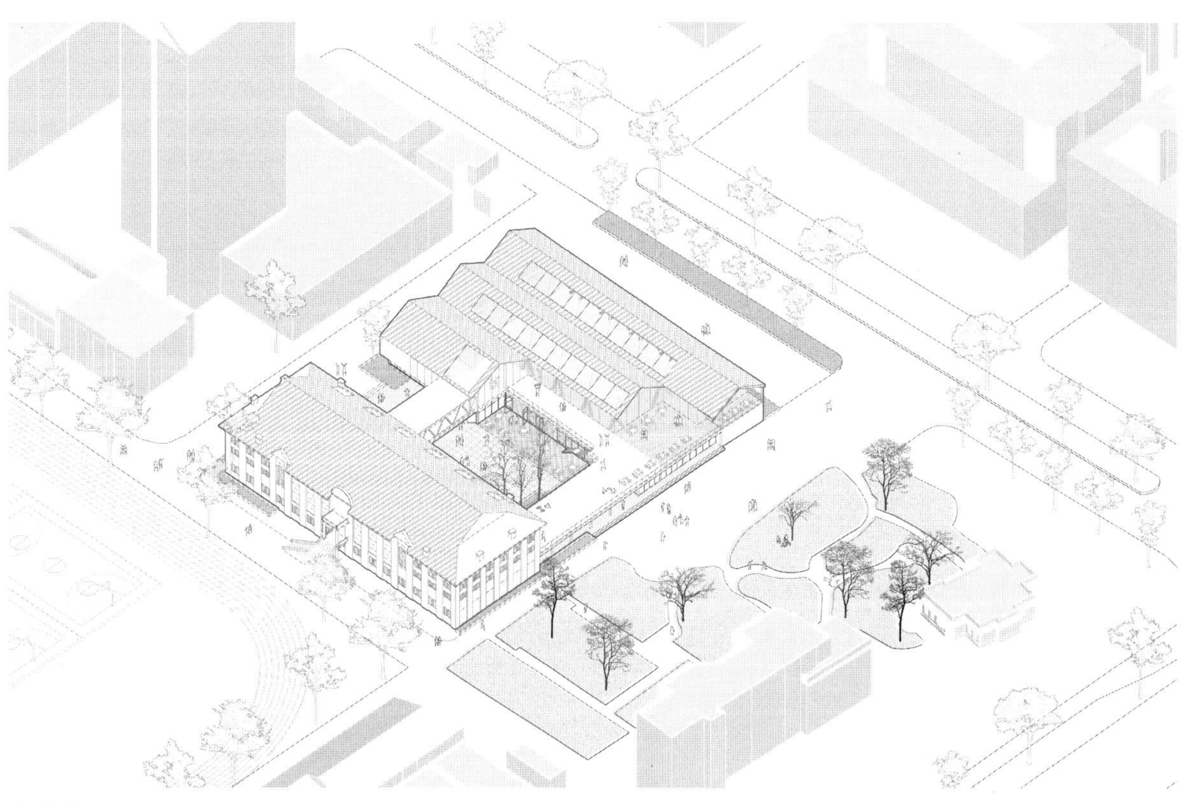

鸟瞰图

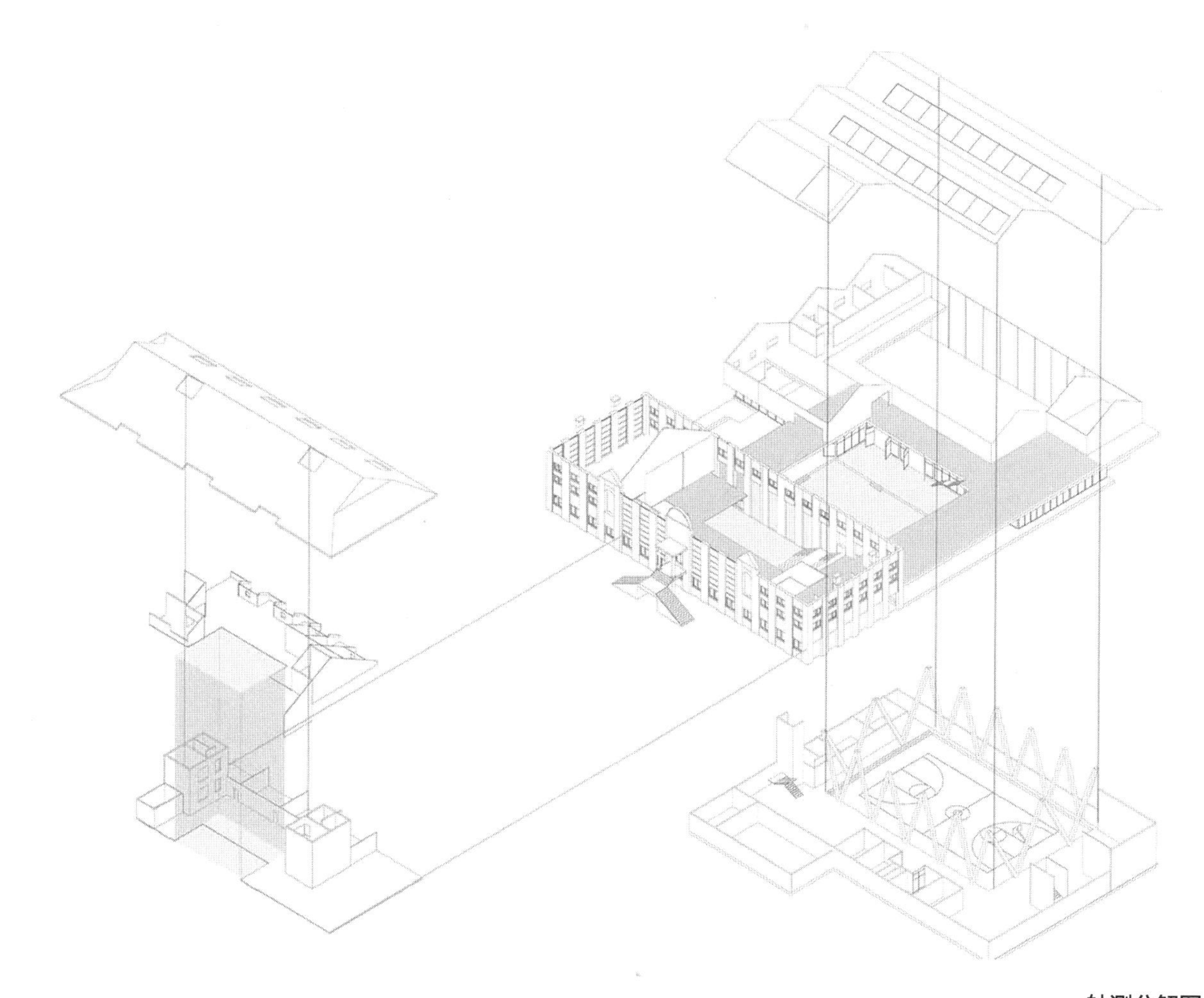

轴测分解图

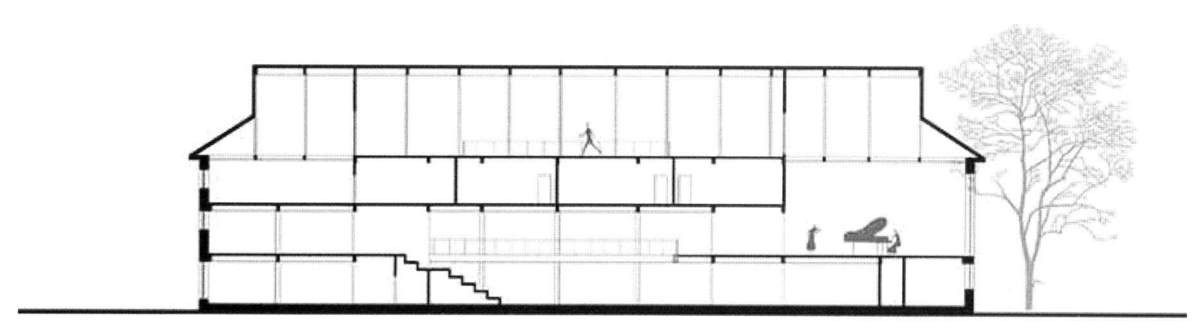

剖面图 A

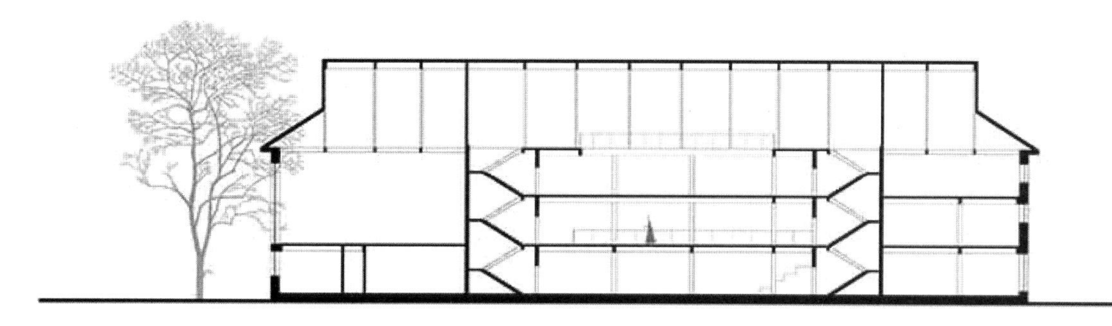

剖面图 B

剖透视图

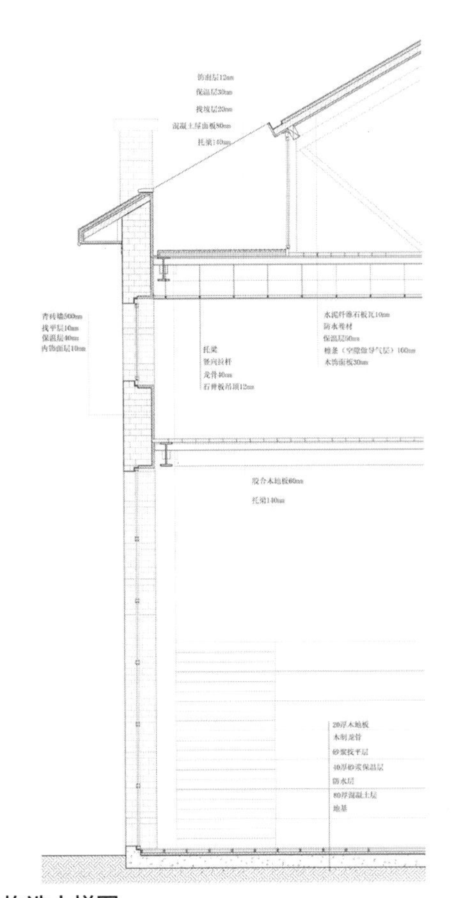

构造大样图

局部透视图 1

局部透视图 2

改造方案 3

在老体育馆立面完整保留的前提下，本设计将内部空间塑造为灵活可变、适应性强的室内空间系统。通过将楼梯、卫生间等辅助空间系统尽量集中，使得使用空间具有了尽可能大的灵活性，可以根据当前使用者不同的需求，以及未来使用者需求的变化进行灵活划分。

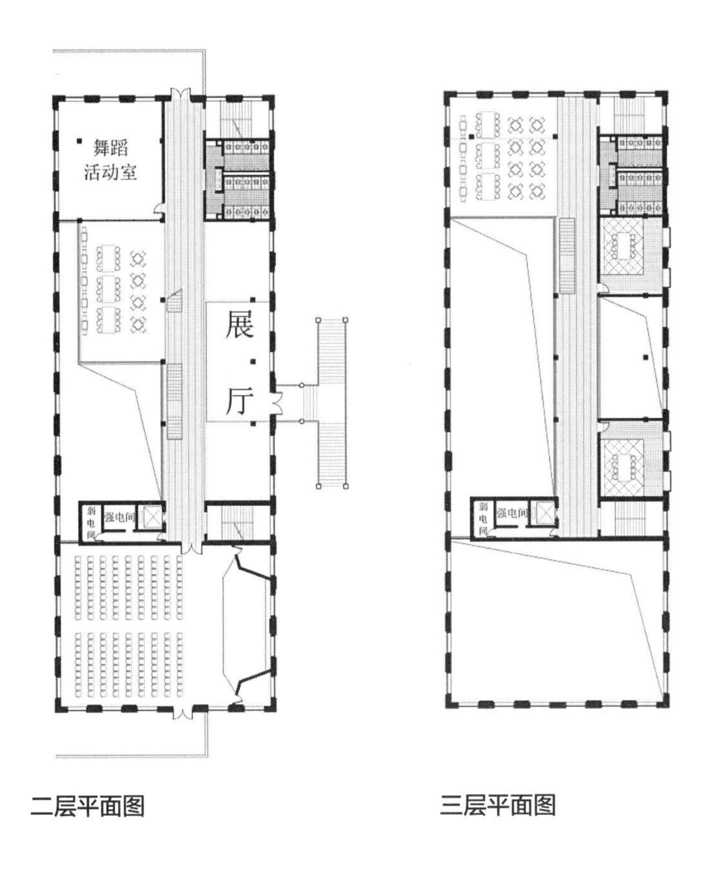

二层平面图　　三层平面图

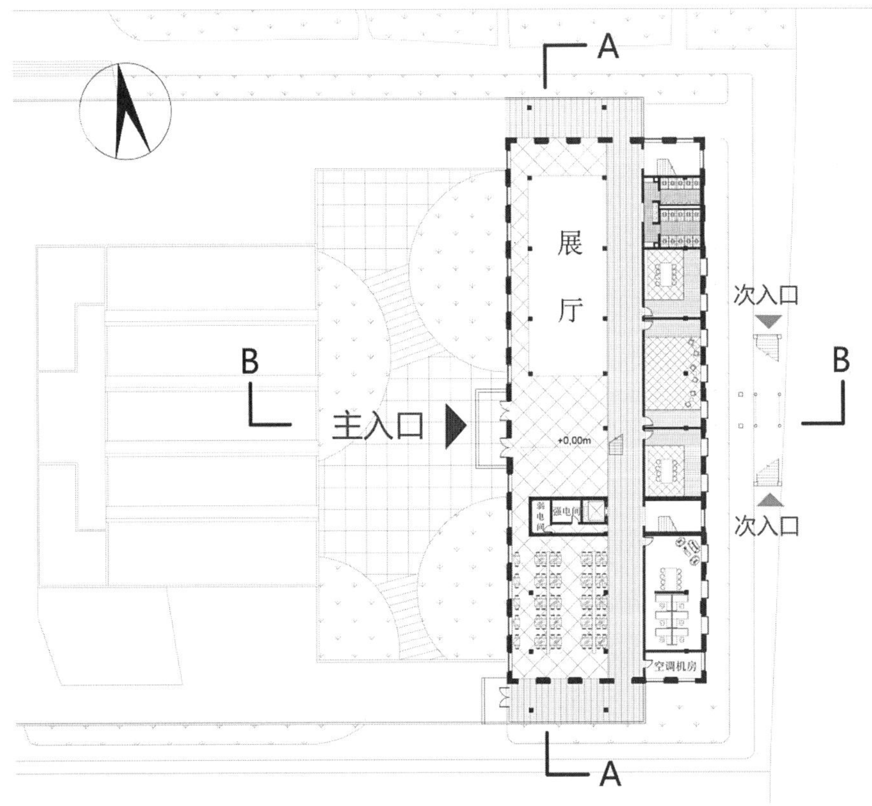

一层平面图

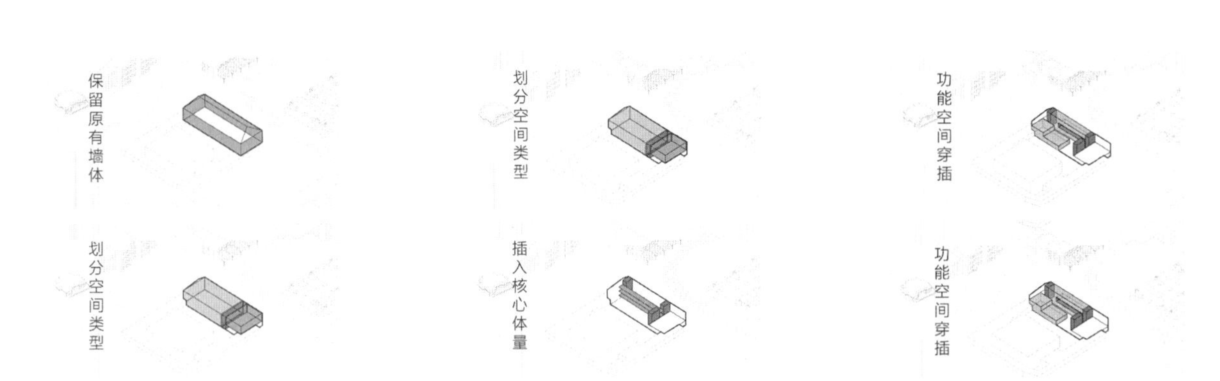

方案生成

东立面图　　**西立面图**

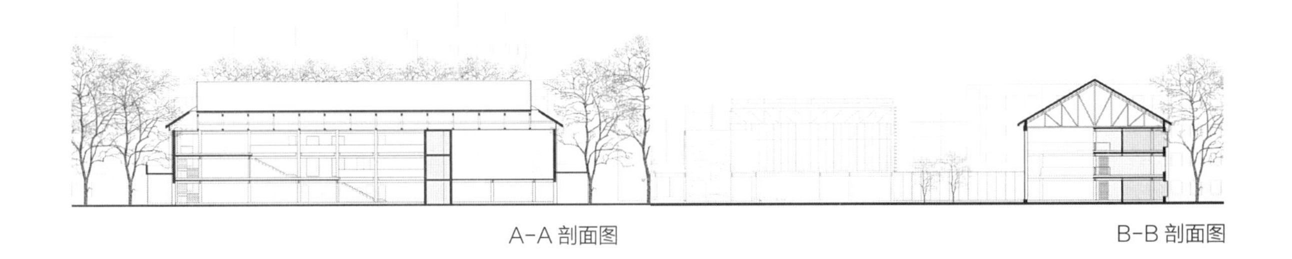

A-A 剖面图　　B-B 剖面图

局部透视图

2. 东南院改造

设计：刘子洋、邢雅婷、程亦凡
指导老师：钱强
整理：汪宝丽

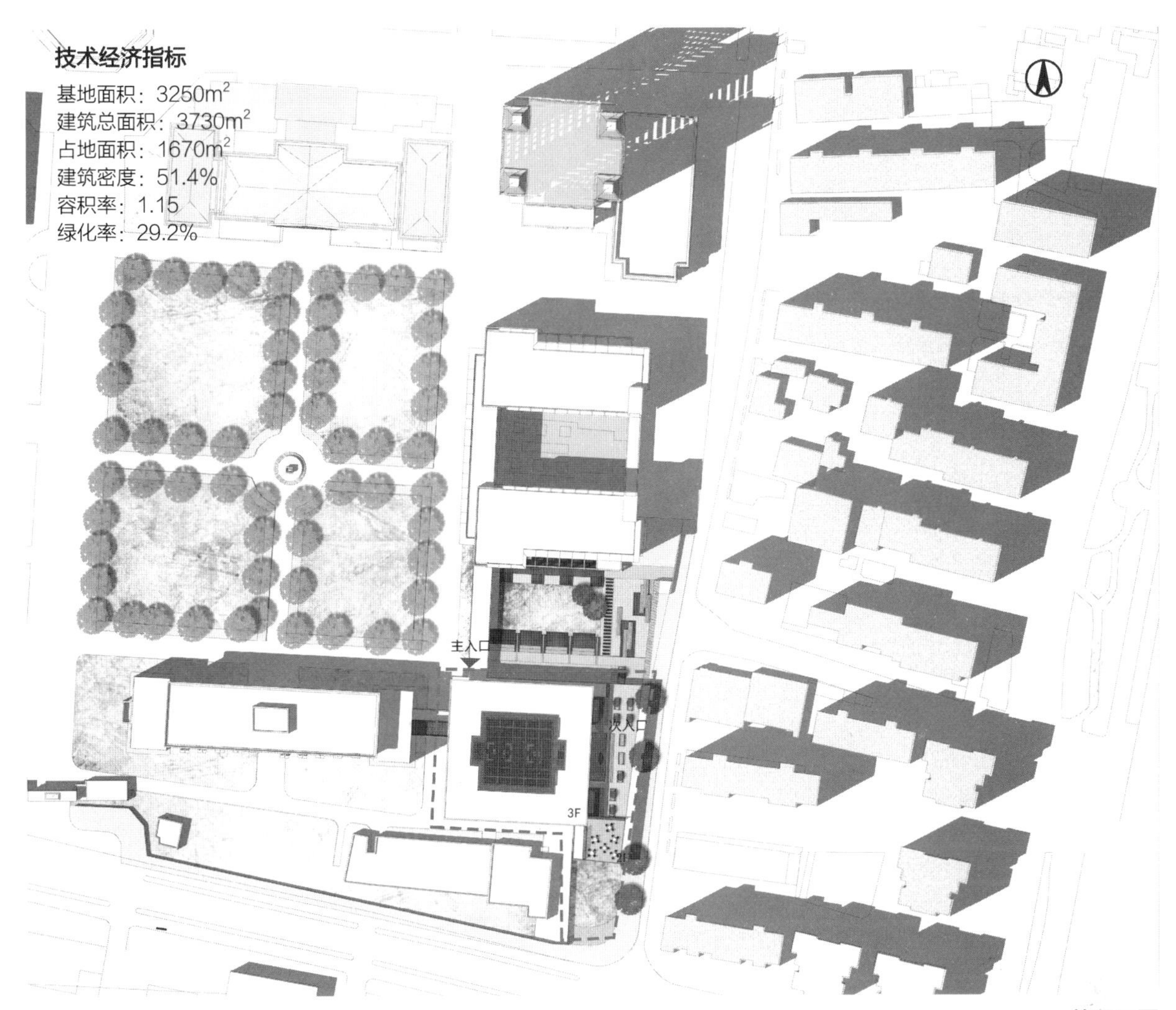
技术经济指标
基地面积：3250m²
建筑总面积：3730m²
占地面积：1670m²
建筑密度：51.4%
容积率：1.15
绿化率：29.2%
主入口
次入口
3F

总平面图

剖透视图

该设计是对原有东南院的改造更新项目，所以在策略上希望发现原有建筑的优点以及与环境之间存在的潜力。本方案旨在抓住原东南院的“核”，也就是庭院。以此生发成一个中庭并扩大，保留原来空间的组织形式并加以利用，适配于新的功能要求。设计基本保留原来的框架结构体系，新建筑的立面按照原有建筑的比例进行划分，只是更换了便于采光的玻璃幕墙。主体建筑东侧加建咖啡厅与小卖部作为建筑的功能补充，在东南角向街道打开，呈现开放的态度；西边与中山院的连廊也进一步加强和扩大，方便增加与西侧的中山院和北侧的前工院之间的联系。

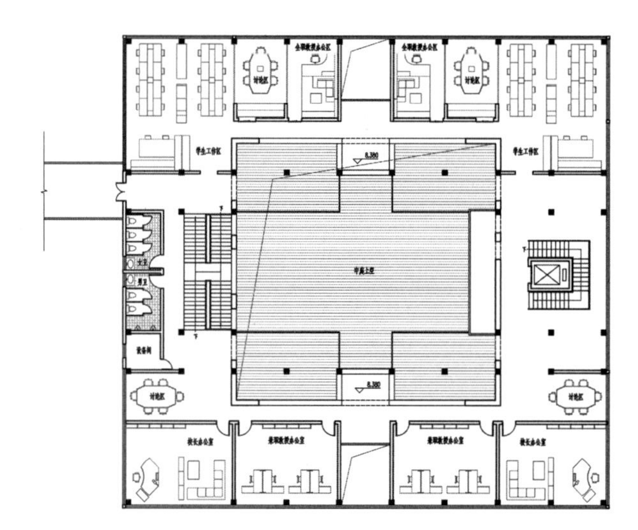

三层平面图

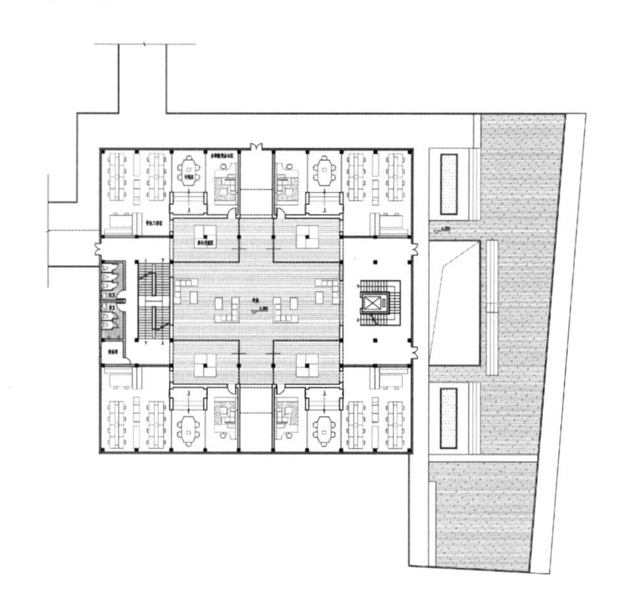

二层平面图

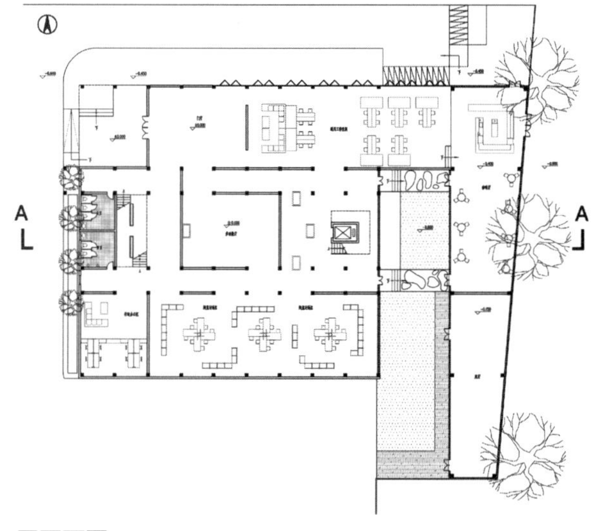

一层平面图

3. 道桥实验室改造

改造方案 1

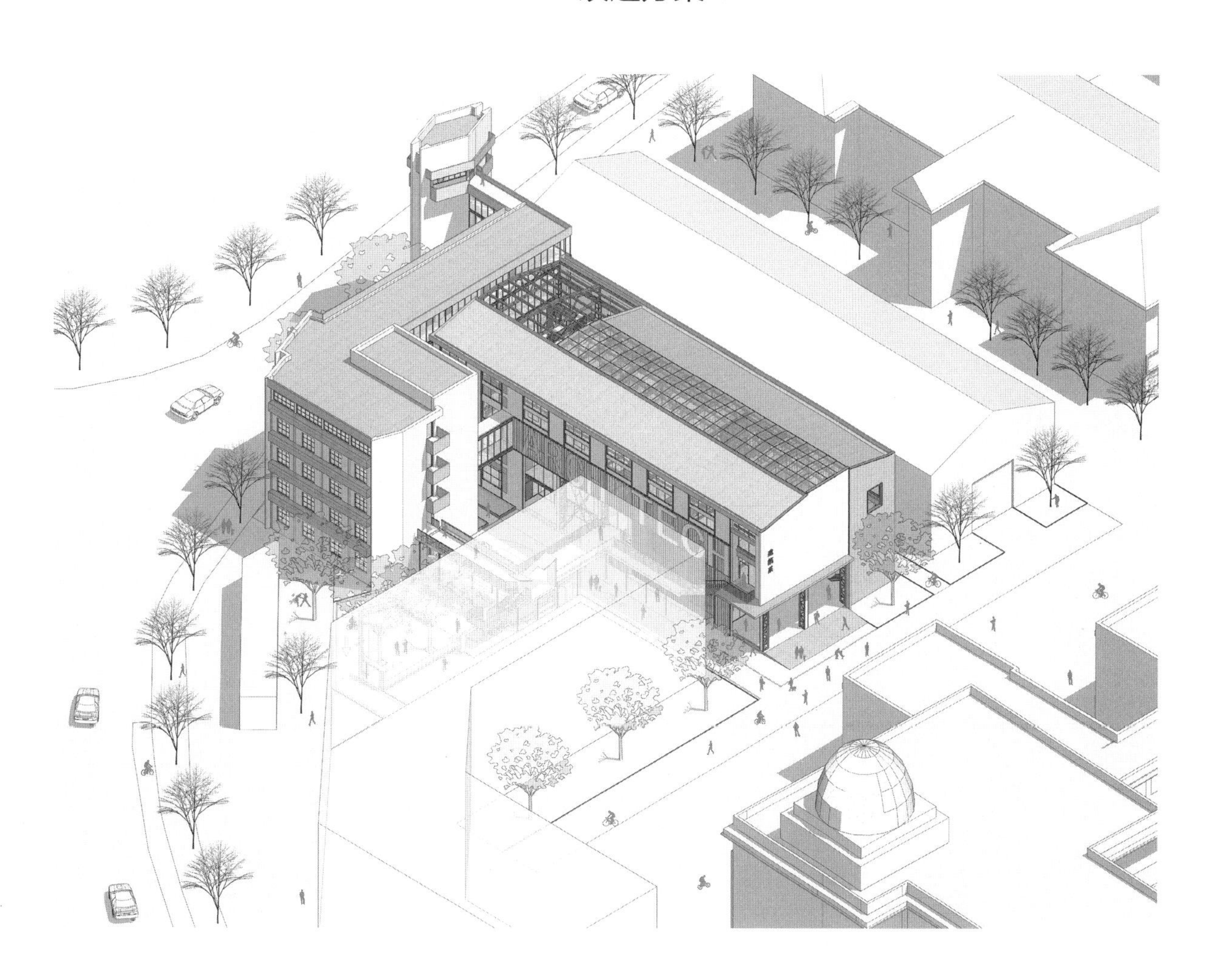

设计：任一方、谢昕、伍佳
指导老师：钱强
整理：汪宝丽

如何在保留建筑原有韵味的同时，提供满足未来要求的硬件设施和安全标准，这是本方案设计的出发点。在保护原有建筑历史感元素的同时，满足实际使用中对文化交流、展演活动和行政办公的要求。设计后的空间中，秉持开放和通透的原则，不同功能区域之间可以形成新空间形式和原有建筑“对话”。设计改造后的建筑向着校园开放，室内各个功能分区在竖向形成三层阶梯模式，创造了极有特色大空间，既可以有效分流人群，又可以为师生提供很好的交流场所，促进了校园这一区域的活力提升。

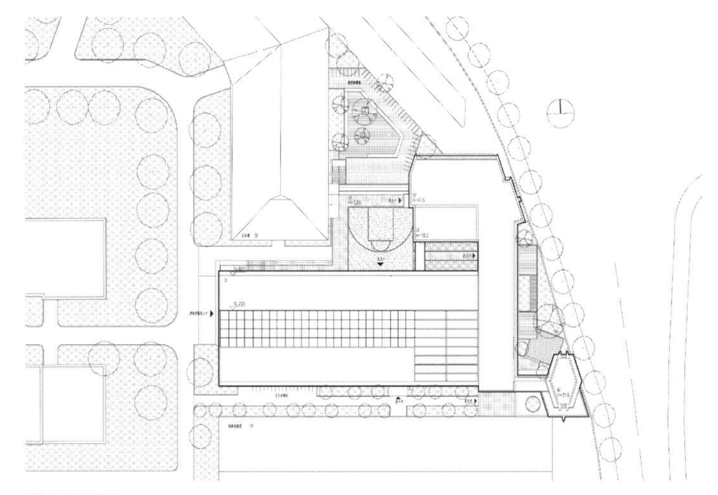

总平面图

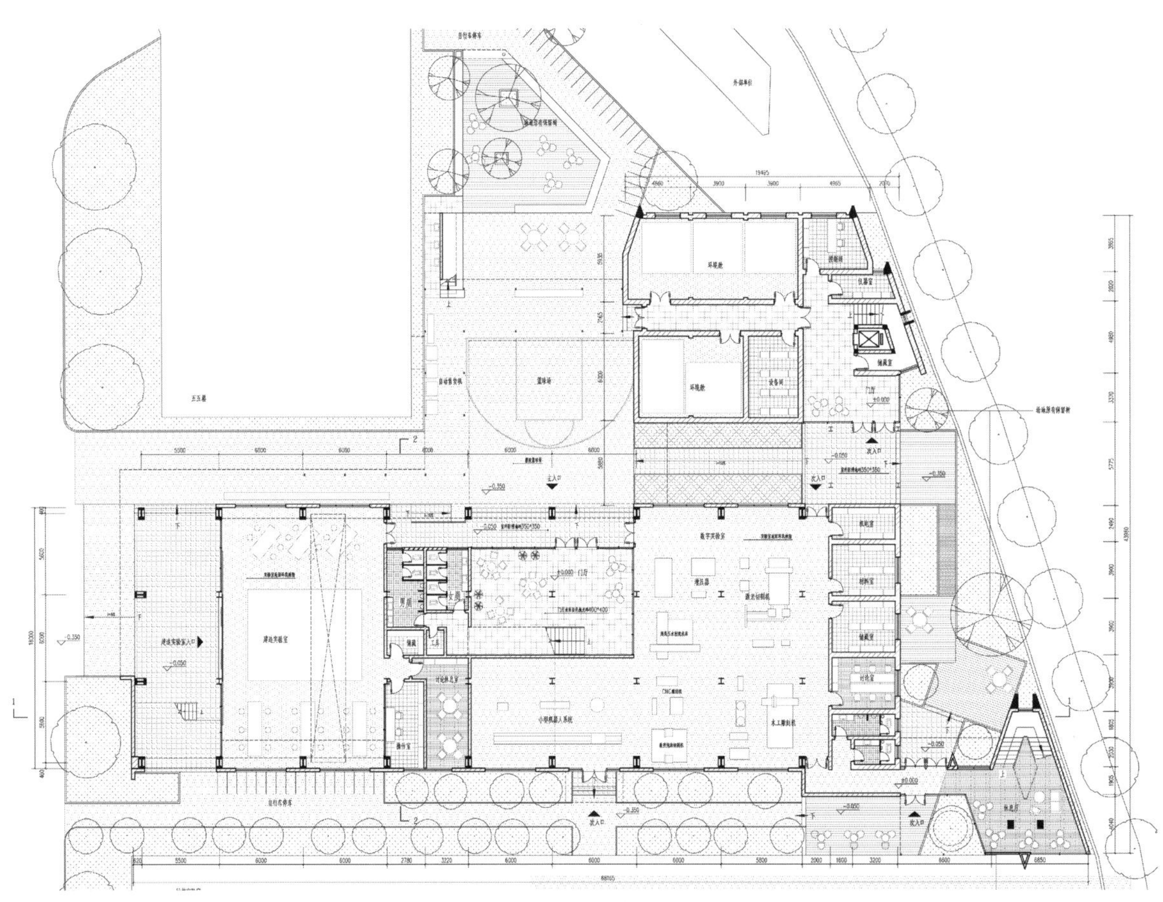

一层平面图

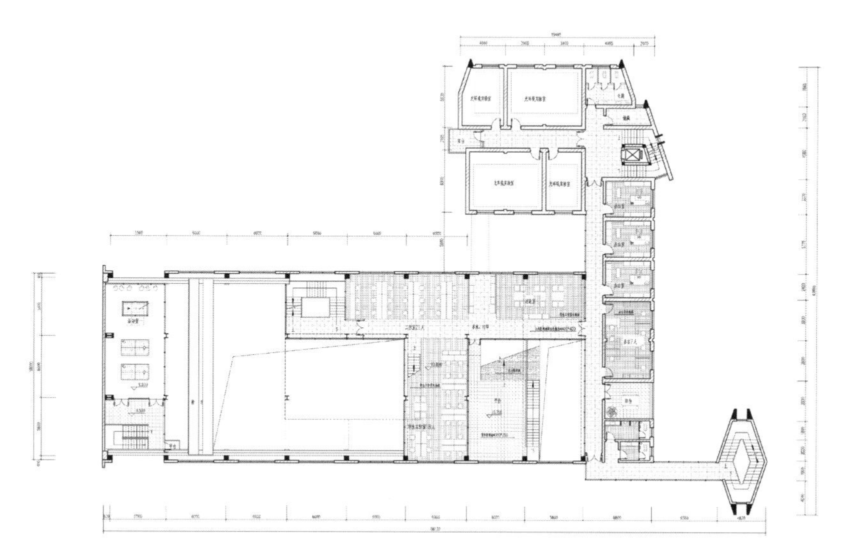

四层平面图

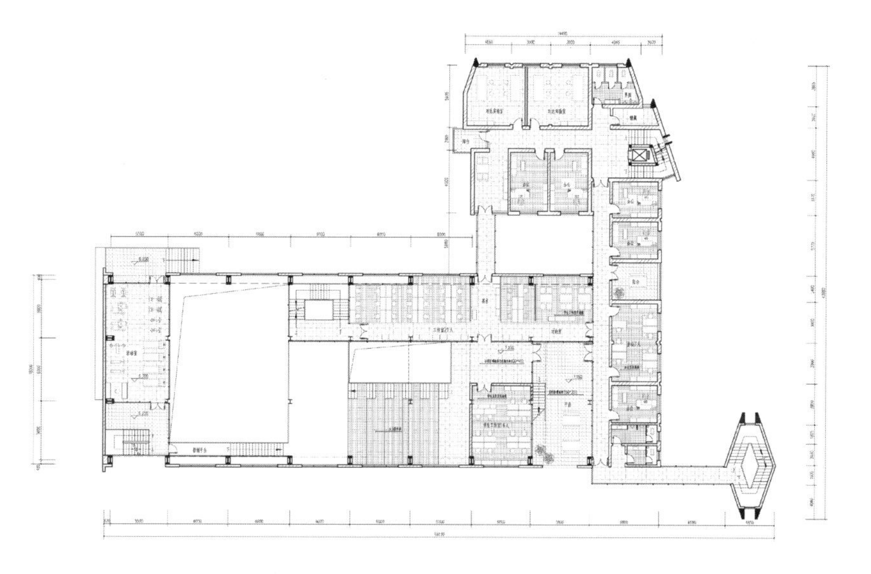

三层平面图

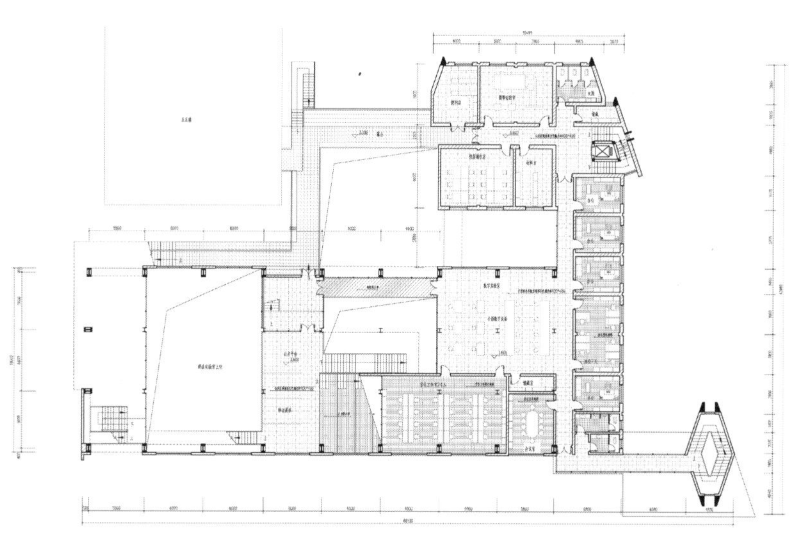

二层平面图

东立面图

西立面图

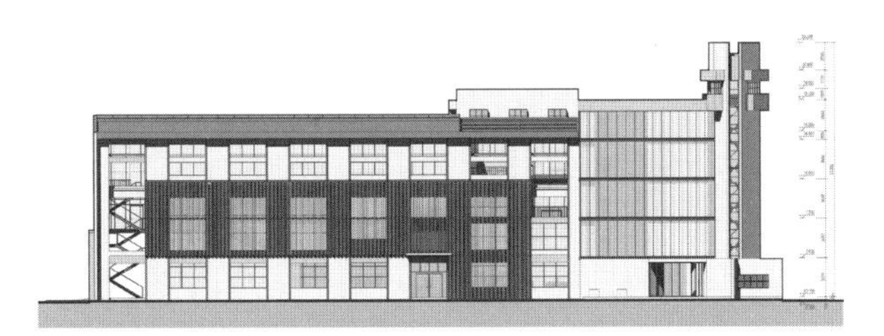

南立面图

北立面图

效果图 1

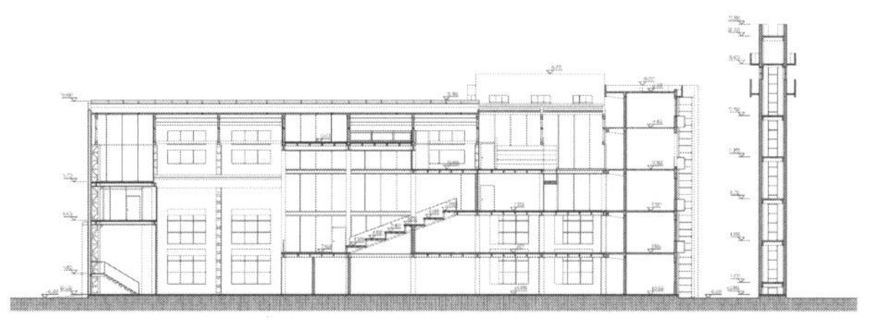

1-1 剖面图

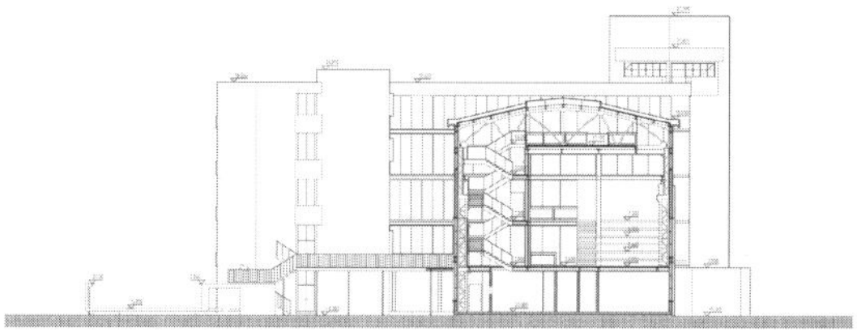

2-2 剖面图

效果图 2

效果图 3

效果图 4

改造方案 2

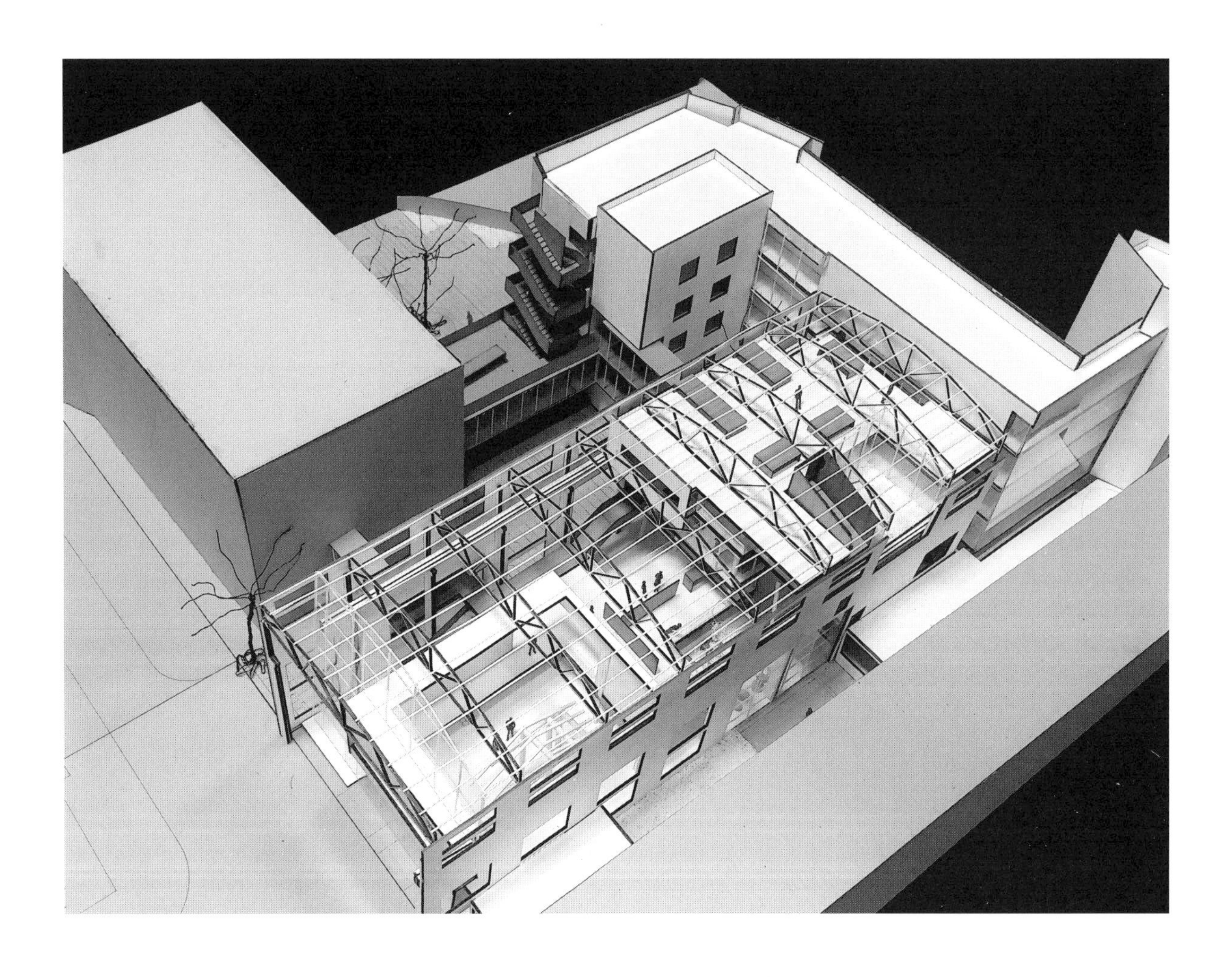

设计：周威、何朋
指导老师：钱强
整理：汪宝丽

方案生成

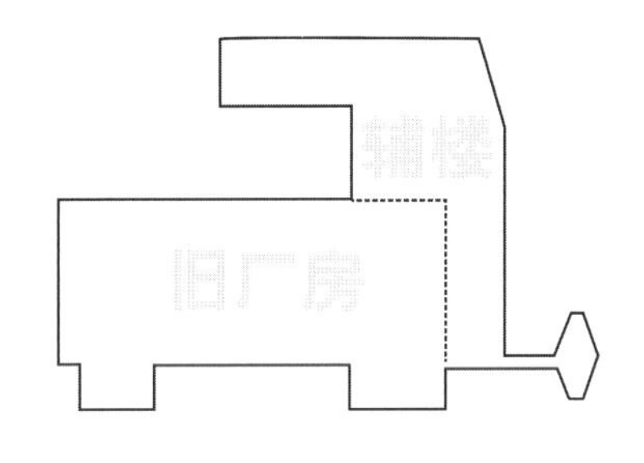

场地原有厂房旧址与辅楼

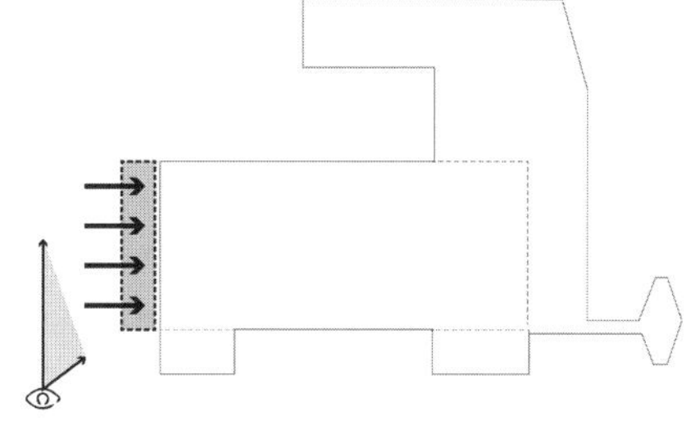

现状立面较为封闭，昭示性不够强，设计向内部退让，增加入口灰空间，使得界面更加友好

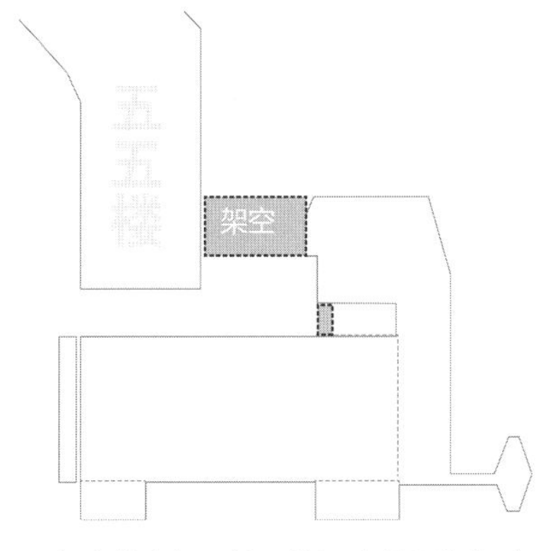

原有院落空间压抑，将旧建筑局部架空，增加空间的通透性和视线的连续性

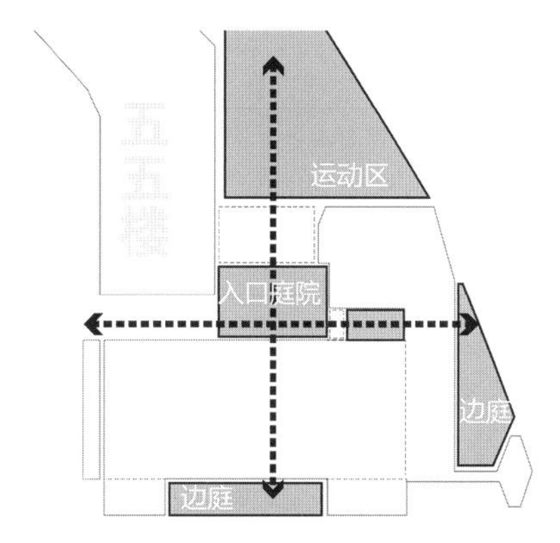

利用场地位于北面、南面和东面的三处废弃院落，打通空间，形成丰富的空间层次

道桥实验室位于校园东北角，现状建筑立面较为封闭，周边庭院以废弃为主。在改造更新设计中努力打破这种局面，通过西侧建筑立面的退让、建筑局部的架空以及废弃庭院的梳理打造开敞连通的空间，形成丰富的室内外空间层次。使得改造更新设计后的空间更加通透和开放，室内外空间自成体系又相互联系，为师生创造良好的工作和休憩交流环境。

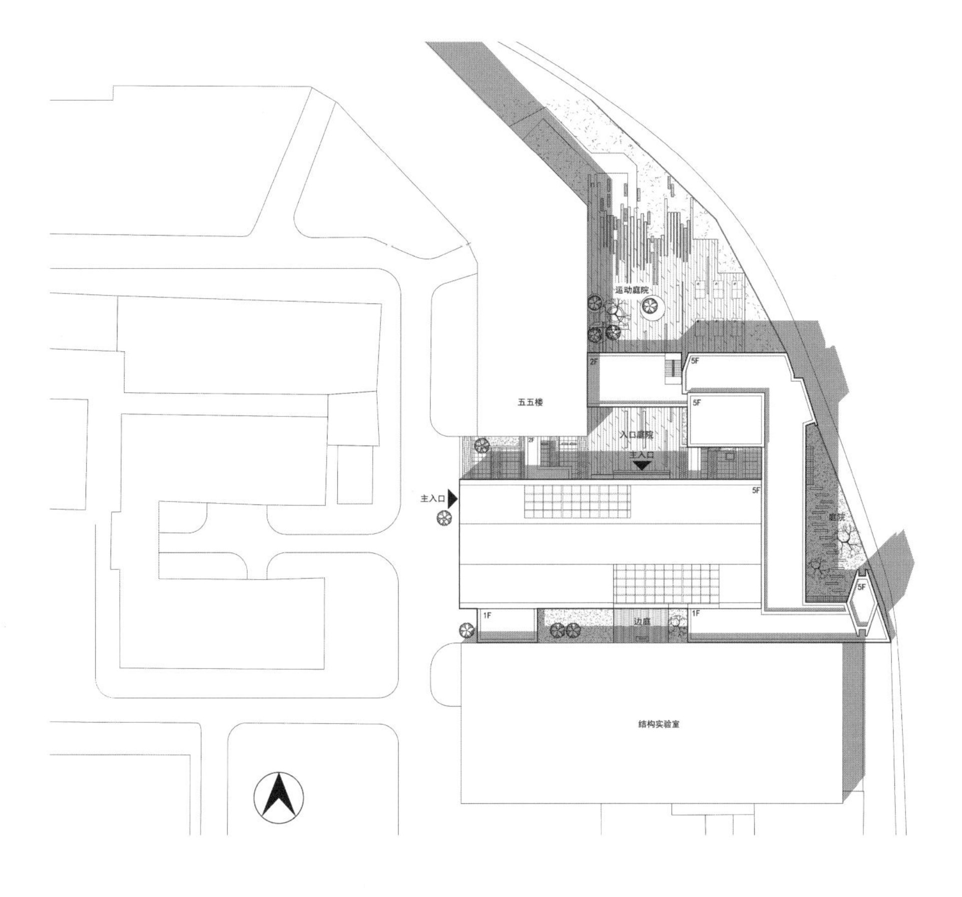

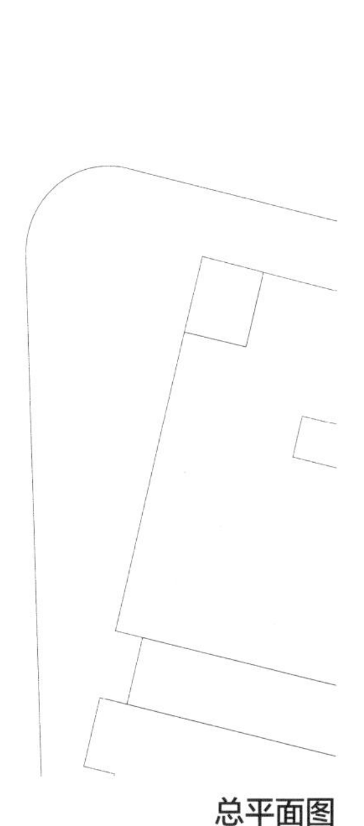

总平面图

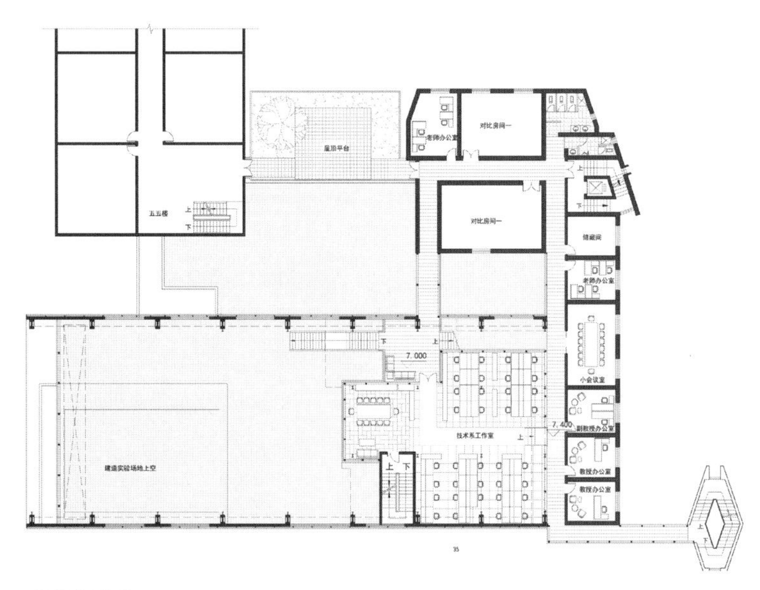

三层平面图

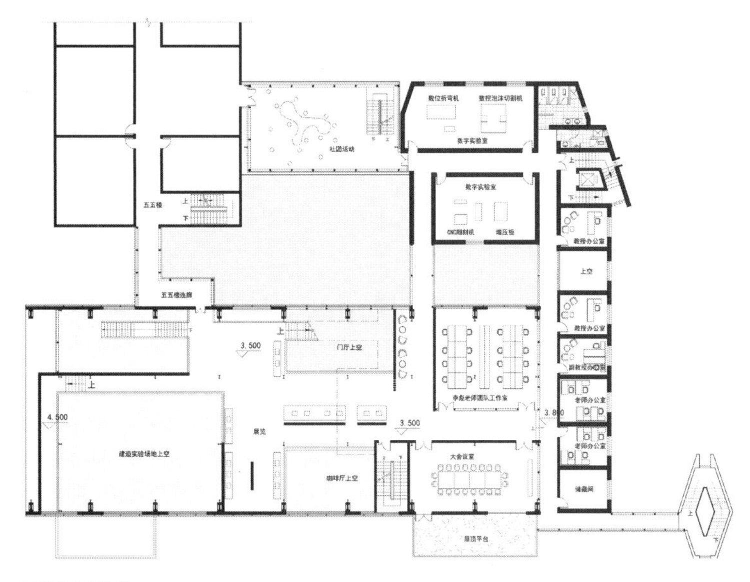

二层平面图

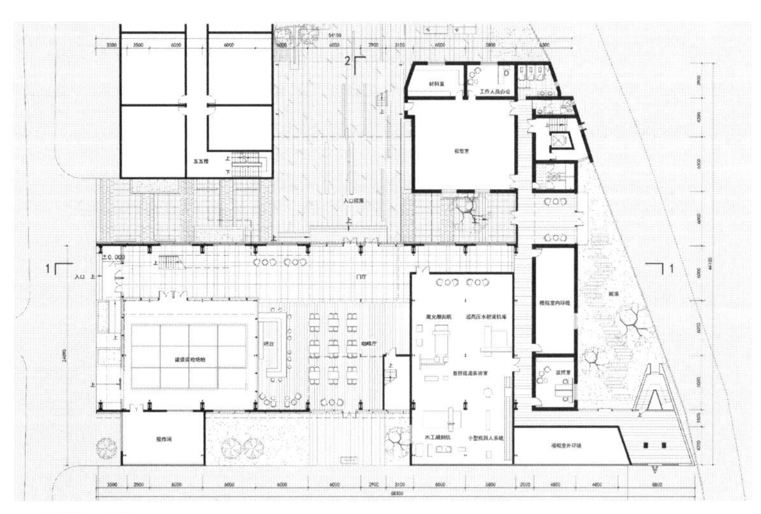

一层平面图

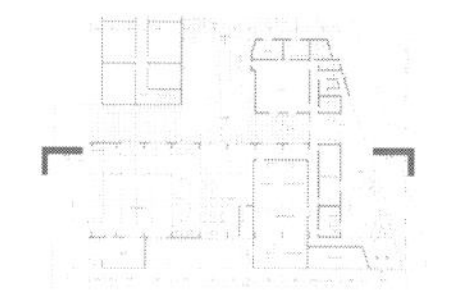

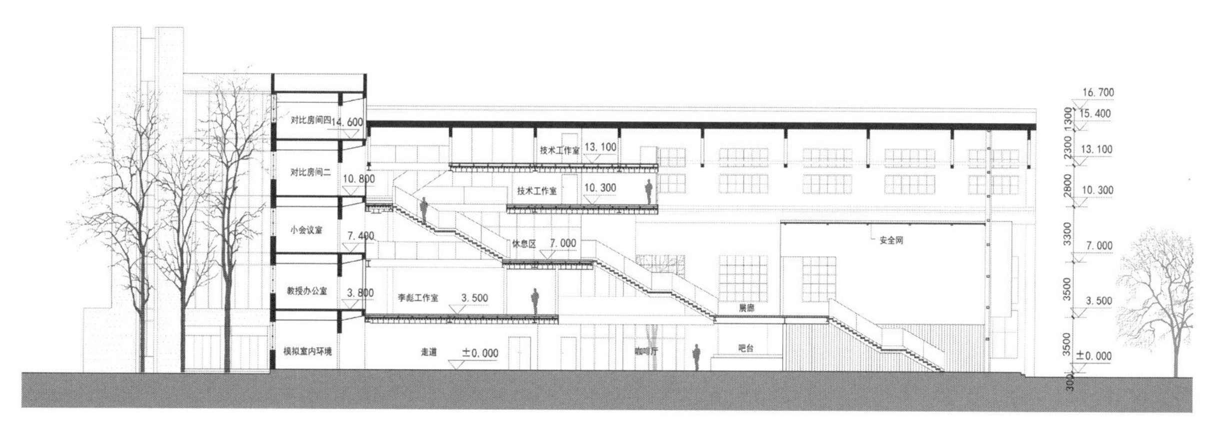

1-1 剖面图

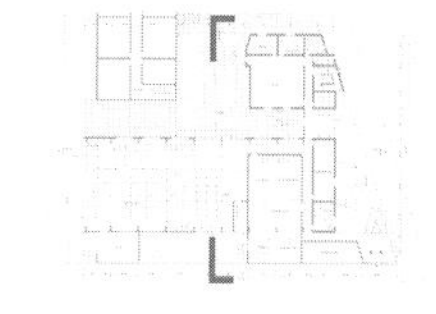

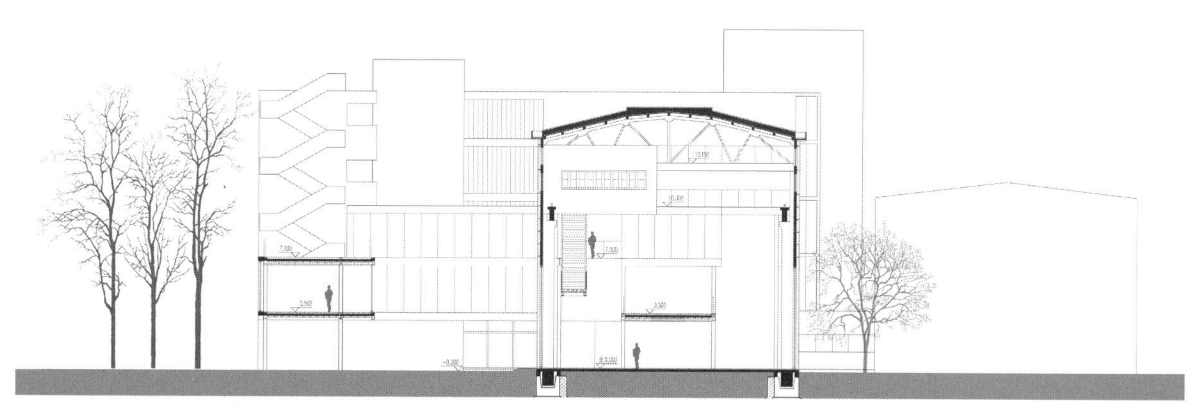

2-2 剖面图

效果图 1

效果图 2

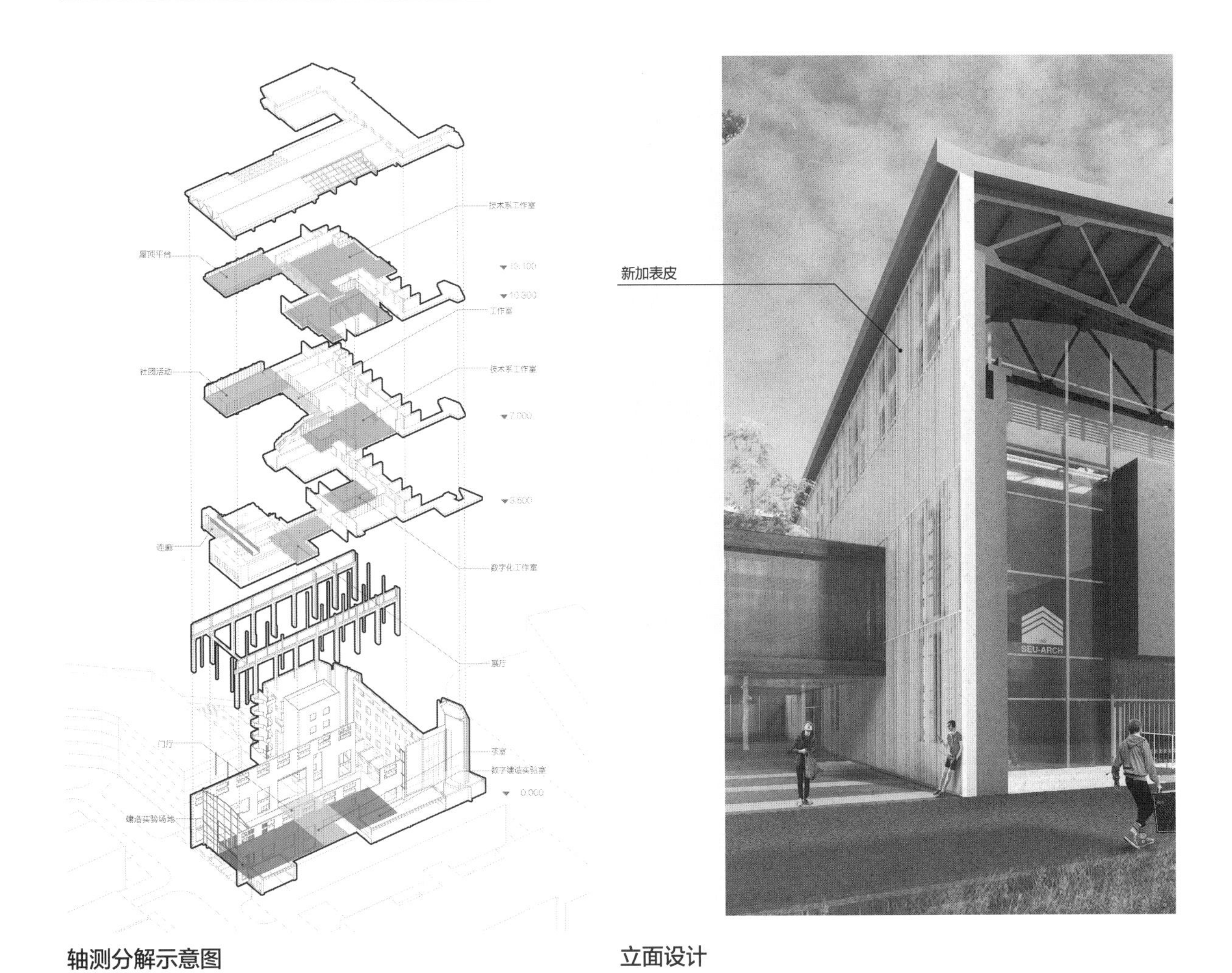

轴测分解示意图

立面设计

剖透视图

入口效果图

第三章　研究

——建筑与校园专题研究

大学校园建筑与环境是我国高等教育实现内涵式发展的重要载体，空间优化和活力提升已经成为其在当代所面临的重要问题之一。基于前述针对大学校园建筑与环境的调研，从校园规划设计、建筑空间优化和性能提升，以及新技术在校园建筑与环境认知等方面对大学校园进行专题研究，希望能够对我国大学校园建筑与环境的进一步优化提升提供积极的借鉴。

从拥抱自然到梦想校园：美国大学校园形态发展及启示

吴锦绣，赵琳

（东南大学建筑学院教授，青岛理工大学建筑与城规学院教授）

摘要：美国的大学不仅在学术上取得了举世瞩目的成就，在校园建设上也发展出自己的特色，成为无数学子的梦想校园。本文基于对美国大学校园形态发展历程的研究，指出美国独特的自然景观导致美式大学最初的校园形态呈现出拥抱自然的开放式格局，直接体现了校园所处场地和城市的特色。随着校园规模扩大，复杂性和矛盾性日益加剧，拥抱自然的方式也变得层次丰富而富有效率，有效地解决了校园形态发展与空间增长需求之间的矛盾。同时，人文思想对于美式大学校园形态的发展也具有重要的推动作用。上述两个因素的综合作用在很大程度上造就了美国大学校园独特的气质。相对于大学校园中建筑风格和形式层出不穷的变化而言，校园形态成为大学校园更为本质和恒久的特色。对其进行深入研究有助于我们深入思考中国大学校园形态的发展规律，对我国当前高校的校园建设有着积极的借鉴意义。

关键词：美国大学校园形态，拥抱自然，梦想校园，自然景观，人文思想

From Embracing Nature to Dreaming Campus: the Development and Enlightenment of American University Campus

Abstract: The United States is known for its prestigious universities. American university campus has developed its own character, being regarded as dreaming campus by students all over the world. Based on the research on the development of American university campus morphology, this paper points out that the unique natural landscape in the United States lead to the original campus morphology of American universities showing an open pattern that embraces nature. The form of campus directly reflects the characteristics of the site and the city. With the increase of campus scale and complexity, the way of embracing nature becomes rich and efficient, solving the contradiction between the development of campus and the demand of space growth. At the same time, humanistic thought also plays an important role in the development of American university campus. The combination of these two factors has to a large extent created the unique characteristic of American campus. Compared with the endlessly changing architectural styles and forms, the campus form has become a more essential and lasting feature. It is a helpful reference for us to think deeply about the law of the development of Chinese university campus at present.

Key Words: American university campus, opening to nature, dream School, landscape, humanistic ideas

注：国家自然科学基金项目（51678123）

引言

大学作为人类历史上最为悠久和具有持续性的机构，不仅是一代代学子学习的圣地，也体现着不同历史时期人类文明发展的成果。大学校园形态指承载大学所从事的各类活动的实体构成、环境构成、空间结构，以及校园演变与发展的过程。[1] 校园形态会受到诸多因素的影响，诸如校园所在的城市区位、气候水文、地形地貌等自然景观因素，以及社会、政治、经济、宗教、文化、教育思想和规划理论等社会人文思想因素，校园管理者的建设思路和设计师的个人风格等都会或多或少影响到大学校园形态。校园形态受到上述因素的影响总是在不断的发展变化中。

关于历史上大学校园的发展演变，学术界有不尽相同的看法和理解。王建国院士曾经指出：历史上的大学校园及建筑都经历了一个从小到大、从简单到复杂、从传统四合院修道院封闭式校舍到现代开放式校园和建筑的发展过程。[2] 世界著名的校园规划研究学者理查德·道伯（Richard Dober）指出，目前已经有足够的证据表明自然环境与人工环境的整合将会持续对校园规划设计产生影响并使其受益。[3]

美国的大学不仅在学术上取得了举世瞩目的成就，在校园建设上也发展出自己的特色。通过深入研究美国大学的发展历程，我们发现美国大学校园形态的建立和发展离不开美国大陆的自然景观特色，其拥抱自然的态度决定了美国大学校园采取向自然开放的基本模式，这种模式贯穿于美国大学校园发展的全过程。同时，美国大学校园形态的发展也受到人文思想的影响，尤其是体现在初期英式“学院制”精英教育传统以及后来美国本土民主思想影响下的大众教育思想对校园形态所产生的巨大影响。这两条线索在美国大学校园的发展历程中相互交织，共同作用，形成了一大批形态丰富的美式大学校园。

美国大学校园形态的发展变化对于我国当前大学校园的建设也具有积极的借鉴意义。

1. 拥抱自然的开放式格局：美国大学校园形态的基本模式

由于美国独特的自然景观和人文思想，在近四百年的发展历程中，美国大学“校园”形态[4] 发展出自己的特色，“拥抱自然”成为其校园形态基本模式，这种模式表现出如下特点：

美国大学校园大多呈拥抱自然的开放式格局，校园空间开敞而外向，形成建筑“嵌”在自然景观中的格局，这和美式景观相对大的格局、大视野的特点一脉相承。公园一样的大片开敞绿地以及嵌在其中的建筑往往成为美国校园的标志性景观。“campus”（campus 是指美国大学中被建筑围合的场地[5] 一词就是来源于此。即使是位于城市中的学校，也会尽可能创造出各个层次的开放空间。

美国大学校园呈分散式布局，每栋建筑相对独立布置，整个大学校园形成一个小社区。与英国大学大多集中在城市里不同，这种分散式格局使得很多大学可以位于城郊或是乡野中，进而在郊外或乡野中发展成小的城市——大学城，这也成为美国大学规划设计中的一大特色。例如早期位于剑桥市郊外的哈佛大学，以及位于普林斯顿市郊外的普林斯顿大学。这种分散式布局之所以会形成，还有一个很现实的原因，就是防火，英式房子大多为石砌而美式房子大都是木结构的，故防火极其重要。

学院制体系的影响使得美国大学校园成为师生紧密联系的内向社区，这是美国大学校园的一大特色。美国高等教育的发展从一开始就受到了英国学院制（collegiate）思想的影响，肩负着知识传授和人格培养的双重使命，学习的过程更像是“修行”，这就要求学生和教师生活在一起，例如牛津大学和剑桥大学，大学谨慎地和城市保持着距离。受此影响，美国大学校园中不仅有教室和学术建筑，也有宿舍、食堂和生活设施，建筑师的使命不仅是造建筑，更是创建一个整体的社区。虽然目前美国大学的种类非常多，但是这种学院制体系延续了下来，成为美国大学的一大特色。杰斐逊在设计弗吉尼亚大学时曾经指出，他的目标就是创造“学术村”（Academic Village）[6]。

始建于殖民地时期的最早的几所美国大学都传承了学院制的思想，并结合美国大陆独特的景观特点和人文思想发展出形态各异却都开放外向的校园总体格局。在美国大学校园发展历程的几个关键节点我们都可以清楚地看到拥抱自然的态度对校园总体格局的塑造作用。

1.1　殖民地时期美国大学校园形态：向自然开放

清教徒所代表的英国殖民者登陆美国后不久就开始了大学（当时是学院）的建设，这一时期开始建校的哈佛大学、耶鲁大学、威廉玛丽大学和普林斯顿大学成为其中的杰出代表（表 1），这一时期校园形态的特点可以归结为向景观和城市开放。

哈佛大学创立于 1636 年，是英国殖民者在美国建立的第一所大学。哈佛从一开始就谨遵英式学院制系统，学生吃、住、学习都集中在一个紧密的社区里。哈佛校园空间模式传承了英式四方合院的格局，基于防火等原因建筑独立分开布置，而不是像英式校园全部连在一起，这是美式校园的一大创举。校园形态以三面围合的方院为基本单元，相比于传统的英式校园也更加外向和开敞，和自然环境及整体社区有更加密切的联系，体现了哈佛大学的教育理念。此外，这种三面围合的方院系统具有较好的延展性，可以更好地适应未来发展的需求。

威廉玛丽大学的基地位于弗吉尼亚，环境特色是有大片的种植园。威廉玛丽大学是历史上首次建在真正的乡野中的大学，学校的建设也早于城镇出现，这种高校小镇的模式后来成为美国典型的校园模式之一。威廉玛丽大学中最早一栋建筑沿袭保守的牛津传统，呈封闭的“口”字形布局，后来被烧毁后重新建设时采取开敞的“U”字形布局。学校的建设也早于城镇出现，从校园发展为城市，形成史无前例的美式校园规划模式。雄心勃勃的校园轴线顺着 1 英里（1.61km）长的大路延伸为城市轴线，其间分布着一系列广场和方向相交叉的次要轴线，形成了城市空间的总体格局。相比于哈佛大学，威廉玛丽大学更多的是基于美国自然景观而建的学校，强调扎根于环境而非仅仅是内向的老式学校建筑。这种转换不仅是建筑上的，更是教育观念上的，形成殖民地时期更加开放和实用的美式校园风格。

耶鲁大学建校于 1701 年，基地所在的场地面向一块很大的城市绿地（New Heaven Green），各栋建筑沿着城市绿地呈线状排列。在设计师看来，这种线性布局比较优雅和统一，看起来赏心悦目。校园建筑的线性布局被认为是 18 世纪对学院制布局的大胆创新，同时还与城市空间相辅相成，成为城市绿地新的边界，有助于城市空间的塑造。由中心绿地而来的线性布局因而也成为耶鲁大学校园最重要的特征。

普林斯顿大学建校于 1746 年，由耶鲁的毕业生创立，场地是大路边的小村庄。设计者特意将主体建筑从道路边后退，创造了一大片绿地，建筑和道路之间的宽阔绿地体现了新泽西校园的乡野意味，首次被冠以“campus”一词。这种模式比起哈佛大学三面围合的庭院显得更加开敞，也有些类似于耶鲁模式中建筑围绕绿地布置的情况。“campus”一词后来迅速席卷全美，特指大学校园中建筑围合的开敞的场地。

殖民地时期美国大学校园形态分析　　表 1

	哈佛大学	威廉玛丽大学	耶鲁大学	普林斯顿大学
建校年代	1636 年	1695 年	1701 年	1746 年
形态特色	开敞四方院	开放式轴线	朝向景观的线性排列	校园（campus）概念出现

续表

	哈佛大学	威廉玛丽大学	耶鲁大学	普林斯顿大学
布局模式图示	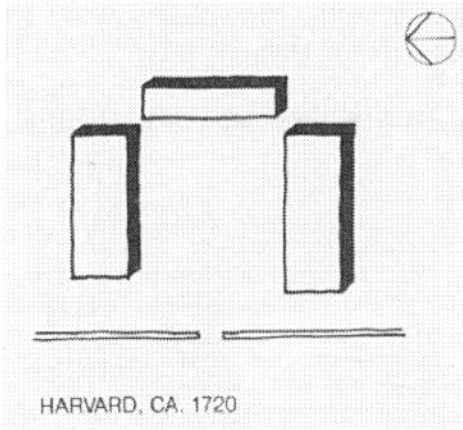 HARVARD, CA. 1720	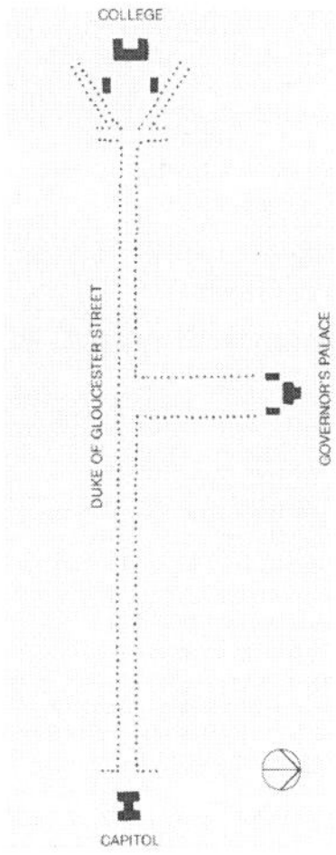 COLLEGE DUKE OF GLOUCESTER STREET GOVERNOR'S PALACE CAPITOL	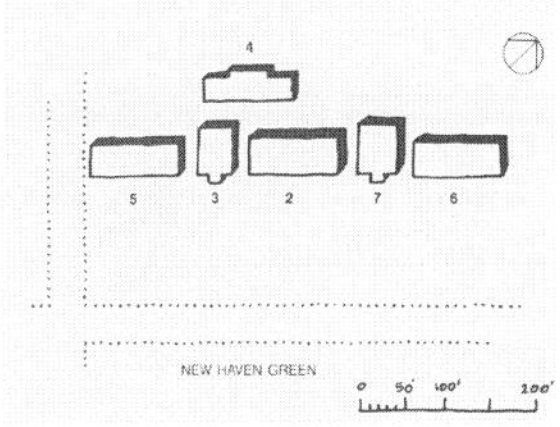 NEW HAVEN GREEN	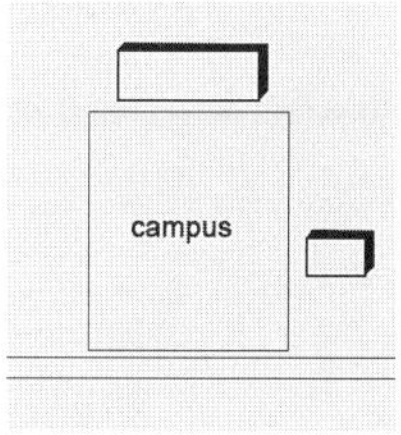 campus
布局模式局特点	三面围合的方院形式，比传统的英式校园更加外向和开放，和自然环境及整体社区有更加密切的联系，体现了哈佛大学的教学思想	是历史上首次建在真正的乡野中的大学，学校的建设也早于城镇出现，从校园发展为城市，形成史无前例的美式校园格局	建筑沿着城市绿地呈线状排列，是对学院制布局的大胆创新，与城市空间相辅相成，成为城市绿地新的边界，有助于城市空间的塑造	主体建筑从道路边后退，创造了一大片绿地，体现了新泽西校园的乡野意味，首次被冠以“campus”之名

1.2　弗吉尼亚大学：开敞而富有层次的校园景观

托马斯·杰斐逊不仅是美国总统，也是著名的教育家和建筑师，他所设计的弗吉尼亚大学完美地体现了其所倡导的学术村概念[7]（图 1）。这种模式是高等学校规划史上的创举，造就了开敞而富有层次的校园景观，使得每个师生都可以最直接的方式拥抱大自然。[1] 随着大学规模的扩大和功能走向复合，大学里的建筑越来越多，总体布局也趋于复杂，沿轴线布局的平面组织开始出现，完美地解决了复杂功能组织和最大限度拥抱自然的矛盾。弗吉尼亚大学的马蹄形布局（MALL）就是当时具有划时代意义的案例。一栋栋独立教授住宅（pavilion）和教室构成的房子围绕着一个中心大草坪呈马蹄形排布，沿着纵向轴线严谨对称，端头是图书馆，形成了校园中最重要的中心开放空间，房子之间用连廊连接。这一区域外部是次级的开放空间，再外围是更多的学生教室，这种模式不仅较好地诠释了老师和学生之间的密切关系，也使各栋建筑都可以最大限度地获得良好的采光通风和自然景观，对后来美国大学城的规划设计有着重要的影响。在平面上，这种建筑和场地有机复合的布局模式还可以沿纵横两轴方向不断扩展，容纳更多的建筑和功能，形成丰富有序的校园形态。在建筑造型上，杰斐逊采用古罗马的建筑风格，与马蹄形的建筑空间相结合，塑造出神圣的学术圣殿的氛围，体现美国精神的永恒[7]。这种造型方式对于后续美国大学校园的建筑风格也产生了广泛的影响。

比较一下我们可以发现，这种马蹄形模式和殖民地时期的早期校园总体格局之间也有着明显的传承关系，例如哈佛大学的三合院模式可以看作是缩小版的学术村，耶鲁大学的线性排列也可以看作是学院制模式的一翼。这几类模式都体现着校园形态对自然景观最直接的拥抱，所不同的是，随着大学校园中建筑数量的增多和功能走向复杂，校园建筑形态和空间也开始走向复合。如何最大限度地利用自然环境，创造丰富有效的校园空间，美国大学的规划设计在此领域进行着不懈的探索。

1.3　包扎体系规划的校园：整体性与丰富性的新高度

美国大学在 1900 年之后获得了迅速的发展，大学的功能开始变得更加复杂，大学校园越来越大，建筑物的数量也大大增加，这起源于法国的包扎（Beaux-Arts）体系开始影响美国的大学校园，这一体系在当时的社会背景下很好地迎合了美国大学的需求，因而获得广泛应用。[8] 包扎体系所带来的校园形态的整体性和纪念性是早期的大学规划所不具备的，严整而丰富的轴线体系系统性地串起数量众多的各类建筑，使得整个大学校园获得了前所未有的整体性和丰富性，其所倡导的秩序性和层次性规划在实际操作层面更可以解决尺度巨大的场地和大量建筑的总体规划问题，并有助于创造出层次丰富的校园空间，为师生的使用创造出环境优美、尺度宜人的小空间。在具体的规划设计中，严整复杂的校园轴线体系也往往随着具体的基地条件和自然景观状况的变化而变化，形成灵活多样的校园形态（图 2、图 3）。[9]

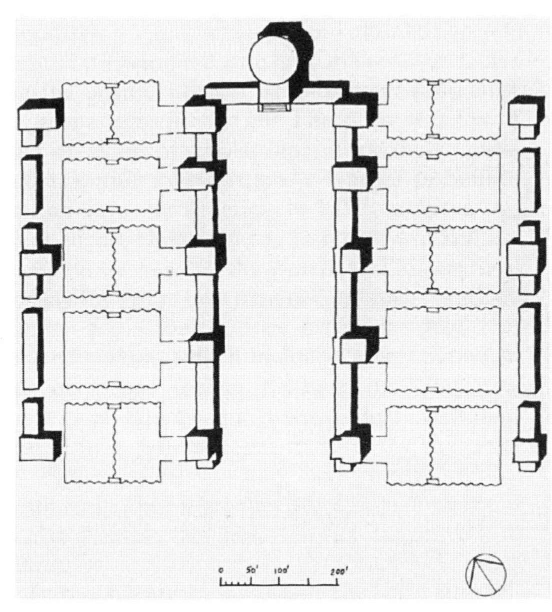

图 1　杰斐逊设计的弗吉尼亚大学平面图（1817 年），形成可延展的 MALL

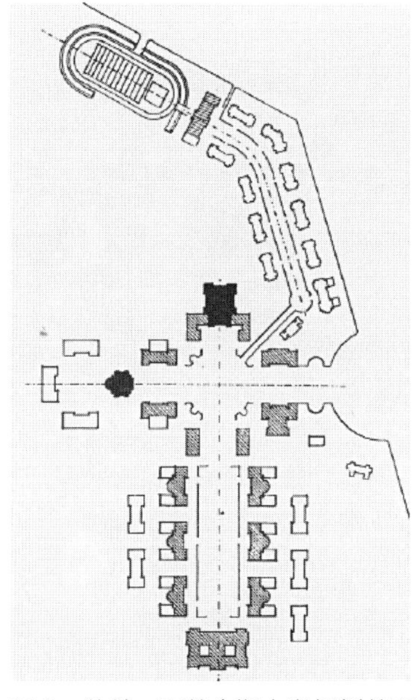

图 2　约翰 · 霍普金斯大学规划总平面图（1907 年）

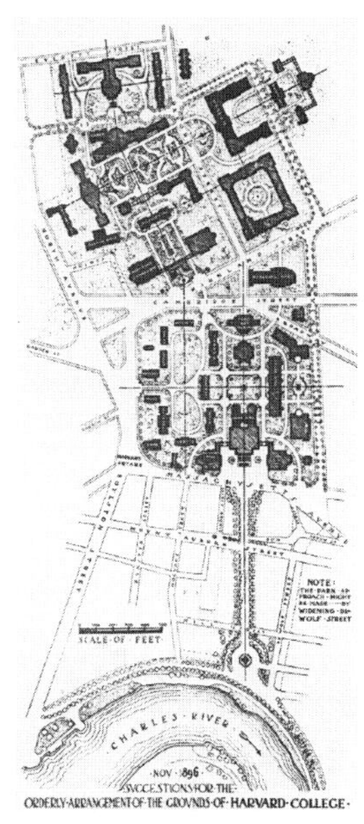

图 3　哈佛大学规划设计总平面图（1896 年，未实施）

2. 梦想校园：自然景观和人文思想的双重推动

受到美国大陆独特的自然景观和以木材为主的建筑材料的影响，美式大学最初的校园形态多呈现出拥抱自然的开放式格局，校园空间开敞而外向，校园形态直接体现了校园所处场地和城市的特色。美式大学的校园形态同样受到人文思想（尤其是教育思想和价值观）的深刻影响。这两种因素的共同推动造就了美国大学校园独特的气质，也使其成为全世界学子心中的梦想校园。

在美国社会丰富多元的价值中，影响美国高等教育的价值观主要有精英教育和大众教育两种，反映在大学校园上则表现为学院式校园和花园式校园两大类，其校园形态和景观清晰地反映着其所代表的不同价值观。因而，有学者指出美国大学的校园景观环境服务于高等教育，是高等教育的象征。[10]

学院式校园更多地受到英国学院制体系的影响，以哈佛大学和普林斯顿大学为代表，是精英教育的物质载体，不仅注重知识的传播，更注重对学生价值观的塑造。校园模式往往以四方院平面为代表，校园建筑形态相对围合和内向，营造宁静而优雅的学术氛围。

花园式校园更多地受美国本土自由民主思想的影响，最早出现在早期《土地赠予法》（*Land Grant Collogel Act*）时期，以早期的加利弗尼亚大学伯克利分校规划设计为代表，是大众教育的物质载体，其特点是平面自由，风景如画，建筑成组分散布局。不仅反映了民众价值对精英式教育正规而古典校园的反对，也使整个校园规划更加具有灵活性和经济性，更好地适应未来发展的需求。

2.1 精英教育思想影响下的学院式校园：围合的宁静与优雅

秉承精英式教育的思想，围合式四方院表达了保守的学院式价值观，成为学院式校园的首选，因为精英式教育更加推崇围合式庭院所带来的安宁与优雅的氛围，认为其有助于提高学习效率和综合培养学生情智。以哈佛大学为例，其办学规模不断扩大，学校的新建筑不断兴建，但是四方院的格局一直得以延续，从最初的三栋建筑围合而成的小尺度院落一直到建筑成群紧凑排布形成更大尺度的围合庭院。围合式庭院模式一直是学院式校园的重要特色，这和许多美式大学中空间开敞和建筑分散的模式有很大不同。围合的庭院会随着场地环境的变化而不断变化，形成丰富多彩的格局。

20 世纪 30 年代的哈佛大学规模已经比较大，一系列四方院形成有机的系统，将大尺度的大学校园分割为相对较小的单元，为学生创造舒适宜人的小空间。这一时期哈佛在哈佛苑（Harvard Yard）沿边建设了一系列窄长的宿舍，形成内部学院和外部城市之间的屏障。这些建筑既有着隔绝城市噪声和活动的实际作用，也体现着哈佛强化学院式校园的想法。新建的哈佛学生宿舍位于查尔斯河边上，三面围合的四方庭院沿查尔斯河展开，尺度宜人，建筑形式采用殖民地式风格，与哈佛核心校区建筑的风格一致。所有的这些动作除了有效地利用城市空间之外，这种紧密围合的合院还反映了对传统的学院式校园的传承：不仅重视学习的氛围和物质因素，而且更加追求文化和精神的特质塑造（图 4、图 5）。

学院式校园的另一个重要案例是普林斯顿大学。学生们大多来自于富裕而有社会地位的家庭，价值观也趋于保守和贵族化。普林斯顿的规划设计很好地诠释了其教育思想，校园的西南边界沿铁路是线性而密集的建筑，形成了学校和外界之间的屏障，高耸的塔式建筑形成了学校的入口（图 7）。这样的规划设计很好地创造了城市中相对舒适的读书和生活空间，宜人的尺度也限定了大学和尘世之间的心理边界。普林斯顿的研究生院更加秉承了这样思想，形成一个完美的内省和自控的四方院型的“学院”，学生吃住在一起，在围合的整体大学内部又形成的一个小的四方院系统（图 6）。

图 4 四面围合的哈佛最老的校区：哈佛苑围合效果

图 5 20 世纪 30 年代沿查尔斯河建设的三面围合的学生宿舍

2.2　大众教育思想影响下的花园式校园：开放的共享空间

颁布于1862年的《土地赠予法案》对美国大学的发展有着重要的意义，它极大地促进了美国民主教育体系的建立。这一法案提出各州可以用联邦政府赠予的土地收益大力开办新型大学，尤其是农业和科学技术类的大学，使受教育的范围扩大，受众大大增加。随着这类实用技术类大学的蓬勃发展，民众获得了更多受教育的机会。在此背景之下，风景园林设计师奥姆斯特得[11]（Frederick Law Olmsted）所开创的能够体现新式民主化教育理念的规划设计模式受到广泛的关注。他的学校规划不仅出于美学和实用的目的，更有基于道德的考量，坚信如果一个学校在郊区按照宜人的尺度来设计，并有着公园一样的环境，那么将在学生心中种下文明和智慧的种子。

这一规划设计模式以奥姆斯特得在1866年为加州学院（也就是后来的加州大学）伯克利分校所设计的总平面为代表（图8）。在这一规划中，大学的建筑成组、成团布置在设计好的各个地块中，其他的部分则被设计为开敞的公园绿地，供师生和周围的居民共同使用，成为开放的城市空间。这一模式对早期的《土地赠予法案》背景下的一大批大学产生了巨大的影响，传递和强化了美国新式教育体系的平等自由观念，具有鲜明的美国特色和时代精神。正如查尔斯·埃利奥特·诺顿（Charles Elios Norton）指出：“校园景观是杰出的作品，它们满足了人们的需要，并且使我们的民主制生活更加丰富多彩”。[12]

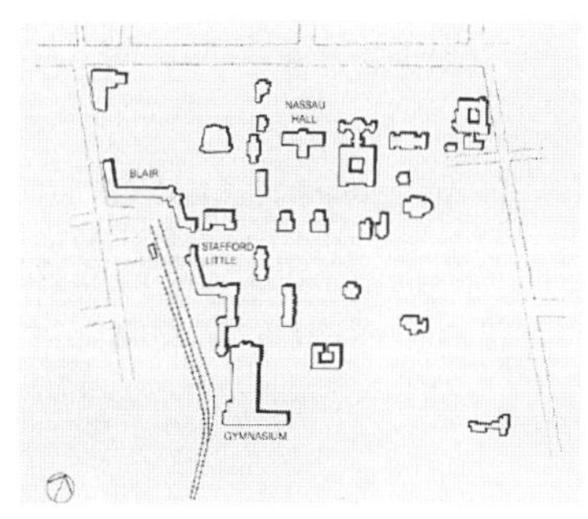

图6　1909年普林斯顿大学总平面图

图7　普林斯顿大学入口

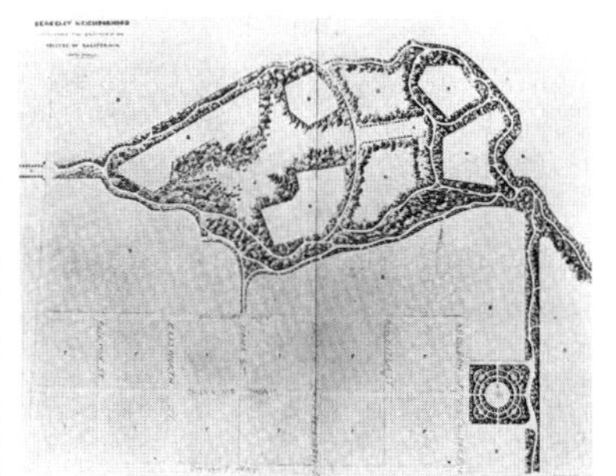
图8　奥姆斯特得在1866年设计的加州学院（后改为大学）伯克利分校总平面图（未实现）

3. 高密度城市中的校园：立体与开放的复合社区

“二战”以后，随着美国大学的爆炸式增长，各种问题以前所未有的速度凸现出来，使得当代的大学校园具有了极大的复杂性。[13]一方面是校园尺度和密度大规模增加，传统的包扎体系遇到了巨大的困难，校园开始向立体化和高密度化发展；另一方面是城市的迅速发展使得城市和大学的边界日益模糊，大学日渐融入城市，成为城市社区的一部分，基于城市视角的校园规划设计也成为战后美国校园发展的一大趋势。

在哈佛大学，在典型的新英格兰古老的城市氛围中，面临学校的扩张需求和紧张的空间，哈佛设计学院院长（Lluis Sert）进行了大胆的尝试，[14]完成了尺度和规模都很大的学生住宅综合体（Peabody Terrace）。这个项目位于查尔斯河畔，毗邻1930年的学生宿舍（图5），由三栋现代风格的高层塔楼组成，为了使其与周围环境协调，设计师在场地中间打造了一个开敞庭院空间，更像是一个城市广场而非仅仅是校园空间，周边其他同样是现代建筑的高度也在逐步降低，尺度也不断变小，以减少对周边社区环境的影响（图9）。

麻省理工学院（MIT）位于剑桥市和波士顿市交界处的查尔斯河畔，基地属于典型的高密度城市用地。MIT没有采用美式分散的校园建筑布局，而是采用一栋巨大的建筑，建筑的许多翼从中心穹顶伸出，形成了

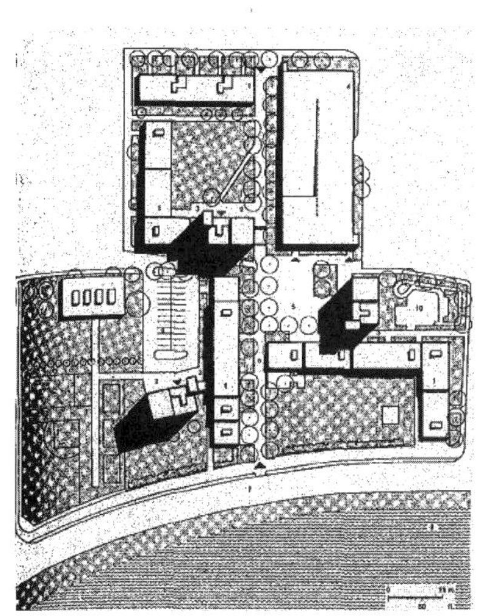

图 9　哈佛大学已婚学生住宅综合体规划平面图

图 10　麻省理工学院主体建筑效果图（1913 年）

一个巨大的开敞庭院，向查尔斯河开敞，进而透过查尔斯河，更可以将河对面波士顿市的美景尽收眼底。这种基于基地条件和景观的设计既体现了包扎传统的整体性规划设计，也结合了高密度城市社区的基本条件，并结合场地所处的城市环境进行创新（图 10）。其建筑造型使用了美式大学中标志性的杰斐逊穹顶，塑造了庄严神圣的氛围。

4. 总结与讨论

美洲大陆独特的自然人文环境造就了美国大学校园独特的形态和气质，而相对于大学中建筑风格和形式的变化层出不穷而言，校园形态成为大学校园中更为本质和恒久的特色。对其进行深入研究有助于我们深入思考中国大学校园的发展规律，对我国当前高校的校园建设具有积极的借鉴意义。

当前，我国高校进入了新的发展阶段。一方面，扩招而出现的新校区建设大潮逐渐退去，高校校园空间品质的提升日益受到重视。另一方面，随着城市经济社会的深度发展，高校校园和周边城市的关系日趋紧密，在当代城市生活中必将起到更加积极和重要的作用。在此背景下，美国大学校园形态的发展对我国当前高校的校园建设具有积极的借鉴意义。

1）美式大学校园拥抱自然，与周围景观和城市环境相融的态度有助于强调校园空间和周围环境的关系，有助于塑造校园空间独特的气质。例如位于城市绿地边的耶鲁大学和位于弗吉尼亚种植园中的威廉玛丽大学的校园形态就截然不同。对其的借鉴有助于在保证校园形态整体性的同时，强调校园的地方特色。我国新建大学多选址于风景宜人的郊外，山水环境往往俱佳，这就要求我们充分利用环境，塑造校园空间特色。

同时，美式校园中基于自然景观的多层次复合型校园空间的塑造也有利于解决我国当前大尺度新校区在规划设计中过分注重平面构图、校园形态缺乏地方特色、空间层次单一以及使用不方便的问题。我国当前过分注重平面构图的规划设计，往往将注意力集中在作为构图重点的中心广场和中心景观上，对师生日常经常使用的各种中、小尺度公共空间和广场院落等却设计不足，校园实际建成后难以积聚人气，不利于营造学术氛围。因而，我们的校园空间设计应特别注意创造丰富宜人的小空间，满足师生日常使用的需求。

2）美式大学校园向周围社区和城市开放的姿态并与其建立密切的联系有助于解决我国当前高校校园（尤其是新建校园）与城市相隔离的问题，提升局部城市空间的质量和利用效率。尽管国家对于单位大院和住宅小区的开放已有明确的要求，而且很多校园在建设时也会秉持“开放、共享”的理念，但是总体说来，在实际运作中却困难重重。校园仍然基本自成体系，缺乏与周边城市环境的衔接与联系，不仅校园公共设施的社会化服务功能不足，师生们也无法更好地享受到城市公共设施的便利。系统研究美国大学校园和城市密切相关的模式有助于解决这一问题，通过系统化的形态和空间设计使大学与城市的发展相互带动和相互支撑，帮助校园更好地融入城市生活。

参考文献

[1] 陈晓恬，任磊 . 中国大学校园形态发展简史 [M]. 南京：东南大学出版社，2011：4-5.
[2] 王建国 . 从城市设计角度看大学校园规划 [J]. 城市规划，2002，26（5）：29-32.
[3] DOBER R P .Campus Landscape[M]. John Wiley & Sons , 2000: 76 -77.
[4] BENDER T. The University and the City: From Medieval Origins to the Present [M]. New York and Oxford: Oxford University Press, 1988.
[5] LEITCH A. A Princeton Companion[M]. Princeton, N.J.: Princeton University Press, 1978：75.
[6] TURNER P V. Campus: an American Planning Tradition[M]. Cambridge: MIT Press, 1984：3.
[7] 虞刚 . 建立“学术村”——叹息美国弗吉尼亚大学校园的规划和设计 [J]. 建筑与文化， 2017（6）：56-158.
[8] 冯 刚 . 知识学视角下的大学校园形态演变探析 [J]. 中国园林，2012（6）：72-77.
[9] 宋泽方，周逸湖 . 大学校园规划与建筑设计 [M]. 北京：中国建筑工业出版社，2006：5.
[10] Dober R P. Campus Design[M]. Wiley， 1991.
[11] 汤影梅 . 美国第一位风景园林大师——欧姆斯特得 · 弗雷得利克 · 劳（1822—1903）[J]. 中国园林，1991（3）：14-17.
[12] 理查德 · P. 多贝尔 . 校园景观：功能 • 形式 • 实例 [M]. 中国水利电力出版社，2005：17.
[13] 吴正旺，王伯伟 . 大学校园规划 100 年 [J]. 建筑学报，2005（3）：5-7.
[14] Sert J L. quoted in “Le Corbousier at Harvard——” [J]. Architectural Forum, 1963（11）：105.

图片来源

图 1，2，3，6，10 来自参考文献 [6]
图 4、图 5、图 7 作者拍摄
图 8 来自参考文献 [4]
图 9：SpA ME. Jose Luis Sert: 1901—1983[M]. Electa Architecture, 2004.

美国校园：一种结合自然景观的理想社区模式

朱雷

（东南大学建筑学院副教授）

摘要：作为一种理想社区，美国校园部分承接英国学院式传统，并重新定位于北美新大陆的发展，拥抱广袤的乡野大地，形成了结合自然景观的开放特质，成为理解现代大学乃至城市的一个重要模型。在当代大学以及城市扩张的双重挑战下，美国校园努力维系开放景观的特质，应对密度、尺度等关键问题展开不同方略的探讨，为结合自然景观的大学及城市发展提供了足可期待的重要参照。

关键词：校园，社区，景观，密度，尺度

American Campus: a Model of Ideal Community Combined with Open Landscape

Abstract: As an ideal community, American campus, although partly adhered to English collegiate tradition, has relocated in the countryside of new continent and developed its own character of open landscape, which has also become a model of modern universities and cities. So far as the contemporary expansion of universities and cities is concerned, American campus seeks to maintain its character of open landscape with different strategies in density and scale, which might also throw light on future development of universities and cities combined with landscape.

Key Words: campus, community, landscape, density, scale

美国大学，其自身就是一个世界。

——柯布西耶

今天，大学校园的概念在中国已经深入人心，它融合了建筑和景观，成为广义的育人环境，其作用也超越了单纯的知识传播与研究，容纳了生活与成长、传承与创造等丰富内涵。反思其历史发展，部分思想渊源或可追溯到中国的传统“书院”，[1)] 但作为现代意义上的教育机构，更直接的影响则来自于西方——尤其是美国的大学“校园”。[1]

作为人类历史上最具持续性的机构之一，在西方，“大学”（university）的雏形始于 11—12 世纪欧洲的“学院”（college）。在其后的发展中，学院自身的定位及其与周围环境关系反复调和，在欧陆和英国分别形成了两种主要模式——前者更专注学习本身，学院乃知识传播及研究之圣地，学生生活则回归城市社区；后者坚持全方位的人格和知识培养，融学习与生活于一体，形成自身高度内聚的紧密社区。

而“校园”（campus）一词，则诞生于 18 世纪的北美新大陆，将开放的自然景观引入学习生活，由此

注：本文受国家自然科学基金项目（51578125）

建立了一种新的理想模式：一方面拥抱广袤的自然景观和村野大地，呈现更为开放自信的姿态；另一方面则承接英式传统，打造融学习与生活于一体的全方位社区环境。

这种新模式，除了对欧洲——主要是英国“学院式”（collegiate）传统的继承外，更多得益于新的土地以及这片土地上所产生的思想。这一思想拥抱新大陆广袤的自然乡野，以更为开放自信的姿态给学院式传统注入新的内容，并伴随新大陆的成长而发展壮大，继而对全世界——尤其是中国的大学建设，产生了重要影响。

有关美国校园的特征和成就，20 世纪 80 年代，由美国建筑历史基金会资助，保罗·维纳·特纳（Paul Venable Turner）所著《校园：一种美国规划传统》一书，做出了全面总结：将独立完整的社区和连续开放的自然景观作为其主要特征。[2] 2) 今天，由于校园和城市空间的扩张，很多大学面临重返城市或于郊外重辟校区的境遇，而有关大学和城市的关系则成为重要议题——二者之间相互影响，也不乏矛盾、竞争和共同发展。[3]

在这样的背景下，本文的关注也重新回到城市与校园景观的视角。20 世纪 60 年代，时任哈佛设计学院院长的何塞普·路易斯·泽特（Josep Lluis Sert）就明确提出：“大学校园就是城市设计的试验场。”[4] 从更为广阔的视角看，类似的思想也一直影响着北美的城市和乡村，尤以郊区化的发展为甚，见诸于分散独立的建筑布局及连续开阔的景观，但其成效并不明显甚至令人担忧——尤其在今天，有关都市的噩梦早被警觉，而乡村的美梦（所谓“美国梦”的主要原型）也越来越遭受质疑。[5] 在这样的背景下，大学校园似乎依然承担着某种理想社区的角色——半具乡野气质，又如同一个“微型城市”，借助于全球化的教育产业和人才集聚，持续焕发着生机——是否可以期待它成为未来城市的一种理想模式？

1. 拥抱自然乡野的开放式“校园”

论及美国校园的开放景观特征，不免回溯到北美新大陆殖民地时期。创立于 17 世纪最早的两所大学——位于新英格兰地区的哈佛学院和位于弗吉尼亚的威廉玛丽学院，分别承接了英国剑桥和牛津的影响，但在建校之初，即呈现出不同的格局。

作为英式传统的继承者，无论剑桥还是哈佛，抑或牛津及威廉玛丽，它们共同坚持的立校原则是：学院不仅是知识的学习和传承之地，也是集体生活和行为规训的场所。因此，学生必须住校，生活与学习融为一体；学生个体也融于集体中，共同构成一个内聚的紧密社区，以此培养全方位的知识素养和人格品质——这也是所谓“学院式”或“象牙塔”的由来。

与此相应，英国的传统学院发展出“四方院”（quadrangle）的典型格局，教堂、课堂、宿舍、餐厅等学习、生活和礼仪场所，均环绕内部庭院而设，布置在四周连续的建筑体量中，与外部城镇环境相对隔离，由此也造成城镇与学院关系（town-gown）紧张。3)

而在北美新大陆，无论最早的哈佛和威廉玛丽，还是稍后成立的其他著名学院，却无一例外地采取了另一种空间格局。新大陆的殖民者们，一旦立足于这片广袤的土地，便更多地将目光投向周遭的自然和乡野。作为传播知识、孕育文明的重要机构，学院应适当远离城市的喧嚣——原始的自然和乡村环境被认为有利于培养学生的品格素质；反过来，学院也承担着教化这片自然乡野以及“化外之民”的责任。4) 由此，不同于对待城镇的态度，学院应当拥抱自然，其布局也呈现出自信和开放的姿态；这也导致建筑单体的分离和独立，不再围合成连续封闭的“四方院”。早期，这种分离独立的建筑单体往往集中表现为一整栋大房子——或称主楼，包含了各类生活和学习场所，以一种地标式的姿态矗立于乡野或村镇中，并在其周边留出大片开敞的空地（图 1）。1753 年，当新泽西学院（普林斯顿大学前身）于普林斯顿乡间选址建校时，其主楼即有意识地后退于外部干道，并在四周留出大片开敞绿地——这片空地后来即被称为“校园”（campus），这也是“校园”一词最早的来源（图 2）。[6]

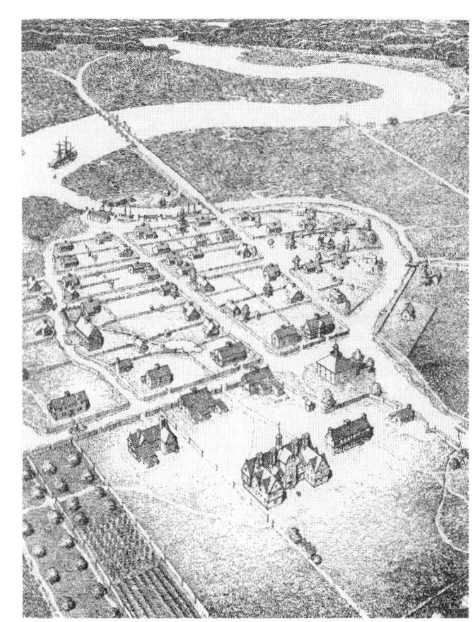

图 1　1668 年波士顿剑桥镇的场景重构，前景是哈佛大学的主楼

图 2　普林斯顿大学主楼及周边绿地

2.“学术村”的典范

北美新大陆的校园，一方面继承了英国的学院式传统，另一方面则积极回应这片新的土地；将这两方面特征凝练为明确的思想，创立了美国校园典范并贡献于全世界的，则是托马斯·杰斐逊（Thomas Jefferson）提出并付诸实践的“学术村”（academic village）。[7]

作为思想家及政治家，杰斐逊起草了《独立宣言》和美国宪法草案，奠定了新国家制度和法律的基础；而作为教育家兼建筑师，其一生最后一项重要事业则是创建了弗吉尼亚大学。今天，他所设立的中央草坪、三边环绕的回廊、中央“园厅”（rotunda）及两翼的十座“亭子”（pavilion），仍安处于夏洛茨维尔（Charlottesville）小镇旁的高地上，沐浴一代代人以启蒙的光辉（图 3）。

杰斐逊早年就学于威廉玛丽学院，在此期间，他与老师私下的探讨和交流给他留下了深刻的印象。但总体上，他并不喜欢这里贵族化的气息，尤其是位于中轴线上气势宏大的主楼，显得咄咄逼人甚至装腔作势。对他而言，这不是一个有利于学术探究的具有教益的育人环境。杰斐逊对于大学教育有一整套思想和准则：他率先将教堂排除在大学之外，转而致力于发展各类具有实效的应用学科；各个学科的学习则基于学生与老师的紧密联系和探讨；而学生可以根据需要选修不同学科课程并相互交流。

在杰斐逊的构想中，每个学科设有一位教师，这位教师（及其家人）居住在一座独立的房子及花园里，并在此教授学生。因此，每个教师的住处即为系科之所在，杰斐逊称之为“亭子”。这个亭子同时具有家庭居住以及知识传授两种功能：通常上半部为教师家庭居住，下半部为课堂；每个亭子后面留有自己的花园，并辅以其他公共服务设施；学生则住在旁边的回廊里，而回廊又连接起一串亭子，从三面围合中央草坪。这就是杰斐逊所称的“学术村”。

不同于威廉玛丽学院宏伟奢华的主楼，“学术村”由一系列分散的亭子构成，每个亭子体量适中、风格典雅、装饰简朴，并具有各自不同的建筑特征——在今天看来，这是一个具有自足性的功能混合的学科单元。这个单元规模得当，不能太大，也不能太小，由一位教师和一组学生在一起形成生活学习的共同体。5) 这无疑象征着某种独立的学术价值和道德理想。但在阐释他的规划方案时，杰斐逊又采取了一种实用主义的立场：将一座大房子拆分成若干小房子，不仅有利于节约建设成本，可分期加建，并且，考虑到当时这类建筑主要为木质结构，分散布局还利于防火。

新的校园处于可以俯瞰自然乡野的高地上，它的一面是敞开的，面向自然，并可在一定程度上向外生长。6）其余三面呈半围合状态，共享一块大草坪。在最初的方案中，这片草坪呈正方形，由一系列亭子通过回廊连接，并且没有后来的中央园厅（图书馆），呈现出更加均质和平等的状态（图 4）。

“学术村”的模式，吸取了此前北美殖民地校园分散独立的布局特征，继续拥抱自然和乡村，并且更加直率地以北美乡村作为校园的范本，使之具有学术理想和实用建造的双重优势：在此，每个亭子都保持着自身的独立性并拥有独立的花园场地，与此相应的家庭式课堂则似乎重新结合了英国的学院式传统与北美的殖民地住宅，构成了基本的学习和生活单元；回廊和中央草坪则创造性地维持了大学机构的连续性和公共性；乡村式的灵活分散布局适合小成本建造，并满足自由生长需要。

图 3 弗吉尼亚大学中央草坪及“亭子”

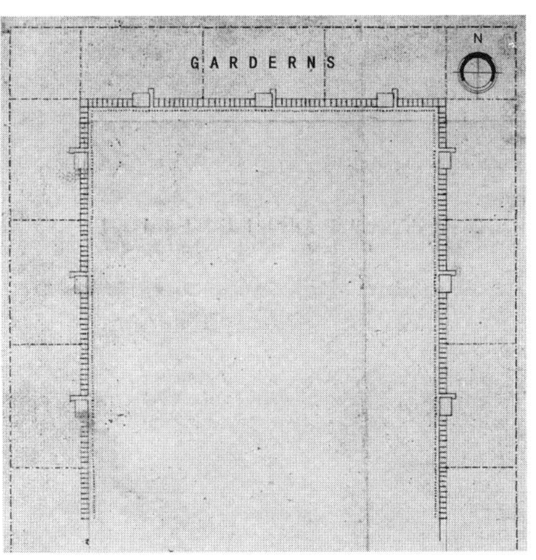

图 4 杰斐逊 1817 年提出的中央学院（即后来的弗吉尼亚大学）总平面

3. 从“学术村”到“学习之城”

“学术村”的思想是源于美国土地的一个创举，这一切得以实现的一个重要前提是新国家所拥有的广袤的自然资源和乡村土地。1862 年发布的《土地赠予法案》（*Land Grant College Act*），又称《莫里尔法案》（*Morrill Act*），进一步将这种土地及人口资源联合在一起，鼓励各州利用联邦政府赠予的土地收益开办新型大学，以促进和推广农业及机械技术，由此掀起了面向公众的实用技术的教育高潮。[8]

这一法案之后，无论是大学的规模还是数量都有了很大扩展。在此期间，对美国校园规划做出卓越贡献的代表人物是弗雷德里克·劳·奥姆斯特德（Frederick Law Olmsted）。作为美国 19 世纪下半叶最具影响力的风景园林师和规划师，他尝试将公园设计与城市发展联系起来，提出“开放型城市郊区”的理念。[9] 其校园设计与公园一样，都蕴含了服务公众、文明开化的社会理想。在《土地赠予法案》公布两年后，奥姆斯特德即开始加州学院（即后来的加州伯克利大学）的选址和设计。新校园选址于郊区，并考虑纳入周边更大范围，以构建一个完整的社区，包含学院、住民（包括学生和当地居民）及相关公共设施（图 5）。整个规划如同一个大公园，其布局特征为：

1）分散的小建筑组团，更具亲近感，也更具适应性及可变性。

2）公园式的自然环境，与传统学院式的封闭环境相对立，对学生和居民共同开放。

3）自由的布局，打破对称性和规则性，既结合自然景观，也方便实用。

奥姆斯特德的校园规划理想根植于自然景观对工业化社会的净化作用，并将审美价值与实用价值结合，试图整合更多生活和公共服务（比如考虑将附近居民的生活也纳入其中）。这不啻为一个美国式的郊区化原型。但在其后的实施过程中，由于出资人的要求，他的许多自由式设计不得不让位于更具纪念性的对称布局。

事实上，美国大学校园一边吸收自然土地的赠予，另一边则拥抱城市文明。后者的影响可见于 19 世纪后期直至 20 世纪初的城市美化运动（City Beautiful）以及布杂式（Beaux-Arts）的校园规划。这一时期，大学的学科开始增多，本科生尤其是研究生的人数也大规模增加，学校的功能日渐复杂。如果说，传统的学院可以比拟为村庄，此时的大学则像一座城市。大学校园往往需要统一协调多个系统，在这个问题上，来自于欧洲大陆的布杂式构图组合得以大显身手，它创造性地发展了各类主次轴线的变形及组合模式，以适应不同的场地条件，统一校园的整体规划，并赋予其艺术性表达（图 6）。

进入现代社会以来，大学更趋于平民化，其规模也持续扩展，要求容纳更多不同的内容，并具有流动性和可变性。早在 19 世纪末，加州伯克利大学的新校园计划即提出“学习之城”的口号。[10] 但无论怎样发展，美国大学仍然保持着“校园”一词最初的含义，开敞的外部景观空间与分散独立的建筑单体复合在一起，这在某种程度上也恰是美国城市和乡村的理想原型——虽然后两者在今天都饱受针砭，但最初形成的有关“校园”的概念却已根深蒂固并被广泛接受。[11]

4. 当代的挑战 1：密度问题及其应对策略

笔者 2015 年于美国麻省理工学院（MIT）访学期间，正值该校致力于重新开发东片校区，拟拆除部分低矮的旧建筑并利用旁边的空地，新建一组高层建筑，以提供更多研发空间，并打造 MIT 的“东入口”形象。[12] 在征求社区意见的大会上，附近居民所质疑的一个关键问题竟是：这还是大学校园吗？言下之意——大学校园理应保持开放的公共景观空间，而非混同于高密度开发。

准确地说，校园不是公园，它以类似于公园的开放空间定位于城市及其周边，也使其更易于新增和扩充建设。[13] 大学功能日趋复杂，规模日益扩大，新增学生和研究人员以及新设研发实验设施的需求，势必要求更多的建筑面积。而不少原本处于郊外的校园，伴随城市的扩张，也逐渐融入城市，再难获得新的用地。因此，很多大学转而在内部增建房屋设施，不断提高建筑密度和容积率。在这一背景下，如何保有校园空间的开放性，继续享有开阔的绿地景观，则成为新的问题。

哈佛大学的霍顿图书馆（Houghton Library）扩建是这方面较早的一个例子，它采取了半地下的建筑策略，配合屋顶绿化，很大程度上保持了原有校园外部空间的连续和开放。另一个更早些的例子则是与它一路之隔的卡本特视觉艺术中心（Carpenter Center for the Visual Arts），由柯布西耶在 1960 年设计，采取了另一种策略：底层架空，并配合空中步道，尽可能实现外部景观的连续（图 7）。

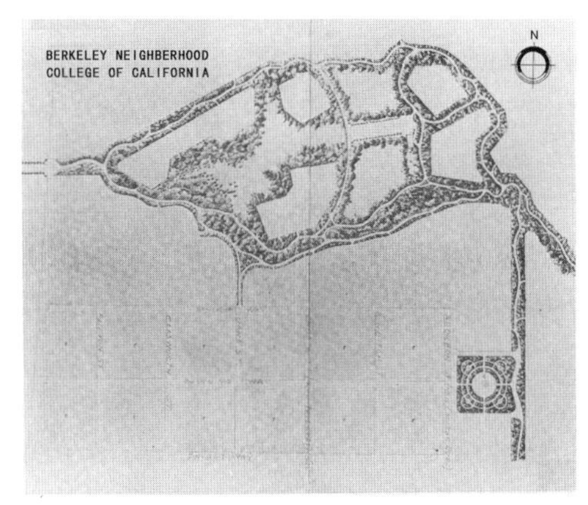

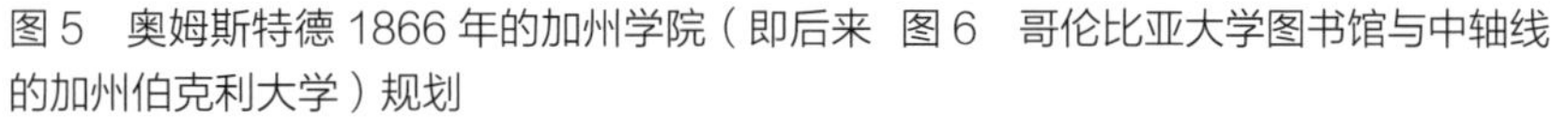

图 5 奥姆斯特德 1866 年的加州学院（即后来的加州伯克利大学）规划

图 6 哥伦比亚大学图书馆与中轴线

图 7 哈佛大学卡本特视觉艺术中心

采取空中步道的另一个理由是避免人流和车流交叉。车行交通进入或者至少是部分地进入校园，这已成为当今大学规划必须面对的另一个问题。20 世纪 60 年代，由 SOM 设计的芝加哥“环形校园”（Circle Campus，伊利诺大学芝加哥分校），即全面采取空中走道及广场，连接所有主要设施，而将地面完整地留给景观绿地及车行交通，成为现代主义校园设计最大胆的尝试之一（图 8）。[14]

但从实际使用来看，除非密度的压力非常大，一般情况下，最有效率的还是地面。无论是柯布西耶设计的卡本特视觉艺术中心，还是全面实践现代主义理想的“环形校园”，其实际使用都遭受不少质疑：空中步道的使用并不像柯布西耶所预想的那样有效；而“环形校园”的整体二层架空步道，在 20 世纪 90 年代更是惨遭拆除，主要人流也重新回归地面。即使是至今仍使用良好的霍顿图书馆抬高半层的屋顶花园，其实际效果也远不如旁边的哈佛老校园（Harvard Yard）（图 9）。

提高密度而尽量少占校园外部空间的另一个方法则是增加单栋建筑物的体量及高度。20 世纪 60 年代由贝聿铭事务所设计的麻省理工学院地球科学中心，是最早在大学校园建设高层建筑的案例之一，其底层也采取架空的策略，在一定程度上保留了校园景观的连续开放。类似的做法在城市建设中也非常多见，往往用来配合实现花园城市的理想，如同柯布西耶所设想的“光明城市”，但这种模式，在现代主义的城市实践中往往并不成功：大片的花园绿地似乎不像最初设想的那样为居民所乐于使用，反而由于其尺度太大、过于开敞而失去归属感及安全感。与此相对照，在大学校园里，这些为数不多的高层则似乎依旧展现着现代主义理想并持续发挥作用。距离麻省理工学院不远，位于查尔斯河边，由泽特在 20 世纪 60 年代设计的哈佛大学的一组高层居住设施——毕巴底集合住宅（Peabody Terrace），很好地融合了大型建筑体量和小的居住单元尺度，并由于其所拥有的绝佳景观及可靠的社区管理（哈佛大学的相关人员才能申请入住），一直备受欢迎（图 10）。对这一问题的继续探讨将引向下一个话题：尺度与社区感。

图 8 “环形校园”：伊利诺大学芝加哥分校

图 9 哈佛老校园

图 10 哈佛大学毕巴底集合住宅

5. 当代的挑战 2：尺度问题与社区感

美国大学至今仍坚持英式传统，要求学生（至少是一年级新生）住校，学习和生活相互融合，其核心价值在于创造一种共同成长的社区感。今天，由于规模日益扩大，大学规划已很难在同一个空间内实现学习和生活的交融，但通过各种学生社团及校友组织等，每个大学仍旧努力维系着紧密的社区联系。

在这样的前提下，较为开放甚至略显松散的校园环境，并不会就此失去场所认同感，甚至还会激发更多活力并鼓励外部城市社区参与。同样的情况如果发生在所谓花园城市的新区，则不然。社区居民之间并无太多稳固的联系，外部环境归属感和认同感的获得，需要更多依赖于日常发生的实际活动，也需要更多的围合感、安全感以及更加亲近、宜人的小尺度场所，而这些正是现代主义的花园城市实践所欠缺的。

即便如此，不容忽视的另一个问题是：当代大学规模和功能的扩展也确实对维系传统校园的社区感带来了挑战。无论英式传统的四方院，还是北美早期校园的大房子，均能将所有生活（宿舍、食堂）、学习（教室、图书馆）及礼仪（教堂、礼堂等）空间容纳在一处院落或一栋建筑内。这种完整性和复合性对于培养青年学生的全面素质并促发交流是至关紧要的，而适度的规模和尺度也是培养集体认同感的重要因素。今天的校园，部分由于规模的扩大，部分由于更复杂的功能区块，尽管仍包含这些生活和学习设施，但往往分区设置，并不共处于同一空间，也就此失去了空间复合的交流优势[15]；此外，当规模过大时，属于所有人的公共设施也可被理解为不真正属于任何人。

也正因为如此，在哈佛设计学院（GSD）采取大一统的空间结构容纳所有设计工作室的情形下，尽管其初衷在于培养全体学生共处一堂的凝聚感并促发交流，但实际使用者却未必适应，感受不到归属于个人或小组的安定空间（图 11）。而与此相邻，设置于学院内的小餐厅复合了用餐、茶座休息和讨论空间，并与上述大空间局部相通，成为受欢迎的角落，给设计学院带来类似于大家庭的安适氛围。此外，或许是不经意的布局，底层几处入口，连通了门厅、走道（兼展廊）和咨询台（偶尔用作自助餐台），始终充斥着活跃的气氛，既适于三三两两不期而遇的交流，也适于个人游走和观想（图 12）。而最受欢迎的室外环境则属哈佛老校园（图 9）：相对开阔的草坪树林仍保有某种乡野气息，四通八达的斜向小径穿越其间并划分各处小区域；除了逐渐增多的公共管理空间和教室外，周围简朴的红砖建筑中仍保留了一批学生宿舍，并在适度围合中向环境开放；散布草坪上的各色座椅成为学习、休憩乃至沉思之所，与斜向小径上川流过往的师生访客相互观望、各得其所。在此，校园尺度、复合度、开放性及社区感等问题在持续发展中维系了恰当的平衡，形成独特的魅力。

图 11　哈佛设计学院大空间设计工作室

图 12　哈佛设计学院的门厅、走廊兼展示空间

6. 展望：校园——另一种花园城市

柯布西耶 1935 年访问美国时，曾感慨道："每个学院或大学自身就是一个都市单位，一个或大或小的城市。但这是一个绿色城市——美国大学，其自身就是一个世界。"[16] 他可能没有直接言明的一点是：美国校园既有开放的绿地景观，又如同一座城市，这正是他对未来城市的设想。

美国校园最初选择远离城市，拥抱自然和乡村；今天，它又在一定程度上回到城市。作为某种理想社区，一个微型世界，大学校园在城市和乡村之间反复调和。当它从乡村再次回归时，其所具有的开放自然景观特质能否也被带回到城市？

几乎无人不喜欢校园，但若比拟于校园，有关花园城市的理想却似乎不那么令人乐观。校园毕竟不是城市，它首先是一个内在的完整一致的社区；城市则具有更大的复杂性，是容纳不同事物的地方。但通过这样的比拟，可以帮助我们看到：对于未来大学及城市景观，其所面临的挑战，既在于密度与尺度，也在于与此相应的社区感的建立与维系。

注释

1） 中国近代大学之兴起主要源自于西方，但早期美国建筑师墨菲（Henry K. Murphy）设计的燕京大学、金陵女子大学等，也已部分吸取了中国传统书院的布局与形式；其后，结合现代大学与书院传统的代表性案例则有香港崇基书院（中文大学前身）和台湾东海大学等。

2） 尽管在 20 世纪初，受精英主义教育的影响，诸如耶鲁大学等曾短暂地兴起所谓“哥特复兴”潮，建成一批模仿中世纪四方院的小规模“学院”；但就美国大学整体发展而言，成为其主要特征并且贡献于全世界的，确是特纳所总结的开放式景观及与之相关的分散式建筑布局。

3） 早期学院与城镇关系的紧张，与英式“象牙塔”过于封闭的自我定位不无关联，牛津历史上曾发生学生与小镇居民的严重冲突，导致部分教师和学生远赴剑桥。今天英美大学大多致力于改善与周围社区的关系，采取措施平衡大学与城市发展，包括与附近社区的各类互动活动及开放展览等。

4） 一些早期学院曾设想开设面向印第安土著人的课堂，以教化这些原住民或异教徒，例如哈佛曾于 1655 年在主楼旁另建一栋“印第安学院”，但实际上并没有能够真正持续。

5） 在其后的使用中，这一理想未能完全实现。教授住处与学生课堂联系过于紧密，大多不能为教授夫人们所接受，以至于往往选择另觅住处。

6） 其后 1898 年的扩建规划中，由 McKim， Mead & White 事务所在其南侧设计了一组建筑，正对开放草坪的尽端，补全了总体的轴线构图，从而也遮挡了原先开放的自然乡野景观。

参考文献

[1] 吴正旺，王伯伟．大学校园规划 100 年 [J]. 建筑学报，2005（3）：5-7.
[2] TURNER P V. Campus：an american planning tradition [M]. Cambridge：MIT Press，1984：3-4.
[3] BENDER T（ed.）. The university and the city：from medieval origins to the present [M]. New York and Oxford：Oxford University Press，1988.
[4] ［美］安德鲁·杜安妮，普雷特·兹伯格，杰夫·斯佩克．郊区国家蔓延的兴起与美国梦的衰落 [M]. 苏薇，左进，译．南京：江苏凤凰科学技术出版社，2016.
[5] Leitch A. A princeton companion [M]. Princeton，N.J.：Princeton University Press，1978：75.
[6] SERTJL . quoted in “Le corbusier at harvard ——” [J]. Architectural Forum，1963（11）：105.
[7] 虞刚．建立“学术村”：探析美国弗吉尼亚大学校园的规划和设计 [J]. 建筑与文化，2017（6）：156-158.
[8] Haar S. The City as Campus：urbanism and higher education in Chicago[M]. Minneapolis：University of Minnesota Press，2011：1.
[9] 曹康，林雨庄，焦自美．奥姆斯特德的规划理念：对公园设计和风景园林规划的超越 [J]. 中国园林，2005（8）：41.
[10] ROBERT G. The Architect and the University [J]. The architect and engineer，1930（11）：35.
[11] RICHARD P. Campus Architecture：Building in the Groves of Academe [M]. New York：McGraw-Hill Companies，1996：177-186.
[12] East campus/Kendall gateway urban design study[EB/OL].[2016-12-09]. http：//web.mit.edu/mit2030/projects/eastcampusgateway/index.html.
[13] ANTHONY S C. Univer-cities：strategic implications for Asia：readings from Cambridge and Berkeley，to Singapore[M]. New Jersey：World Scientific，2013：52.
[14] Newman O. The New Campus [J]. Architectural Forum，1966（3）：50.
[15] 许懋彦，巫萍．新建大学建筑组群空间尺度的比较探讨 [J]. 建筑师，2004（2）：48.
[16] CORBUSIER L. Everyone an Athlete[M]//When the Cathedrals Were White . New York：McGraw-Hill Book Company，1964：135.

图片来源（未注明图片均为作者自摄）

图 1、4、5、8：参考文献 [3]

图 12：陈洁萍拍摄

高校既有建筑空间长效优化设计方法研究
—— 以南京大学鼓楼校区西南楼为例

吴锦绣[1]　张玫英[2]　范琳琳[3]　徐明[4]

（1. 2. 东南大学建筑学院，南京，210096；3. 中建西南建筑设计研究院，成都，610041；4. 东南大学土木工程学院，南京，210096）

摘要：在过去的一个世纪里，中国的高等教育和大学校园建设都获得了巨大的发展。高校既有建筑由于其在历史、文化、资源等方面的巨大价值，已经引起越来越多的关注。遗憾的是，我国现有的高校既有建筑大多因特定功能而建设，普遍存在空间形式单一，使用灵活性差的问题，难以适应当前教学科研日益多元的需求。本文从建筑空间长效优化的角度出发，以南京大学鼓楼校区西南楼为例，对校园建筑的空间优化设计方法进行研究，介绍了包括系统调研与长效优化设计在内的整个过程。通过基于原有结构形式和空间模式的长效优化设计研究，以及对"固定"空间与"可变"空间关系的梳理与优化，实现了既有建筑空间的长效优化设计，提升了高校既有校园建筑的适应性，使其不仅可以满足师生当前多样化的需求，也可以在未来继续适应需求的不断变化。本研究有助于实现校园建筑的长效利用，对我国面广量大的其他类型既有建筑的改造也具有积极的借鉴价值。

关键词：高校既有建筑，长效优化设计，适应性，固定空间，可变空间

Study on Long-term effective Space Optimization of Campus Buildings in China

Abstract: The past century saw great development in university education in China. University campus and campus buildings, because of their great value in history, culture, and resources, have attracted more and more attention in China. Unfortunately, in many cases, campus buildings have to face problems such as space monotony and poor adaptability. This paper focuses on long-term effectiveness space optimization of campus buildings. Taking detailed research of Xi-Nan-Lou building in Nanjing University, Gulou Campus as an example, the process constituting of investigation and renovation design is introduced. Based on the original structure system & space layout, as well as the optimization of the relationship between "fixed" space and "changeable" space, the long-term effective renovation design of the existing campus building is realized, with great improvement in the adaptability of these buildings. It offered campus buildings opportunities to fulfill not only current needs of faculty and students but also possibility to fulfill the change of their needs in the future. This research is helpful to realize the long-term utilization of the campus buildings, and it can also be referred to renovation of other kinds of existing buildings in China.

1　吴锦绣：女，1973 年生，教授，博士，wu_jinxiu@qq.com, 13851673898，19901583999

注：本文受到国家自然科学基金项目（51678123, 51208089）

Key Words: campus buildings, long-term effective renovation design, adaptability, fixed space, changeable space

1. 引言：高校既有校园建筑的现状与问题

中国高等学校的发展可以分为四个阶段：一是最初时中国传统文化中的“书院”，以岳麓书院为代表；二是清末洋务运动开始到中华人民共和国成立之前的中国近现代大学时期；三是中华人民共和国成立之后到20世纪90年代初中国大学的曲折发展阶段；四是改革开放之后至今的中国当代大学发展阶段[1]。其中第三和第四阶段（尤其是第四阶段）是中国高等教育发展最迅猛的时期，实现了大学教育从精英型教育向大众型教育的转变。截至2019年，全国高等教育的在校人数达到3833万人，毛入学率约达到48%[2]。此外，随着2008年以后国家调整土地政策，高校新校区建设大潮开始降温，高校既有校园的深入发展日益受到重视，体现出重要的资源价值。

在迅速发展的大背景之下，中国高校既有校园建筑目前也面临着许多问题：

1）现有高校校园建筑大多因特定功能而建设，普遍存在空间形式单一、使用灵活性差的问题，难以适应使用过程中建筑功能的调整以及教学科研日益多元的需求。

2）随着我国经济社会格局的变革和人口结构的变化，高校既有校园建筑功能变化的可能性增加，高校既有校园建筑必须有足够的应变能力，以适应未来一段时间内使用功能、使用方式和使用人群等因素的全面变化。

综上所述，高校既有校园建筑是我国当前经济社会发展进程中的重要资源，但是在实际操作中由于许多高校既有校园建筑空间形式单一、灵活性较差等问题而遇到诸多困难，直接影响着这些建筑当前的正常使用以及未来一段时间内的应变能力。如何有效地实现高校既有校园建筑的长效优化利用，这是当前高校可持续发展的一个巨大挑战。

2. 建筑空间长效优化（Long-term Effective Optimization）的概念

针对我国当前高校既有校园建筑的现状与问题，基于开放建筑理念，本研究提出“长效优化”的概念，它不仅是一种校园建筑更新的方法，更是一种观念，强调在建筑使用过程中引入时间维度，在时间轴上视高校既有校园建筑为一个在与使用者相互作用中不断更新变化的“过程”，而非设计和建造的最终结果。对高校既有校园建筑空间的“长效优化”主要是指对建筑空间格局的优化，通过空间组织和优化设计产生具有足够适应性的“种子”，用以适应师生多样化的需求以及未来使用过程中需求变化的可能性，而非设计出固定不变的空间产品。建筑空间长效优化的核心内容是通过空间组织和设计获得空间的最大的适应性，核心目标是既满足当前需求又为未来需求的变化留有余地。

建筑的长效利用探讨建筑可变性与适应性的问题，这并不是新的概念，学界以往对此问题的研究多出现于住宅领域。勒·柯布西耶的多米诺（dom-ino）体系把承重结构和内部的功能空间区分开，使得平面规整开敞，可以容纳各种不同的平面划分和功能[3]。路易斯·康通过“服伺空间”与“被服伺空间”分离的设计理念，保证了被服伺空间的完整与开敞，使其有足够的适应性满足使用者灵活调整的需求[4]。20世纪60年代日本兴起的新陈代谢理论的代表人物黑川纪章认为建筑应分为稳定体(static)和易变体（dynamic）两个部分。他强调运用永久性材料，如混凝土于结构部分，形成稳定体，用作主要居住空间，而可变性空间如储藏和服务性空间，则采用塑料和木板以便经常更换[5]。系统提出开放建筑理论是哈布瑞肯（Johnn Nicholas Harbarken）教授，他将建筑分为支撑体（support）和填充体（infill）两个部分，支撑体相对固定的生命周期较长的部分，包括公共设施、服务设施在内的结构体系，而可变体（墙体、浴室和隔墙）等由住户掌握[6]。斯蒂芬·坎德尔（Stephen Kendall）教授促成了开放建筑理论向医疗和办公建筑的拓展，并发展了系统完备的 Infill 系统。鲍姆施拉格·埃伯勒教授的建筑实践将建筑分成两部分：一部分是建筑师应该而且能够控制的部分；二是除此之外的其余部分则在设计中留有空白，让使用者参与进来优化设计，并由此走向“开放建筑”[7]。

我国比较著名的支撑体实践是鲍家声教授等人设计的无锡支撑体住宅试验工程，它的可变性是通过适合我国国情的适宜技术所获得的。贾倍思教授在《长效住宅——现代建宅新思维》中根据我国的现实情况对于长效住宅的质量、特征和设计进行了系统论述[8]。随后，在《居住空间的适应性设计》一书中提出了住宅适应性设计的概念，以期在保持住宅基本结构不变的情况下通过提高功能的实行能力来满足居住者多样的和变化的居住需求[9]。

本论文研究是在国家自然科学基金项目的框架下展开的针对高校既有校园建筑研究的一个部分，重点在于通过提高建筑空间的适应性来实现高校既有校园建筑空间的长效优化。论文结合研究团队的前期积累，以南京大学鼓楼校区西南楼为例，探讨高校既有建筑如何实现建筑空间的长效优化。

3. 长效优化概念在南京大学西南楼保护更新设计研究中的运用

3.1 南京大学西南楼概况

在调查研究的基础之上，本研究选取一字形布局的衍生布局之一——平面呈“H”形的南京大学鼓楼校区西南楼作为典型案例进行深入研究，探讨高校既有建筑空间的长效优化方法。

南京大学建校于 1902 年，是中国最负盛名的综合性大学之一。西南楼建于 1953 年，由著名建筑师杨廷宝先生指导设计完成。建筑位于南京大学校园副轴线西端，与东南楼隔轴线遥相呼应，在我们调研时被用作生物系馆，西南楼目前作为生物系馆，其功能较为复合，有教室、自习室、实验室、研究室、办公室、储藏等功能。按照南京大学的总体规划，西南楼今后可能会用做法学院系馆。西南楼建筑平面成“H”字形，是前文所分析的“一”字形建筑平面模式的变体，共 3 层高，主入口面向东面，由室外大台阶直通二层。建筑平面采用中廊式布局，各种功能依次布置在中廊两侧，平面规整而有效。建筑外观采用中西合璧的立面形式，既借鉴中国传统建筑的造型手法（如歇山大屋顶），也吸纳了西方建筑常用的三段式设计手法。是新中国成立后南京高校中最早建造的民族式大屋顶建筑之一，2008 年入选第一批南京市重要近现代建筑。西南楼采用砖混结构体系，主要以外墙和纵墙承重，在楼梯间以及两翼和中部交接处采用横墙局部加强（图 1，图 2，图 3）。

3.2 实地调研与问题分析

本研究首先结合针对中国既有高校典型案例展开的系统调研，对于西南楼进行的实地调研和问卷调研（50 份），用以了解西南楼的建筑状况、使用者的使用状况及使用需求。从调研数据分析中可以看到，师生对于教室和自习室还是比较满意的（23 人，46%），其次是对于庭院和交通空间的喜爱度也还是比较高的。针对西南楼需要增设的空间，交流与休闲空间的需求很高，认为需要增设交流与休闲空间的人数多达 25 人，占接受调查总人数的 50%，紧随其后的依次是：学习空间（16 人，32%），交通空间（11 人，22%）以及信息展示与交流空间（6 人，12%）（图 4，图 5）。由此看出，西南楼的使用者对于各类休息交流空间（交流与休闲空间信息展示与交流空间）以及学习空间有着较大的需求，这是我们对于西南楼空间优化进一步研究的重要参考因素。

图 1　南京大学鼓楼校区平面及轴线与空间结构，黑色虚线圈表示西南楼的位置

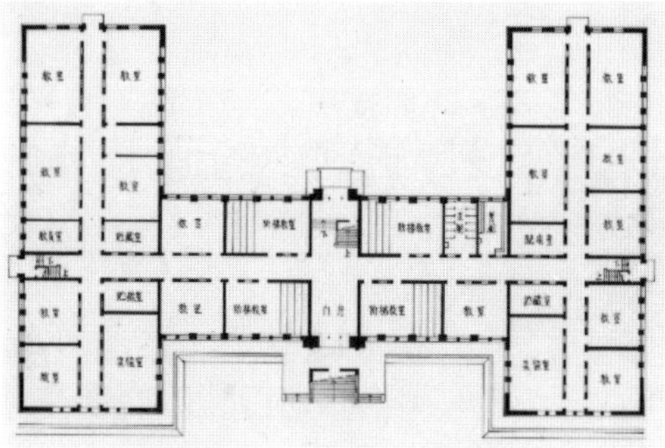

图 2　南京大学鼓楼校区西南楼一层平面

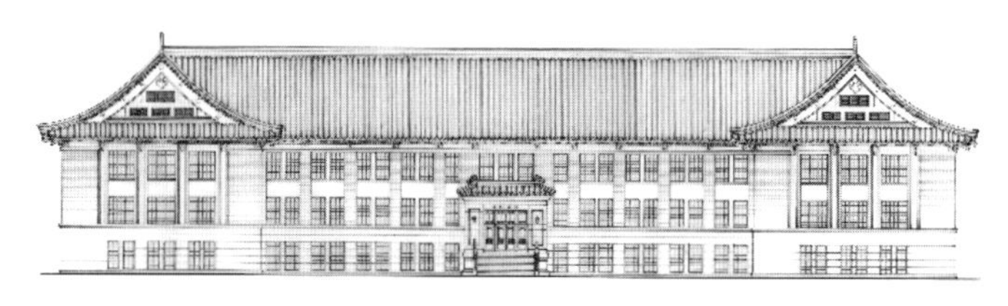

图 3　南京大学鼓楼校区西南楼东立面

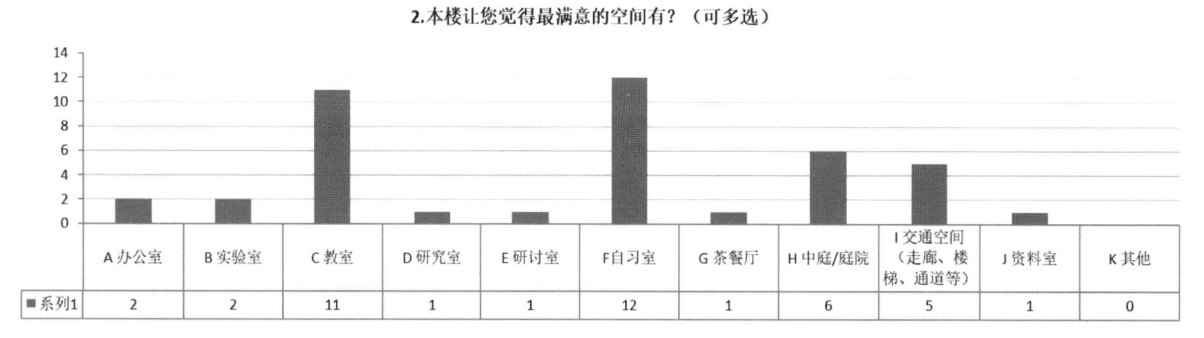

图 4　调查问卷中西南楼使用者对于最满意空间的意见

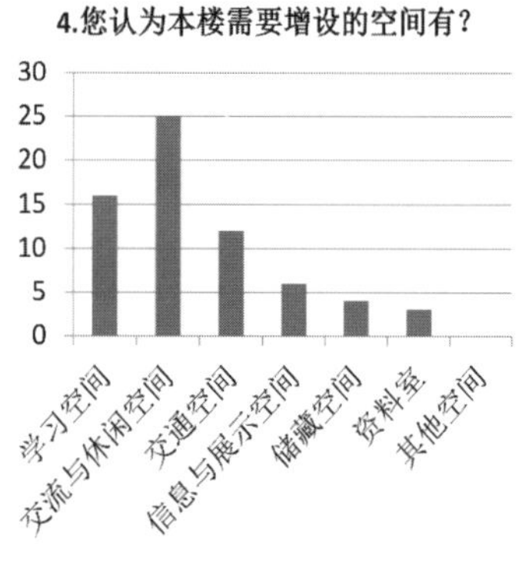

图 5　调查问卷中西南楼使用者对于最需要增设的空间的意见

3.3 空间长效优化设计

在上述调研和分析的基础之上，本研究基于“长效优化”的概念对西南楼的内部空间进行重组和优化设计，希望通过长效优化设计产生具有足够适应性的“种子”，用以适应多样化的需求以及使用过程中需求变化的可能性，既可以满足当前多样化的需求，又可以为未来需求的变化留有余地。结合西南楼原有空间模式和结构形式的分析，具体做法如下。

1）基于原有结构形式和空间模式的长效优化设计研究

在原有空间模式的长效优化设计上，首先对原有结构进行充分分析和利用，在此基础上进行空间的重组和长效优化设计研究，提高空间的适应性。空间原有的建筑空间模式是典型的“中走廊 + 两边教室”的模式，走廊是最为公共的空间，两边的教室沿着中走廊依次布置，空间模式单一且使用灵活性较差。从结构形式看，原有结构是外墙和纵墙为主要承重结构，加上部分承重的横墙共同构成完整的承重体系，平面中外墙、走廊、楼梯间以及两翼和中部交界处的墙都是承重墙，而原有教室之间的墙基本都不承重（图 6）。

于是，在优化设计研究中我们首先考虑将走廊两侧承重的纵墙适当打开（按照结构受力的要求，局部拆除时拆除部分长度不超过纵墙总长度的一半，且剩余纵墙之间要用过梁连接）。这样，原本被中走廊分隔的走廊两侧空间就有可能连通成为完整的大空间，可以适用更多种多样空间的需求，大大提升了空间的灵活性和适应性（图 7）。

针对上述墙体改造方案我们对于优化设计之后的结构采用 PKPM 进行了建模计算，结果表明：原有结构横墙位置，在改造后的结构中采用梁承受竖向荷载，新增梁会导致部分梁下小墙肢竖向承载力不满足，可以采用外包混凝土等方式进行局部的加固。考虑南京地区 7 度设防进行抗震验算，砖强度采用 MU15，砂浆强度采用 M5，抗震验算基本满足要求。

2）“固定”空间与“可变”空间关系的梳理与优化

在上述对于原有空间模式的长效优化设计研究的基础之上，我们对于建筑空间中“固定”空间（楼梯、电梯、卫生间等辅助空间）与“可变”空间（主要使用空间）的关系进行了重新梳理和优化，由此来组织各种相关功能，并结合空间模式的优化最大限度地提高建筑空间的适应性，实现长效优化的目标。

西南楼现有的“固定”空间包括分散在两端和中部的三部楼梯以及卫生间，这些分散的辅助空间在平面上将使用空间划分为大大小小的几个部分。在空间长效优化设计研究中，除了保持楼梯的位置的固定不变之外，我们将其他所有辅助空间（卫生间、电梯、贮藏间、设备间、暗室等）结合保留的原有走廊两侧的纵墙集中布置，成为新的“固定”空间，于是原有中走廊空间变成了固定空间集中布置的部位

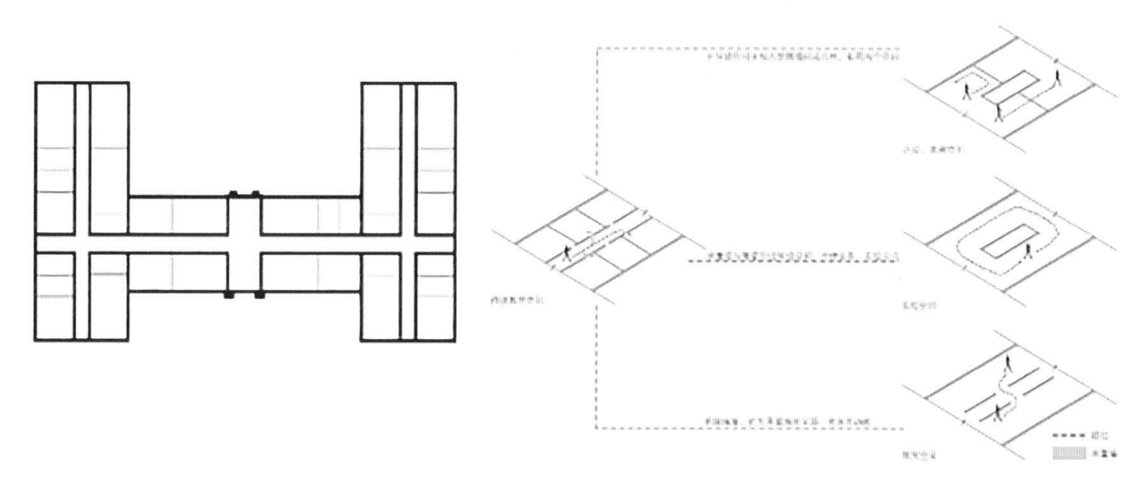

图 6　西南楼现有结构体系分析：承重墙与非承重墙分离

图 7　西南楼现有空间格局与可能的优化设计模式分析

（图 8 中的深色部分），当今机械通风和人工照明技术的成熟足可以满足这些辅助空间照明和通风的需要，而走廊的交通功能则可以借由两侧空间的灵活设计来实现。对于卫生间设置而言，我们按照新的教学模式，配置符合国家相关规范的数量充足的卫生器具，并采用机械通风设施保证达到卫生标准。而这样的优化设计可以使“可变”的使用空间获得最好自然采光通风条件和最大的空间适应性，可以灵活应对当前的各种需求以及这些需求在未来可能的变化，这一点在后续的优化设计和模拟分析中得到了较好的证明（图 8）。

3）基于“固定”空间与“可变”空间的优化设计

基于“固定”空间与“可变”空间的关系的认知与梳理，我们对于西南楼空间进行了优化设计研究，所有的“固定”空间按照上述原则并结合原有结构被相对固定之后，建筑中的“可变”空间获得了极大的灵活性，可以最大限度适应各种需求及其变化。

对于“可变”部分——使用空间的设计，我们结合前期调研中使用者对于空间的使用状况和使用需求的调研，在总体功能布局中将原有建筑中部结合原有楼梯设计为交流和展示为主的公共空间（图 9，平面图中的深色部分为公共空间，浅色部分为功能性空间），而将建筑两翼设计为功能性空间，用作教室、实验室、图书室、研讨室、办公室等功能。

首先，在原有建筑的中部，为了尽可能地适应开放性的公共展示和交流空间的需求，除了保留纵墙起到结构作用以及围合其间容纳辅助空间的“固定”空间之外，其余原有的教室空间则都打开成为更加灵活和开敞的空间，既可以用作休闲和展示空间，也可以用作会议、研讨等具有一定公共性的功能空间。于是，相较于原有建筑的中部空间，在优化后的平面布局中，空间更加开敞和灵活，可以通过灵活划分适应于各种功能需求及其变化。

其次，在原有建筑的两翼，为了尽可能地适应功能性空间的需求，除了起结构作用的保留的纵墙以及其间容纳辅助空间的“固定”空间之外，原有的走廊空间结合空间设计进行调整，与使用空间和休闲空间相结合，其余的空间都是灵活可变的适应性空间，不仅可以在当前适合各种功能组合和人员配置，也可以在未来进行灵活划分，适应于未来功能及需求的变化。

为了检验长效空间优化设计对于建筑性能提升的作用和效果，我们运用数值模拟分析软件，如 Ecotect 和 CFD 对于西南楼原有的采光通风状况以及经过优化设计之后的采光通风性能进行模拟和比较（图 10）。以二层平面改造前后的对比为例，通过 Ecotect 模拟分析我们可以看到，在原有平面中，建筑深处和中间的走廊部位自然采光状况不佳，而经过空间优化设计，西南楼二层的自然采光条件有比较明显的改善，不足的中部走廊部位的采光效果还是不太理想，需要进一步的设计来调整完善，例如适当增加人工照明就可以在一定程度上改善建筑中部的采光状况（图 10 上左、上右）。根据用 CFD 的 Fluent 对于平面布局调整前后的室内自然通风状况进行对比可以发现，优化设计之后西南楼二层平面的自然通风状况有了较大的改善，尤其是房间中的风速有了显著的提高（图 10 下左、下右）。

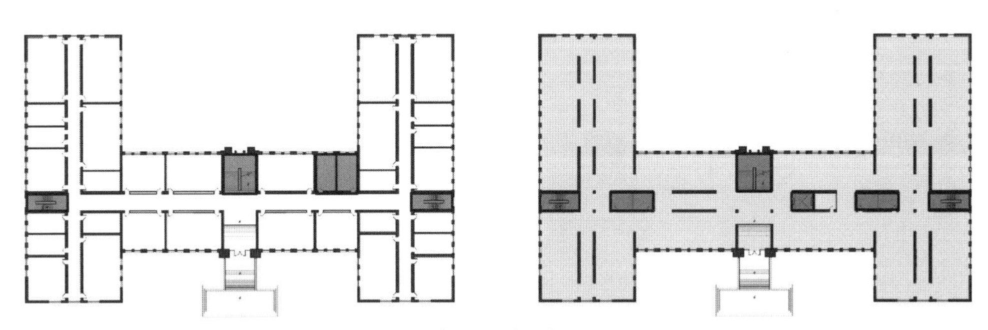

图 8 西南楼平面原有固定空间（辅助空间）分布（左）
西南楼空间关系优化设计后的固定空间与辅助空间分布（右）

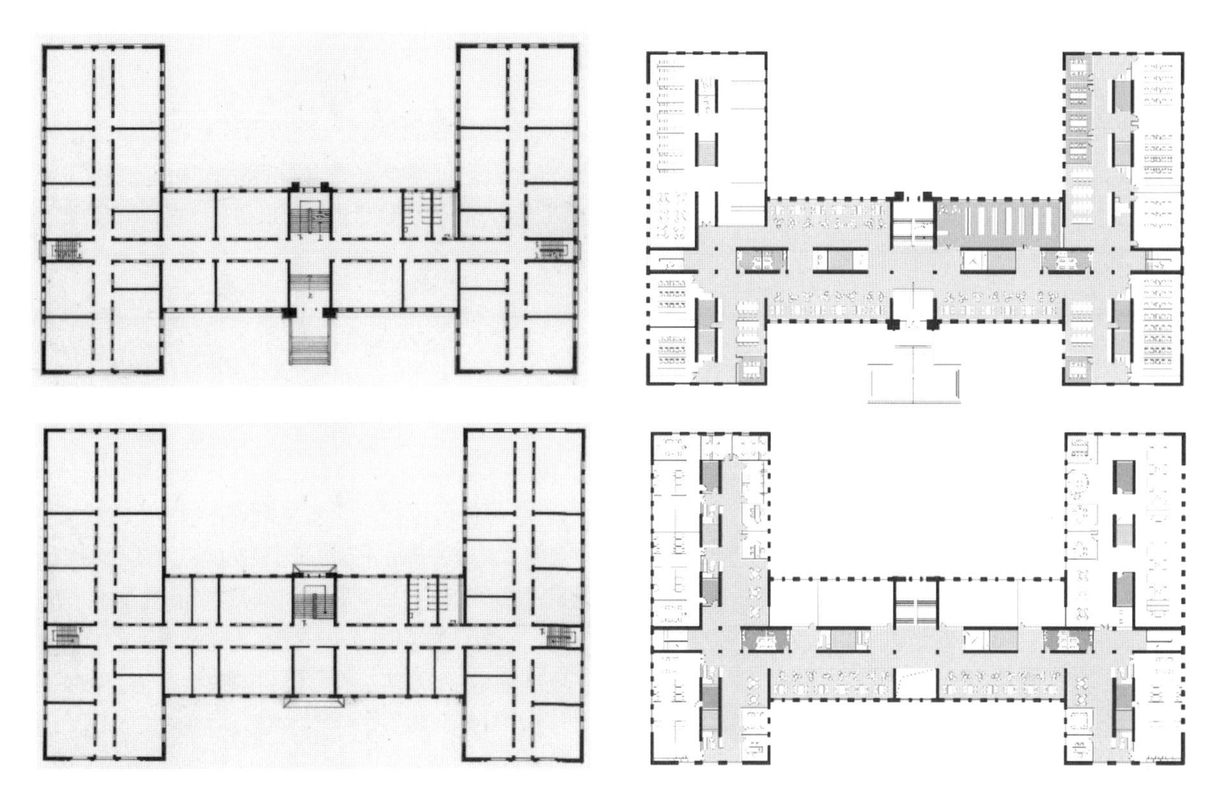

图 9　西南楼原有二层平面图（上左）
长效空间优化设计之后的西南楼二层平面图（上右）
西南楼原有三层平面图（下左）
长效空间优化设计之后西南楼的三层平面图（下右）

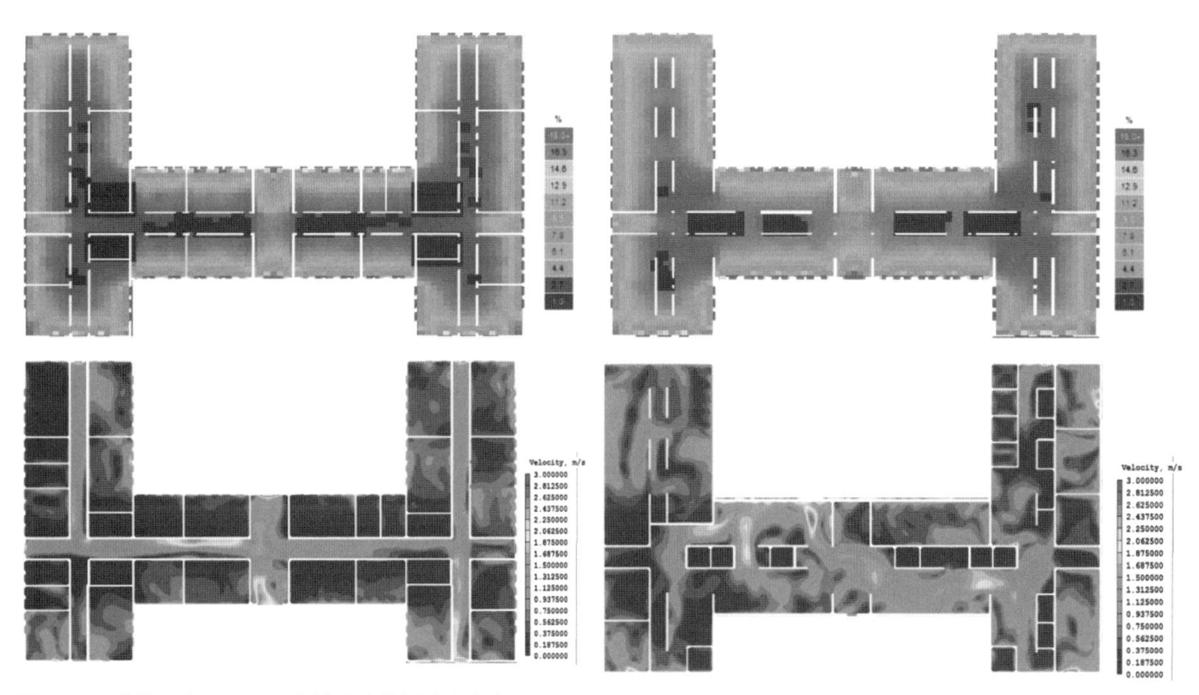

图 10　西南楼原有三层平面自然采光分析（上左）
空间优化设计之后的西南楼三层平面自然采光分析（上右）
西南楼原有三层平面自然通风分析（下左）
空间优化设计之后的西南楼三层平面自然通风分析（下右）

4）对于两翼空间长效优化设计模式的研究

在前述对于西南楼空间进行整体优化设计研究之中，建筑中部被设计为以公共空间为主的相对开敞的布局，用以容纳师生的各种交流、展览和公共活动，而建筑两翼则成为需要容纳更多实际使用功能的功能性空间。在此基础上，我们同样根据“固定”空间与“可变”空间的关系的认知与梳理，对西南楼两翼的功能性空间进行了详细的长效优化设计模式研究，用以为室内空间提供最大的灵活性和适应性，可以最大限度适应各种功能的需求及其在未来需求的变化。

首先是基于论文前述“固定”空间与“可变”空间关系的梳理与优化中的做法，位于西南楼两翼的功能性空间中所有的“固定”空间被集中在建筑中部的原有走廊的位置，用以容纳功能空间所需的各种辅助空间，通过人工照明和机械通风解决采光和通风的问题。

通过“固定”空间的梳理和优化，建筑中的“可变”空间获得了极大的灵活性，我们根据实地调研和问卷调查了解到的师生对于西南楼的需求（图 4，图 5）对两翼空间长效优化设计模式做进一步研究，设计了四种长效优化模式，用以适应教师和学生的不同需求（图 11）。这四种模式依次是：为常驻学科组提供服务的实验室 + 交流 + 服务模式，为项目课题组提供服务的实验室 + 交流 + 服务模式，为公共教室服务的教室 + 讨论室 + 交流 + 服务模式，以及为行政办公服务的行政办公 + 交流 + 服务模式。通过原有空间模型和长效优化设计之后的模式相对比，我们可以发现与原有平面整齐划一的空间模式相比，西南楼两翼空间的灵活性和适应性得到了很大的提升，可以适应于不同功能的需求。这些空间在未来还可以继续进行更多的模式研究和进一步设计，用以满足用户需求在未来的不断变化。

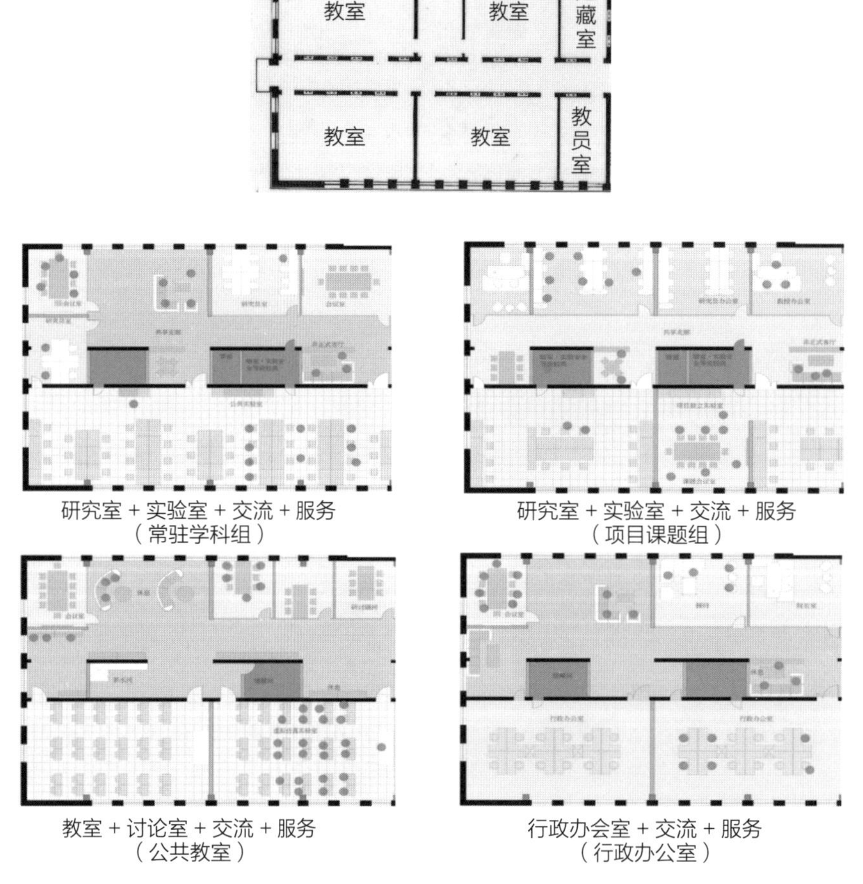

图 11　西南楼原有两翼空间平面图（一层）（上）
西南楼两翼空间的长效优化设计模式研究（下）

4. 总结与讨论

以南京大学西南楼为代表的这类具有较为重要的历史文化价值的高校既有建筑是我国当前高校发展进程中的重要资源，解决其所存在的空间形式较为单一、灵活性较差等问题的改造利用需要在不影响建筑的历史文化价值的前提下慎重进行。

本论文研究作为相关系统研究的一个部分，关注高校既有校园建筑空间的长效优化利用。在系统调研的基础之上，通过基于原有结构形式和空间模式的长效优化设计研究，以及“固定”空间与“可变”空间关系的梳理与优化，实现校园既有建筑空间的长效优化设计。本研究证明，通过对于建筑空间的长效优化设计可以有效地提升内部空间的适应能力，有利于使得这些建筑重新焕发青春，更好地融入当代高校师生教学科研的新需求。本研究的相关调研和后续研究还会继续，我们期待通过校园建筑空间的长效优化研究来探索中国高校既有校园建筑空间更新的有效方法，研究成果对于我国面广量大的既有建筑保护更新也可以起到积极的借鉴作用。

参考文献

[1] 吴正旺，王伯伟 . 大学校园规划 100 年 [J]. 建筑学报，2005（3）：5-7.
[2] 中华人民共和国教育部官网 .http://www.moe.gov.cn/publicfiles/business/htmlfiles/moe/moe_229/201306/153565.html.
[3] [日] 富永让 . 勒 . 柯布西耶的住宅空间构成 [M]. 刘京梁，译 . 北京：中国建筑工业出版社，2008.
[4] [日] 原口秀昭 . 路易斯 · I · 康的空间构成 [M]. 徐苏宁，吕飞译 . 北京：中国建筑工业出版社，2007.
[5] 郑时龄 . 黑川纪章 [M]. 薛密，译 . 北京：中国建筑工业出版社，2001.
[6] Stephen K, Teicher J. Residential Open Building[M]. New York: E & FN Spon Press, 2000.
[7] Eberle D，Aicher F， 9 X 9 - A Method of Design: From City to House Continued[M].Basel：Birkhauser，2018.
[8] 贾倍思 . 长效住宅——现代建宅新思维 [M]. 南京：东南大学出版社，1993.
[9] 贾倍思 . 居住空间的适应性设计 [M]. 南京：东南大学出版社，1998.

图表来源

图 1：完成人：金凡伊，曹明宇
图 2，图 3：完成人：东南大学黎志涛教授根据南京大学档案馆资料绘制
图 4，图 5：完成人：王亦倪，王丹妮，汤朔，张扬，郑栋
图 6：完成人：范琳琳
图 7：完成人：潘奕铭，简海瑞
图 8：完成人：范琳琳
图 9：完成人：范琳琳
图 10：完成人：范琳琳
图 11：完成人：范琳琳

眼动追踪技术视角下大学校园户外公共空间初探——以东南大学四牌楼校区为例

陈宇祯 [1]，崔峻通 [2]，信子怡 [3]，翁惟繁 [4]，成皓瑜 [5]，吴锦绣 [6]

（1. 东南大学建筑学院，硕士研究生；2. 东南大学建筑学院，硕士研究生；3. 东南大学建筑学院，硕士研究生；
4. 东南大学建筑学院，硕士研究生；5. 东南大学建筑学院，硕士研究生；6. 东南大学建筑学院，教授）

摘　要：近年来以眼动追踪等为代表的新技术工具不断发展，其大部分被运用在城市规划层面以及街道环境的研究，甚少运用在大学校园户外公共空间中。因此，与以往在室内进行的眼动仪实验不同，作者以东南大学四牌楼校区为例，选取其中最具代表性的户外公共空间——大礼堂前喷水池作为本次研究对象，让被试者佩戴便携式眼动仪进入真实环境中，对被试者的视觉行为进行记录，并辅助以问卷调查、物理环境实测等方法。而后，通过眼动追踪技术配套软件得出被试者注视点位置、注视点数量、访问点数量等新数据，进而探寻在大学校园户外公共空间中来访者的视觉行为特点及其形成原因，得出该大学校园户外公共空间的视觉偏好情况，同时初步揭示以眼动追踪为代表的新技术在研究大学校园户外公共空间设计优化中的作用。

关键词：眼动追踪，视觉行为，大学校园户外公共空间

1. 研究背景

随着现代科学技术的高速发展，以眼动追踪、生理传感器等新技术为代表的数据获取工具种类大大增加，丰富了当今的数据类型。在眼动追踪方面，各国学者们从 20 世纪开始对其进行广泛且深入的研究，而后 21 世纪新技术的出现，使得基于眼动追踪技术的眼动仪能够更加便捷、直接地反映出被试者的眼动行为并进行分析，其通常运用在心理学、教育研究等领域。随着近年来出现多学科交叉应用的学科发展趋势，这项技术逐渐被运用在城市和建筑环境研究方面，例如苏黎世联邦理工学院通过给被试者佩戴眼动仪对德国法兰克福机场的标识设计和空间组织进行优化，提升了人群满意度等。

这类新技术在校园环境的运用较少，大学校园户外公共空间作为校园环境主体，是大学校园特色的主要表现，其对学生身心健康的保障作用也尤为重要，故对其展开相应的研究。本研究基于“基于多模态时空数据的大学校园户外公共空间形态与空间活力的关联机制及优化模式研究”的大课题背景，选取该课题实验中的节点部分作为本文的研究重点，以实现在眼动追踪技术视角下初探大学校园户外公共空间的目的。

2. 研究对象概况

东南大学四牌楼校区位于中国江苏省南京市玄武区、原国立中央大学的旧址，其主要的旧址建筑群大多在民国时期建成。其中，大礼堂及其南侧喷水池所形成的户外公共空间通常被认为是该校区的代表性场所，

注：本文获国家自然科学基金项目（51678123）

图 1　东南大学四牌楼校区大礼堂

同时也是该校区的核心区域，此地通常聚集较多的人群（图 1）。该户外公共空间构成元素较为多样，有主要的标志性景观小品喷水池，有树木等景观植被，有大礼堂等标志性建筑物，还有连接该地东西侧的道路空间。利用眼动仪让被试者身处真实环境进行实验，可以了解来访者更加直接的环境行为感受，为以后大学校园户外公共空间的设计提供思路。

3. 实验方法

3.1　实验仪器

本次实验主要采用 Tobii Pro 眼动仪，其型号为 Glasses 2，其采样率 50Hz 或 100Hz，是一类可穿戴式的眼动仪，主要运用在现实环境中。针对物理环境的实测，则采用温湿度自记装置、黑球温度自记装置、辐射强度自记装置以及现场风速自记装置。

3.2　实验时间及实验人员情况

本次实验分成两个阶段，第一阶段为预实验，第二阶段为正式实验。本次实验的被试者共 10 人，男性 4 名，女性 6 名，均为该校四牌楼校区在校生，平均在读时间为 1.5 年，在进行实验之前 12 小时内避免剧烈运动。实验的具体时间安排情况如表 1 所示：

东南大学四牌楼校区眼动仪实验 · 被试者时间安排表　　表 1

日期 / 时段	第一阶段：预实验	第二阶段：正式实验	
	2019 年 11 月 22 日	2020 年 1 月 13 日	2020 年 1 月 14 日
上午	A（女） B（女）	C（女） D（女）	G（男） H（男）
下午		E（男） F（男）	I（女） J（女）

3.3　实验设计

首先，根据校园内的景观节点设置和日常生活观察，选取需要研究的节点，采用步行的方式串联这些节点。考虑到被试者可能会在长时间行走中感到疲劳，故设置两条实验路线。本文的重点研究对象仅为大礼堂前喷水池这一节点，即图 2 中路线 1 的 A 点。

其次，准备的眼动仪有 2 台，实验人员 4 人，设置 2 名实验人员跟随 1 名被试者。

在实验的第一阶段，即预实验，两名被试者只走路线 1，将被试者在每个重要节点停留时间控制在 1~2 分钟，并对节点进行环顾。为了避免相互影响，2 名被试者并不同时进行实验，而是安排在一天中的上午时段轮流进行实验。

在实验的第二阶段，即正式实验，8 名被试者走路线 1 和路线 2，分两天完成，每天分为上午和下午两个时段。每个时段有 2 名被试者同时进行实验，一名先走路线 1，另一名先走路线 2。同上，将被试者在每个重要节点的停留时间控制在 1~2 分钟。在这段时间内，被试者将对节点进行环顾并填写问卷，实验人员则对物理环境进行数据采集和记录。被试者在两次行走路线中设置休息时间 5 分钟。

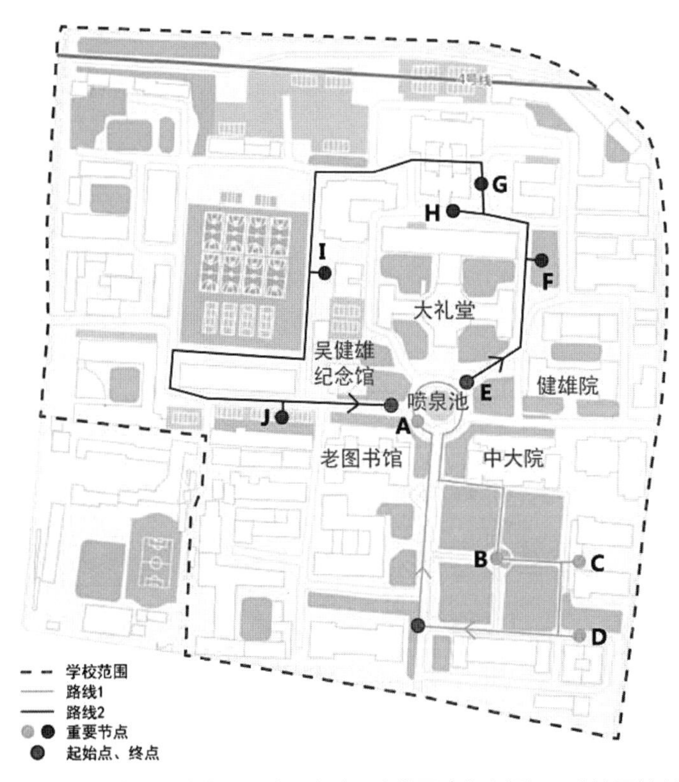

图 2　东南大学四牌楼区眼动仪实验 · 路线图（作者根据百度地图绘制）

3.4　实验过程

第一，被试者填写问卷上的个人基础信息，即姓名、性别、年龄、在校时间等。

第二，实验人员给予被试者路线图并进行讲解，让被试者提前熟悉路线，以减少实验时被试者与实验人员交谈等不确定因素。

第三，让被试者在室内佩戴便捷式眼动仪的眼镜部分，携带记录模块（此记录模块用于记录和保存眼动追踪数据），实验人员 a 手持笔记本电脑，启动眼动仪的配套软件 Tobii Pro Glasses Controller，而后在室外对被试者进行实验前的眼动校准。校准过程如下：实验人员 b 站在距离被试者 1.5m 的位置，手持校准卡片至被试者眼睛的水平高度，接着实验人员 a 点击软件上显示的“开始校准”（Start Calibration），而后让被试者看着校准卡片上的黑点，直至屏幕上软件显示“校准成功”（Calibration Succeeded）。

第四，被试者到路线 1（或路线 2）规划的起点开始行走，到重要节点便停留并进行环顾，而后填写问卷，再行走到下一个重要节点直至终点。整个过程中两名实验人员跟随在被试者后方，实验人员 a 携带测量物理环境数据的装置，和被试者同时在重要节点进行测量，实验人员 b 记录物理环境数据并拍摄重要节点照片。

第五，在正式实验中，被试者结束某一路线的行走后休息 5 分钟，再开始另一路线的行走，并重复以上过程直至当天安排的所有被试者实验结束。

第六，打开配套分析软件 Tobii Pro Lab，连接便捷式眼动仪，上传并保存眼动数据。

4. 实验结果分析与讨论

由于此次实验在真实环境下进行，部分干扰被试者的外界因素不可控，加上存在部分被试者在真实环境中转动头部的频率过高、速度过快等人为因素，所以在进行研究分析前需对原始数据进行筛选。首先将所有眼动数据导入 Tobii Pro Lab，再根据眼动数据的有效率进行筛选。经过统计，筛选出 4 组与 A 点相关的有效数据，即学生 A、学生 D、学生 G、学生 J。其次，截取与 A 点相关的记录片段，导入本次研究对象 A 的全景照片，对该记录片段和全景图片做眼动数据的自动匹配，再对其做必要的人工修正后，可得出被试者的热点图和注视轨迹图。

热点图可显示被试者在何处注视，通过不同颜色来反映被试者在注视点位置上注视时间的长短。图中浅色部分表示注视数量最少，深色部分表示注视数量最多，灰色部分为二者的过渡（图 3）。此外，从热点图中还可以观察得出注视点分布的大致情况。

注视轨迹图可显示被试者在环境中注视的顺序与位置，不同颜色的圆点表示不同的被试者，圆点中的数字表示被试者的注视顺序，圆点的大小表示被试者的注视持续时间长短，圆点越大代表注视持续时间越长，圆点越小代表注视持续时间越短（图 4）。因此，从注视轨迹图中还可以分析得出被试者的视觉路径变化和视觉行为规律。

接着创建 A 点全景照片中的兴趣区域（Area of Interest，简称 AOI），得到相关的眼动统计指标，其可显示被试者在兴趣区域内外的注视点总时间、平均时间、总次数等数据。本次研究将兴趣区域划分为两个主要部分：一为虚的部分，即道路空间；二为实的部分，即建筑（立面）、景观小品和景观绿植（图 5）。

此外，对正式实验中所测量的物理环境数据和调查问卷进行统计和归纳，得出各位被试者在实验当下所处的物理环境（即空气温度、辐射温度、相对湿度和风速）相差不大。

图 3　东南大学四牌楼校区大礼堂前喷水池全景 · 热点图

图 4　东南大学四牌楼校区大礼堂前喷水池全景 · 注视轨迹图

图 5　东南大学四牌楼校区大礼堂前喷水池兴趣区域 AOI 划分图（部分 AOI 有重叠）

4.1　视觉行为呈现水平方向上的分布，在重点构成元素上出现垂直方向上的延伸

A 点是整所校园的规划中心，也是校园内各条主要道路的交点，具有一定的向心性。相对地，身处 A 点的被试者们在环顾四周时有一定的发散性。图 6 视觉行为分析图表示被试者们的视觉注视点大致在水平方向上分布，除喷水池与大礼堂外，注视点的水平分布是较为均衡的，几乎所有水平环顾角度均有注视点停留。而在标志性建筑物大礼堂和标志性景观小品喷水池上，被试者的注视点不仅分布在水平方向上，还在垂直方向上延伸。

图 6　东南大学四牌楼校区大礼堂前喷水池全景 · 视觉行为分析图

注视点分布平均的户外公共空间，其主要构成元素为景观绿植和建筑（立面）。景观绿植主要为标志性的梧桐树，梧桐树是落叶乔木，高大直立，具备在垂直方向上引起视觉偏好的物理条件，但在这部分的垂直方向上并没有热点分布。

究其原因，有以下几点：第一，人眼在垂直方向上的最佳眼睛转动视角较小，且 A 点景观在水平方向上的构成元素较为多样化；第二，在构成 A 点景观的元素中，标志性建筑物大礼堂和标志性景观小品喷水池是整个景观的中心，其在校园规划上所呈现的向心性使得整体景观早已具有视觉暗示性，被试者在该环境中的视觉偏好也受此影响，所以即便其他景观构成元素同样具有引起人们垂直方向上视觉偏好的客观条件，也无法使注视点在该方向上长时间停留。因此，其所相对应的天空和下垫面更不会出现注视点。

4.2　特殊的建筑（立面）与特殊的景观小品对注视行为有着较大的影响

构成A点景观的景观小品要素仅为喷水池，没有其他对照景观小品。表 2 为兴趣区域的注视点数量统计表，可表示注意力聚焦的程度。从该表中可得，被试者们在喷水池的注意力聚焦程度远大于建筑要素。

构成 A 点景观的建筑要素主要为大礼堂、吴健雄纪念馆、老图书馆东北侧建筑立面、中大院西北侧建筑立面、健雄院西侧（参考图 1）。其中，健雄院距离 A 点较远，加上其西侧有景观绿植遮挡，故在划分兴趣区域和进行建筑要素分析时将其排除在外。从表 2 中可得，在建筑要素中，被试者对大礼堂进行注视的总次数

东南大学四牌楼校区眼动仪实验 · 兴趣区域的注视点数量统计表　　表 2

兴趣区域 / 指标	“虚”的部分	“实”的部分					
	道路空间	景观小品要素	建筑（立面）要素				景观植被要素
			大礼堂	吴健雄纪念馆	老图书馆东北侧建筑立面	中大院西北侧建筑立面	
平均次数	7.25	62.25	26.25	6.00	4.00	9.00	40.50
标准差	6.18	39.20	16.38	5.60	5.65	9.20	23.69

最多，远大于其他建筑要素。

构成 A 点景观的景观植被要素主要为梧桐树。表 3 为兴趣区域的访问点数量统计表，可表示访问行为发生的次数。其中，被试者在景观植被上的访问点数量与建筑要素的几乎一致。但其注视点数量却少于建筑要素，表明景观植被对被试者注视行为的影响次于建筑要素。

东南大学四牌楼校区眼动仪实验 · 兴趣区域的访问点数量统计表　　表 3

兴趣区域 / 指标	“虚”的部分	“实”的部分		
	道路空间	景观小品要素	建筑（立面）要素	景观植被要素
平均次数	3.00	18.00	15.00	15.50
标准差	2.16	12.65	9.35	7.94

究其原因，有以下几点：

第一，与一般景观小品相比，喷水池具有较为特殊的物理构成——水，且其一般为流动状态。该喷水池为正八边形，每条边长约为 10m，所形成的水体面积较大。在白天时段，喷水池涌泉，同时水面也设置了若干个小喷水点，使得在大部分情况下，来访者均能够见到喷水池的动态情形。且喷水池池壁宽厚，可作为来访者亲水和停歇之处。

第二，东南大学大礼堂原由英国公和洋行设计，而后经由著名建筑学家杨廷宝先生设计大礼堂东西两边扩建的教学楼。其二、三层使用了 4 根爱奥尼柱，形成了具有节奏感、韵律感的建筑立面，整体建筑拥有平衡的比例和和谐的美感。大礼堂顶部用铜质薄板覆盖，其呈现的铜绿色与喷水池中透绿色的池水相互呼应，在一片沉稳的建筑氛围中较为突出。相较之下，吴健雄纪念馆的整体建筑观感更为现代，但东南侧被景观绿植遮挡，因此被试者们在此观察的程度较低。老图书馆和中大院的主立面为南立面，其建筑风格与大礼堂一致，同样也使用了 4 根爱奥尼柱。但被试者们在 A 点无法环顾到它们的主立面，而其他立面并未呈现此特点，故被试者们在此的注意力聚焦程度同样较低。

第三，从图 4 注视轨迹图中可分析得到，大礼堂和喷水池的视觉路线是集中形的，被试者们的视觉行为会不时地回归到大礼堂或喷水池上。被试者除了在下意识行为上会被特殊的建筑（立面）与特殊的景观小品吸引，在主观情绪上也同样印证了这个结果。在实验过程中，被试者们在每个重要节点都会填写相应的调查问卷，问卷中对被试者的主观情绪感受进行了调查，让被试者写下在当下节点的印象深刻点。对于 A 点景观来说，全部被试者的回答均为喷水池（及其附属物，例如水花）或大礼堂（及其附属物，例如顶部）或二者均有。

以上，对于大学校园户外公共空间的设计而言，具有和谐美感的建筑立面元素或动态的景观小品元素能够更加吸引来访者，让来访者不自觉地延长其在此的停留时间。

4.3　空间引起被试者首次注意并停留的时间多于实体构成元素

文前提及本次研究将兴趣区域划分为“虚”和“实”两个部分，“实”的部分可被人眼直接感受，大部分信息经由视觉捕捉。而“虚”的部分为一种空间，此时来访者需运用全身的感知才可感受到这个空间所传达的全部信息，因此空间也能够成为一个令人印象深刻的场所。由于被试者已处于 A 点景观这个空间中，因此 A 点景观所形成的“虚”的空间并不适合在此用作分析的对象。于是选取了连接 A 点景观的西侧道路空间和东侧道路空间，这两者中的主要实体构成元素均为景观植被和沿路建筑立面。由于被试者在实验位置中无法完整地看到 A 点景观的南侧道路空间，故在此不考虑南侧道路空间。

在表 4 兴趣区域的首次注视停留时间统计表中，被试者们在第一次观察到东西侧道路空间时所花费的时间多于第一次观察到 A 点景观中其他实体构成元素的时间。而后，从图 4 注视轨迹图中可以观察到，被试者们在环顾时的视觉路线回归到东西侧道路空间的次数较少。

东南大学四牌楼校区眼动仪实验 · 兴趣区域的首次注视停留时间统计表　　表 4

兴趣区域 / 指标	“虚”的部分	“实”的部分		
	道路空间	景观小品要素	建筑（立面）要素	景观植被要素
时间（单位：ms）	30.47	1.72	2.84	3.08
标准差	6.30	1.46	1.81	0.57

究其原因如下：首先，来访者往往感受到空间的整体氛围，进而体验和感知该空间所带来的场所感。但若此空间中并未存在能够引起视觉偏好的实体构成元素，那么来访者在后期便难以再次对该空间进行整体、长时间的观察。

因此，大学校园户外公共空间所呈现的氛围感和场所感是主要引起来访者第一次长时间注视的因素，而后能够再次引起其视线回归的则是其中能够引起视觉偏好的实体构成要素。

以上研究表明在东南大学四牌楼校区中，最具有代表性的大学校园户外公共空间——大礼堂前喷水池在总体规划上具有向心形态，使得来访者在此地的视觉行为呈水平发散的特征。而空间所带来的整体场所感在最初可以引起来访者较长时间的视觉停留，若该空间中具有特殊的景观小品和建筑等构成元素，则有利于延长后期来访者的视觉停留时间。但本次实验存在以下局限性：第一，被试者数量较少，有效数据较少，导致实验结果存在一定的误差；第二，由于实验在真实的户外环境中进行，所以校园内部的车流和人流无法进行管控，突发事件可能会影响被试者的视觉行为和心理感受；第三，未设置对照组实验，需要进一步研究被试者实验位置的影响、景观植被在不同季节形态不同等因素。

5. 结语

以往研究校园环境的眼动实验所采取的方式均为采集真实校园环境照片或视频，让被试者在实验室环境下进行实验，而本次研究让被试者身处现实的大学校园户外公共空间，采集更为真实的眼动数据，进而研究来访者的视觉行为特点及其形成原因。这种方法使得眼动追踪这类新技术得到更好的运用，还原来访者在平时进入大学校园户外公共空间的真实视觉行为和整体感知。但真实环境往往会带来其他难以解决的问题，例如在复杂的网络环境下，其他网络信号会对眼动追踪技术的数据记录过程造成干扰，或是真实环境的瞬时天气变化也会影响眼动仪的数据采集。因此，需要更为细致和周密的措施去平衡新技术在真实环境下所带来的好处与不便。

在未来，可进一步尝试让被试者穿戴更多的便携式生理传感器，同步多种新技术所收集的新数据，更为周全地从人本角度去重新认识大学校园户外公共空间，了解其中引起人们各类感知的机制，进而更好地设计和完善大学校园户外公共空间。

参考文献

[1]　叶宇，戴晓玲 . 新技术与新数据条件下的空间感知与设计运用可能 [J]. 时代建筑，2017（5）：6-13.
[2]　陈筝，刘颂 . 基于可穿戴传感器的实时环境情绪感受评价 [J]. 中国园林，2018，34（3）：12-17.
[3]　鲁苗 . 基于眼动技术的景观视觉感知分析——以清华大学校园景观为例 [J]. 艺苑，2019（1）：98-101.
[4]　刘芳芳 . 当代欧洲城市景观的视听感知体验研究 [D]. 黑龙江：哈尔滨工业大学，2013.

高校教学建筑空间长效优化设计教学实践研究

吴锦绣，张玫英

（东南大学建筑学院）

Abstract: The past century saw great development in university campus and campus in China. The gross enrollment rate was 42.7% in 2017. University campus and campus buildings, because of their great value in history, culture and resources, have attracted more and more attention in China. Unfortunately, in many cases, campus buildings have to face problems such as space monotony and poor adaptability, which will affect greatly not only the use of faculty and students but the result of teaching and research. This paper focuses on space optimization of campus buildings, based on the ideas of long-term effectiveness. Taking detailed research of Xi-Nan-Lou building in Nanjing University, Gulou Campus. The process constituting of investigation and renovation & adaption design is introduced. Renovation & adaption design provides campus buildings opportunities to fulfill not only current needs of faculty and students, but also possibility to fulfill the change of their needs in the future. This research is helpful to realize the long-term utilization of the campus buildings. This research can also be referred by renovation of other kinds of existing buildings in China.

Key Words: Campus buildings, long-term effectiveness, space optimization, renovation & adaption design.

本设计是东南大学四年级建筑设计课程之一。东南大学建筑学院本科四年级设计课实行工作室制度，依托教授工作室组织多样化的教学课题，强调设计的研究性。总体课题涵盖以下四个方向：城市设计、大型公建、居住建筑以及学科交叉[1]。本设计课题就是在此背景之下的一个尝试，属公共建筑中的建筑改造设计范畴。

本次课程选择教学建筑进行改造设计，重点在于高校既有建筑空间的长效优化。通过学习现有改造案例对空间长效优化的研究进行归纳整理，结合对专业教学空间的调查，寻找教学建筑当前存在的问题，对其需要进行改造的动因和空间类型进行深入了解。探讨空间长效优化模式，其核心内容是通过长效优化提升空间对不同需求和功能的适应能力。

1. 课程设置背景与教学目标

随着高校新校区建设热潮逐渐降温，高校既有校园建筑日益体现出重要的资源价值。这些既有校园建筑承载着校园历史和文化的印记，具有较高的文化价值和再利用价值。然而，当前高校既有建筑也存在一些不容忽视的问题，例如空间布局单一，难以满足现有功能需求，使用舒适性差等。在此背景下，本设计课程将

注：本文获国家自然科学基金项目（51678123）

针对高校既有校园建筑进行研究，探讨提升建筑空间对于当前多元化需求以及未来需求变化适应性的长效优化设计策略，以期实现高校既有校园资源的空间优化和长效利用。

本次课程设计是在笔者所承担的国家自然科学基金项目的框架下展开的针对高校既有校园建筑研究的一个部分，重点探讨如何将课题研究的成果贯彻于教学实践之中，促使学术关注高校既有校园建筑空间的长效优化利用。课程实践研究结合研究团队的前期积累，以及东南大学建筑学院设计理论课《绿色建筑 I：理论与设计》和《建筑设计课》的调研和设计成果，以南京大学鼓楼校区西南楼为例，探讨高校既有建筑如何实现建筑空间的长效优化。

本次课程的教学目标概况如下：

1）通过本次课程设计使学生对高校校园既有建筑改造有所了解，并熟悉相关的设计程序以及国内外的发展状况，学习校园建筑设计的相关规范和基本设计手法。

2）对基地进行前期调查，认识基地物质及文化的价值所在，对用地的保留要素进行评估，选择合理的校园空间优化模式。

3）从可持续发展的角度，结合社会发展现实，探讨未来高校既有建筑的空间使用方式。所谓建筑空间格局的优化，即通过空间组织和设计产生具有足够适应性的“种子”，用以适应多样化的需求以及使用过程中需求变化的可能性。

2. 长效优化（Long-term Effective Optimization）概念

针对我国当前高校既有校园建筑的现状与问题，借鉴开放建筑设计理念，本研究提出“长效优化”的概念，它不仅是一种校园建筑更新的方法，更是一种观念，强调在建筑使用过程中时间维度视角的引入，在时间轴上视高校既有校园建筑为一个在与使用者相互作用中不断更新变化的“过程”，而非设计和建造的最终结果。针对高校既有校园建筑空间的“长效优化”主要是指建筑空间格局的优化，通过空间组织和优化设计产生具有足够适应性的“种子”，用以适应师生多样化的需求以及使用过程中需求变化的可能性，而非设计出固定不变的空间产品。建筑空间长效优化的核心内容是通过空间组织和设计获得空间的灵活性适应性，核心目标是既满足当前需求又为未来需求的变化留有余地。

建筑的长效利用探讨建筑可变性的问题，这并不是新的概念，系统提出开放建筑理论是哈布瑞肯（Johnn Nicholas Harbarken）教授，他将建筑分为支撑体（support）和填充体（infill）两个部分，支撑体相对固定的生命周期较长的部分，包括公共设施、服务设施在内的结构体系，而可变体（墙体、浴室和隔墙）等由住户掌握。斯蒂芬·坎德尔教授促成了开放建筑理论向医疗和办公建筑的拓展，并发展了系统完备的 Infill 系统 [2]。

我国比较著名的支撑体实践是鲍家声教授等人设计的无锡支撑体住宅试验工程，它的可变性是通过适合我国国情的适宜技术所获得的。贾倍思教授在《长效住宅——现代建宅新思维》中根据我国的现实情况对于长效住宅的质量、特征和设计进行了系统论述 [3]。随后，在《居住空间的适应性设计》一书中提出了住宅适应性设计的概念，以期在保持住宅基本结构不变的情况下通过提高功能的实行能力来满足居住者多样的和变化的居住需求 [4]。

3. 进度安排

本设计课程历时 8 周，共分 3 个阶段进行：

第一阶段（2 周）：进行校园环境与场地调研。了解学校及校园空间的沿革历程，对基地情况作研究，选择有价值的物质和文化因素进行保留；进而通过校园既有建筑改造典型先例的分析，学习既有建筑改造设计手法；建立场地和单体数字模型。

第二阶段（2周）：方案构思和空间长效优化设计方案。通过调查研究及理论学习，确定既有建筑空间未来发展方向。结合场地既有建筑特点，选择重点空间节点，提出空间优化设计方案。

第三阶段（4周）：深化设计。主要是设计深化与完善，进行场地、功能与空间的综合研究要求，满足相关规范的要求，对典型节点深化设计，成果表达。

4. 课程内容与教学流程

4.1 典型案例的选取

本设计课程选取的典型案例是南京大学鼓楼校区西南楼。南京大学建校于1902年，是中国最负盛名的综合性大学之一。西南楼建于1953年，由著名建筑师杨廷宝先生指导设计完成。建筑位于南京大学校园副轴线西端，与东南楼隔轴线遥相呼应，目前被用作生物系馆。

西南楼建筑平面成“工”字形，高3层，主入口面向东面，由室外大台阶直通二层。建筑平面采用中廊式布局，各种功能依次布置在中廊两侧，平面规整而有效。建筑外观采用中西合璧的立面形式，既借鉴中国传统建筑的造型手法（如歇山大屋顶），也吸纳了西方建筑常用的三段式设计手法。是新中国成立后南京高校中最早建造的民族式大屋顶教学楼之一，2008年入选第一批南京市重要近现代建筑。西南楼采用砖混结构体系，主要以外墙和纵墙承重，在楼梯间以及两翼和中部交接处采用横墙局部加强。

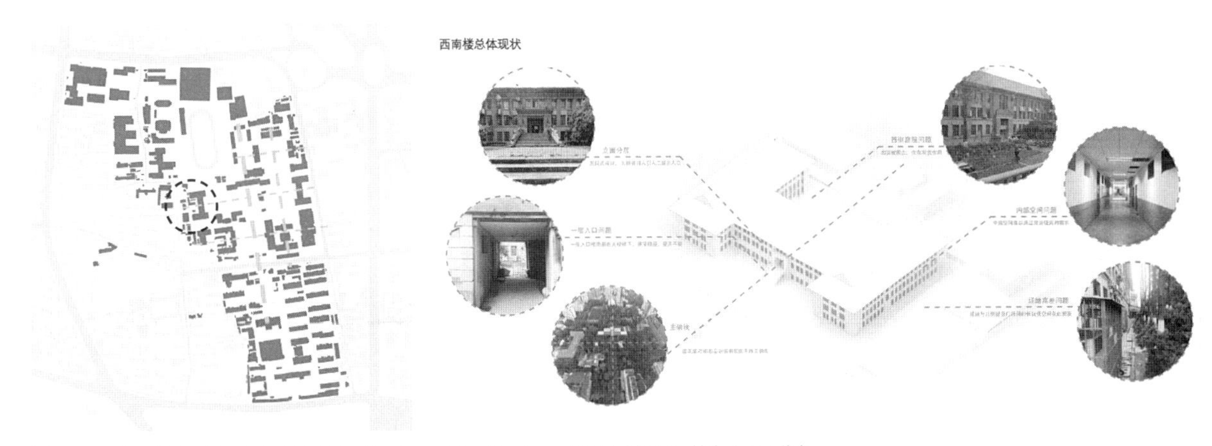

图1 南京大学鼓楼校区平面及轴线与空间结构，虚线圈表示西南楼的位置 图2 南京大学西南楼的现状与问题分析

4.2 实地调研与问题分析

在设计课程中，学生们首先结合针对中国既有高校典型案例展开的系统调研，对于西南楼进行的实地调研和问卷调研（50份），用以了解西南楼的建筑状况、使用者的使用状况及使用需求。西南楼目前作为生物系馆，其功能较为复合，有教室、自习室、实验室、研究室、办公室、储藏等功能。从调研数据分析中可以看到，师生对于教室和自习室还是比较满意的（23人，46%），其次是对于庭院和交通空间的喜爱度也还是比较高的。针对西南楼需要增设的空间，交流与休闲空间的需求很高，认为需要增设交流与休闲空间的人数多达25人，占接受调查总人数的50%，紧随其后的依次是：学习空间（16人，32%），交通空间（11人，22%）以及信息展示与交流空间（6人，12%）。由此看出，西南楼的使用者对于各类休息交流空间（交流与休闲空间信

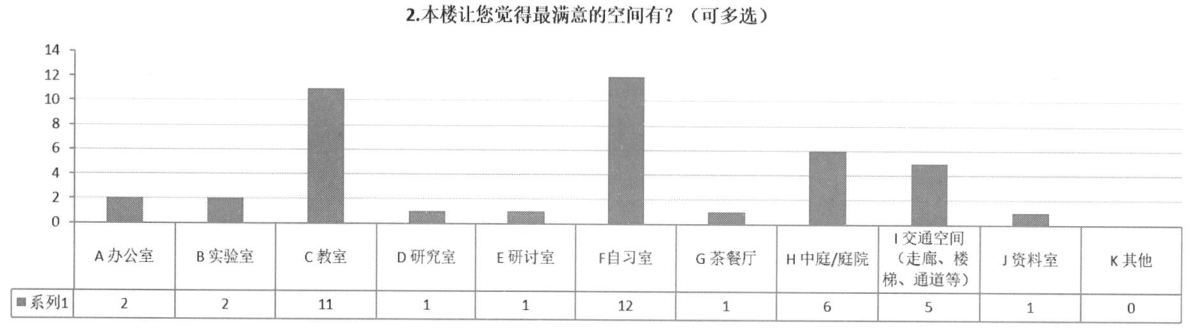

图 3　调查问卷中西南楼使用者对于最满意空间的意见

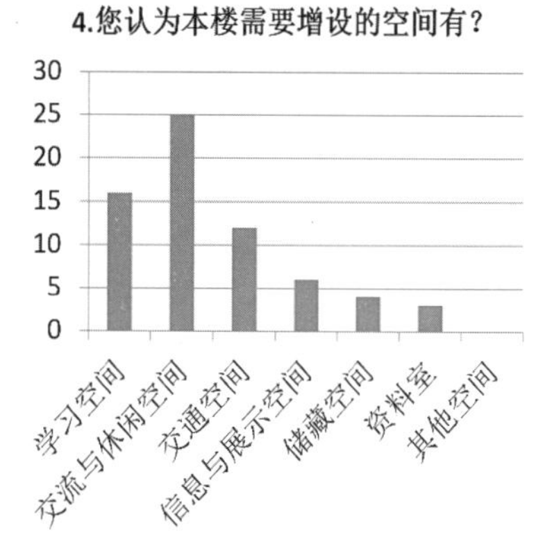

图 4　调查问卷中西南楼使用者对于最需要增设的空间的意见

息展示与交流空间）以及学习空间有着较大的需求，这是学生们对于西南楼空间优化进一步研究的重要参考因素。

4.3　空间长效优化设计

在上述调研和分析的基础之上，学生们基于“长效优化”的概念对西南楼的内部空间进行重组和优化。通过建筑空间格局的优化设计产生具有足够适应性的“种子”，用以适应多样化的需求以及使用过程中需求变化的可能性，而非设计出固定不变的空间产品，其核心目标是既满足当前需求又为未来需求的变化留有余地。

在空间长效优化设计上，我们引导学生充分分析和利用原有结构，在进行结构分析，保证其安全性的前提下，对于原有教学建筑的空间进行长效优化。原有结构是外墙和纵墙为主的承重体系，表现在西南楼的平面中，外墙、走廊、楼梯间以及两翼和中部交界处的墙都是承重墙，而原有教室之间的墙基本都不承重，因而，在设计中学生们将走廊两侧的纵墙尽量保留（局部拆除时拆除部分长度不超过纵墙总长度的一半，且剩余纵墙之间要用过梁连接）。在学生们的空间长效优化设计中，结合前期调研中使用者对于空间的使用状况和使用需求的调研，在总体功能布局中学生们将建筑两翼设计为功能性空间，用作教室、实验室、图书室、研讨室、办公室等功能，而在原有建筑中部结合原有楼梯学生们增设了交流和展示等公共空间。与此对应的，学生们对于原有建筑的两翼和中部采取不同的长效优化设计方法。

一、在原有建筑的两翼，为了尽可能地适应功能性空间的需求，起结构作用的保留的纵墙和原纵墙之间用作相对“固定”的空间，容纳技术管线、设备空间、通风管井、楼梯电梯、储藏室以及有特殊要求的实验室和暗室等功能，而将原有的走廊空间偏到一侧，与使用空间和休闲空间相结合。于是，在优化后的平面布局中，除了原有走廊处结合保留纵墙设置的“固定”空间之外，其余的空间都是灵活可变的空间，不仅可以在当前适合各种功能组合和人员配置，也可以在未来进行灵活划分，适应于未来功能及需求的变化。

二、在原有建筑的中部，为了尽可能地适应开放性的公共展示和交流空间的需求，起结构作用的保留的纵墙之间可能用作相对“固定”的空间，容纳技术管线、设备空间、通风管井、楼梯电梯、储藏室等功能，也有可能只是成为相对独立的交通空间，具有了更大的灵活性。而原有的教室空间则成为更加灵活和开敞的空间，既可以用作休闲和展示空间，也可以用作会议、研讨等具有一定公共性的功能空间。于是，对于原有建筑的中部空间，在优化后的平面布局中，空间更加灵活可变，可以通过灵活划分适应于各种功能需求及其变化。

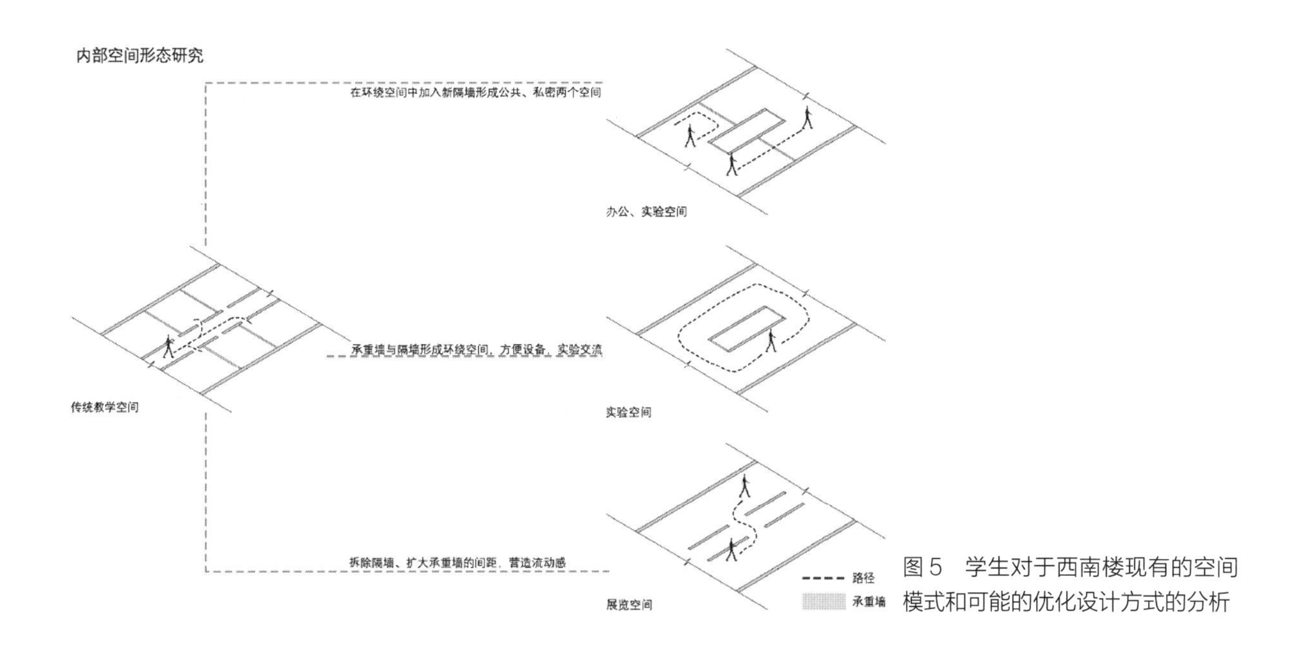

图5　学生对于西南楼现有的空间模式和可能的优化设计方式的分析

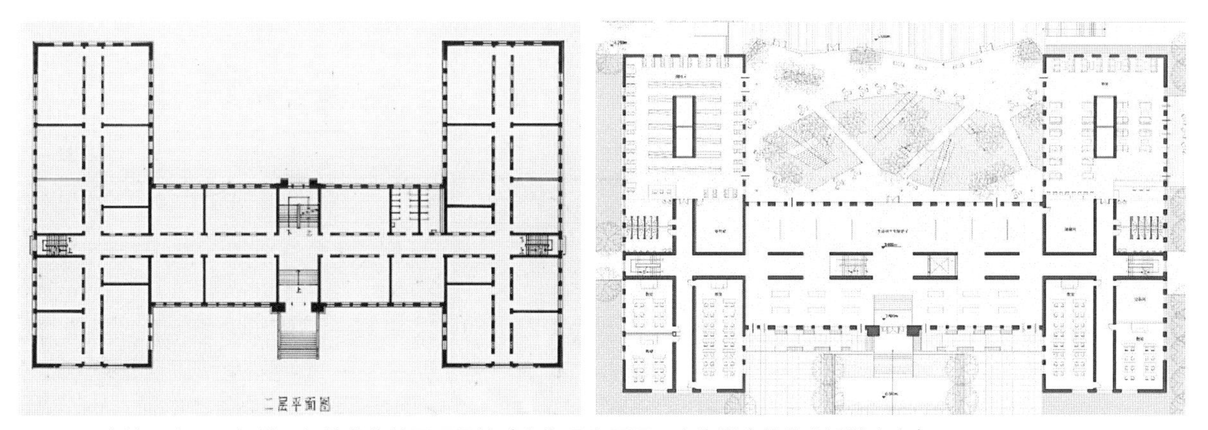

图6　西南楼现有平面与基于长效优化的平面设计（左为现有平面，右为学生的优化设计方案）

4.4　环境优化设计

在本设计课程中，基于学生前期的调研和分析，我们还引导学生从整体环境出发，研究促进建筑环境综合提升的方法，使他们认识到建筑与环境的长效优化设计不仅有利于建筑自身的改造更新和更好地利用，而且建筑与环境的整体提升也有利于完善和优化校园空间系统，提升校园环境，使得建筑的改造更新有可能成为校园环境提升的新的生长点。

在学生对于环境的调研和思考中，我们欣喜地看到他们对于建筑与环境关系的敏感以及对于建筑环境一体化设计重要性的深刻认识。针对西南楼面向校园的空间与其后部的庭院空间相割裂、互不连通的问题，学生通过空间联通、空间调整、体块插入以及功能的完善来促进建筑与环境的相融与互通，使之形成统一的整体。加建的地下展览空间补充和完善了西南楼的功能空间，拓展了使用面积，也方便了学生的使用。同时，地下空间采用采光天窗和共享空间与地上空间相联通，形成了环境优美、空间连贯的整体空间系统。

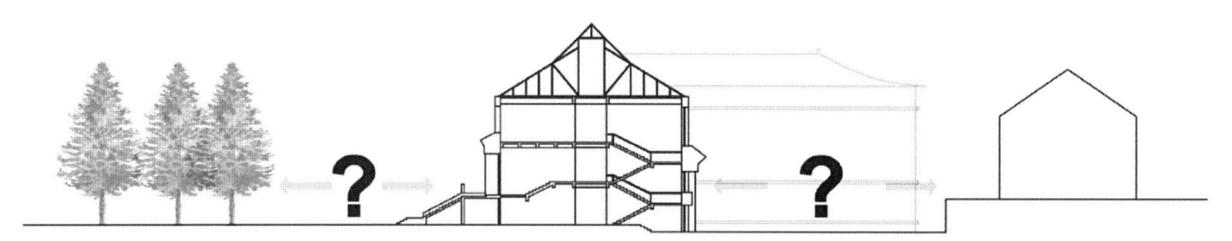

图 7　西南楼与环境之间关系的问题分析

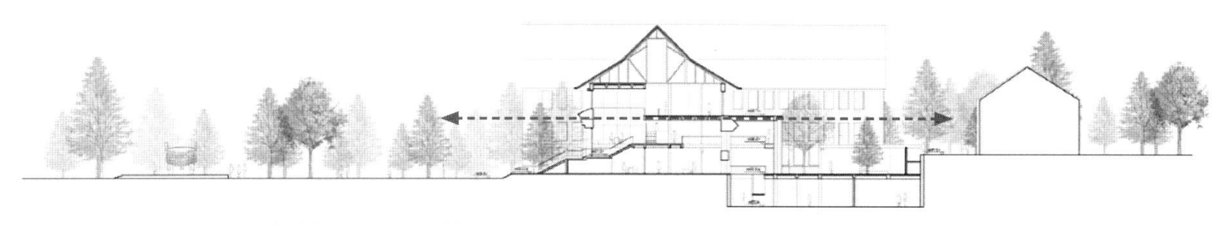

图 8　经过优化设计的西南楼与周围环境的整体关系

图 9　加建的地下空间透视图

5. 总结

以南京大学西南楼为代表的这类具有较为重要的历史文化价值的教学楼是我国当前高校发展进程中的重要资源，但是在实际操作中由于建筑空间形式单一、灵活性较差等问题而难以适应新型的教学模式和当前师生的使用需求。对其的改造利用需要在不影响建筑的历史文化价值的前提下慎重进行。

本课程设置引导学习关注高校既有校园建筑空间的长效优化。在系统调研的基础之上基于开放建筑理念研究校园既有建筑空间长效优化设计的方法。通过学习、思考和深入设计，学生们深刻认识到建筑空间的长效优化设计可以有效地提升内部空间的应变能力，有利于这些建筑重新焕发青春，更好地融入当代生活。本课程实践研究的相关后续研究还会继续，我们期待通过校园建筑空间的长效优化研究来探索中国高校既有校园建筑空间更新的有效方法，培养学习可持续发展的理念和建筑空间和环境长效优化的设计能力。

参考文献

[1] 鲍莉，朱雷，张嵩．顾后瞻前 传承探新——东南大学建筑学本科设计教学探索 [J]. 城市建筑，2015（6）：28-32.

[2] Stephen K, Teicher J. Residential Open Building[M]. New York: E & FN Spon Press, 2000.

[3] 贾倍思．长效住宅——现代建宅新思维 [M]. 南京：东南大学出版社，1993.

[4] 贾倍思．居住空间的适应性设计 [M]. 南京：东南大学出版社，1998.

致谢：

本课程实践研究非常感谢东南大学建筑学院黎志涛教授提供据南京大学档案馆资料绘制的西南楼建筑基础图纸，以及本设计课程的参与学生简海睿、潘奕铭、曹明宇、金凡伊、江雨蓉、郑文倩、蒋天桢、张增鑫、戴煜娴、陈耀宇的刻苦学习和实践。

“复杂城市环境视角下的社区中心设计”课程实践研究

吴锦绣，朱雷，史永高，易鑫等

（东南大学建筑学院，南京，210096）

摘要：本论文介绍了获2016年全国高等学校建筑学学科专业指导委员会优秀教案奖的东南大学建筑学院二年级社区中心设计教案近年来的调整和执行情况。建筑设计中从建筑视角到复杂城市环境视角的转换应该是最核心的变化，通过学科整合，鼓励学生通过调研、观察和思考认识城市和社区问题，并通过设计寻求提升社区环境、激发人群活力的机会来解决问题。此外，本次教案的任务书设置有一定的开放性，任课教师可以根据自己的学术背景和教学思路对于任务书进行微调，教案也鼓励学生合作进行设计，这些方法不仅极大地丰富了教学内容，使设计成果更加丰富多样，也使我们对于社区中心教案有了进一步思考。

关键词：复杂城市环境，视角，社区中心，开放性，合作设计

Community Center Design from The Point View of Complex Urban Environment

Abstract: Recent adjustments of the national awarded program of community center design in the sophomore studio in School of Architecture, SEU is introduced in this paper. The key change lied in the change of point view from individual buildings to much larger and complex urban environment. Field investigation and further research were encouraged to improve the community environment and foster community life. Openness in design program and cooperative design were also emphasized, leading to great variations in teaching and students' design proposals. Further thoughts of the change in this program are also made.

Key Words: urban environment, point view, community center, openness, cooperative design

1. 从建筑视角到复杂城市环境视角下的社区中心

社区中心[1]设计是东南大学建筑学院二年级4个设计课程中的最后一个。按照二年级设计课的整体教学框架，这个设计是“综合空间”训练的一个载体，设计的主题关注于城市社区环境中的“空间复合”，体现了其所代表的一般公共建筑中场地、空间、功能和流线的组织方式（图1）[2]。这个教学结构框架相对严整，但是每年都会不断地进行调整和完善。例如作为空间复合训练载体的建筑类型就经历了不断的调整和变化，从最初的大学校园中的专业图书馆到后来的社区图书馆，再到社区中心，虽然作为训练载体的建筑类型在不

注：1. 国家自然科学基金项目（51678123，51678127）

2. 中国中冶“三五”重大科技专项项目（中冶科〔2013〕1号）

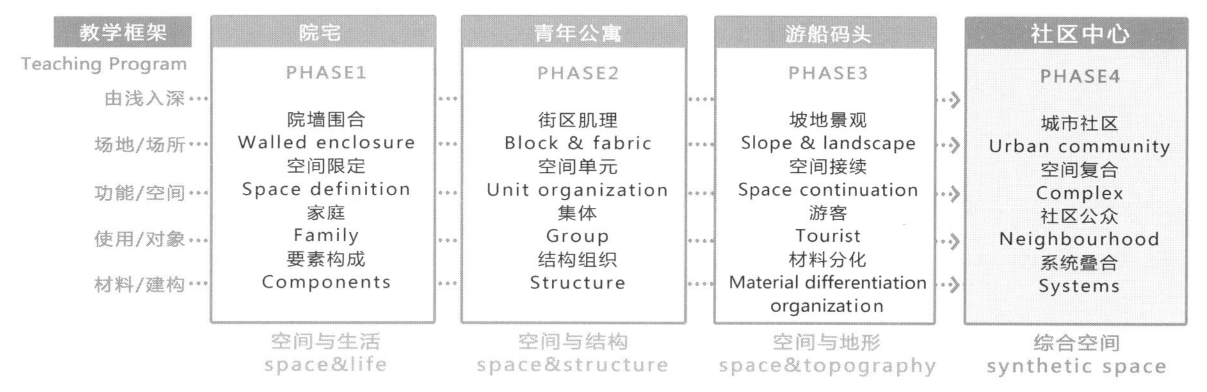

教学框架
Teaching Program
由浅入深
场地/场所
功能/空间
使用/对象
材料/建构
院宅
PHASE1
院墙围合
Walled enclosure
空间限定
Space definition
家庭
Family
要素构成
Components
空间与生活
space&life
青年公寓
PHASE2
街区肌理
Block & fabric
空间单元
Unit organization
集体
Group
结构组织
Structure
空间与结构
space&structure
游船码头
PHASE3
坡地景观
Slope & landscape
空间接续
Space continuation
游客
Tourist
材料分化
Material differentiation
organization
空间与地形
space&topography
社区中心
PHASE4
城市社区
Urban community
空间复合
Complex
社区公众
Neighbourhood
系统叠合
Systems
综合空间
synthetic space

图 1　二年级建筑设计教学流程

图 2-1　游泳池已废弃，整个基地面临重新整合

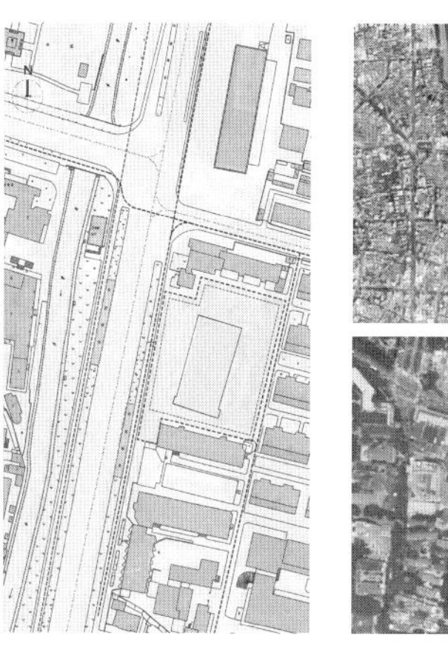

图 2-2　基地在城市、周边社区中的位置以及交通分析

断变化，但是其所蕴含的综合空间的主线一直未变。

基于空间主线的相对稳定，近年来我们对这个框架最大的调整是不断加大对于建筑所处的城市环境重要作用的强调，强调建筑设计从建筑视角到城市视角的转换。我们在 2015 年和 2016 年又对社区中心的设计任务书进行了比较大的调整，更加强调真实而复杂的城市环境对于建筑设计的影响。在教案的制定以及教学过程中，我们不断加强学科间的交叉合作，和有城市规划、景观及技术背景的同事密切合作，不断研究和完善教案（图 2-1、图 2-2）。[①]

2. 社区中心教案的新尝试

1）立足真实而复杂的城市环境，强调通过城市视角来理解建筑问题，建筑设计与规划、技术和景观学科密切合作来推进设计。

在教案的制定过程中，建筑、规划及景观专业同事密切合作与讨论，赋予设计以真实而复杂的城市环境和社区问题，所涉及内容涵盖了宏观至微观的不同层面，鼓励对城市环境的调研、观察和思考，并通过设计寻求织补社区结构、激发人群活力的机会。在设计构思过程中，引导学生立足城市视角来思考建筑设计，通过社区和环境

① 本教案获 2016 年全国高等学校建筑学学科专业指导委员会优秀教案，所送审 2 份学生作业均获优秀作业奖。

调研发现问题，并通过建筑与环境设计解决问题。在设计深化过程中，由建筑技术教师指导对细节构造和空间表达的训练，由结构老师现场解答老师和学生提出的问题，对学生的结构选型进行指导。各学科的交叉合作使得学生的设计不仅更加接地气，立足于真实解决社区问题而产生设计，也使得设计更加扎实，易于深入。

2）任务书具有一定的开放性，强调通过调查研究发现问题，并通过设计解决问题。

虽然全年级基本使用同一份任务书，但是各个指导老师会根据自己的专业、学术背景和研究兴趣对任务书进行不同的诠释，例如，有的教师在现有任务书的基础上提出创客中心的主题，有的教师指导学生参加相关设计竞赛等。在近两年的“社区中心＋健身中心”的设计中，两栋建筑的范围并无确定的边界，学生可以根据整体设计和空间组织在不断的研讨和妥协中确定整组建筑的关系。此外，每栋建筑功能中都设有一个独立的“附加功能”部分，也是学生可以自由发挥的开放的部分，强调学生通过实地调研发现社区问题和社区需求，由此设定附加功能的内容，并通过设计解决相应的社区问题，提升社区环境。

3）这个作业的另一个亮点是强调合作设计和团队精神。近两年的社区中心（＋健身中心）的设计基于每组两个学生的共同合作，要求每两位同学共同完成一套整体“社区中心＋健身中心”的规划设计，同时，每个同学在设计中具体负责完成社区中心和健身中心中的一个。这种有合有分的合作要求希望产生 1+1>2 的效果，使得设计更加多样和深入，也使学生在这个过程中学会合作的方法和团队精神。事实证明，同学们经过最初的兴奋，中间的激动、困惑、争论与妥协，以及最终的相互支持的完整过程后收益颇多，不仅激发了设计灵感，增加了多样性，也极大地锻炼了相互合作、共同发展的意识和能力。

3. 复杂城市环境视角下的社区中心设计

3.1 基地简介

基地位于南京市太平北路和北京东路交界处东南大学校东宿舍区游泳池地块，游泳池已经废弃。从城市整体环境来看，基地周边的城市环境在不断更新过程之中，一方面，周边的建筑环境和道路交通状况都在不断更新且日趋复杂。地块所处的十字路口地面交通十分繁忙，西侧道路对面还新建有地铁站出口和公交站点，将来还是两条地铁线路的交汇点，人车交通十分复杂。另一方面，从内部环境看，整个社区以前是东南大学教工及学生宿舍，房屋全部属于东南大学，整个社区实行封闭管理，游泳池便是原有社区中重要的配套服务设施。近年来随着住房改革的深入，社区中原有的公房已经卖给个人，并可在房地产市场上

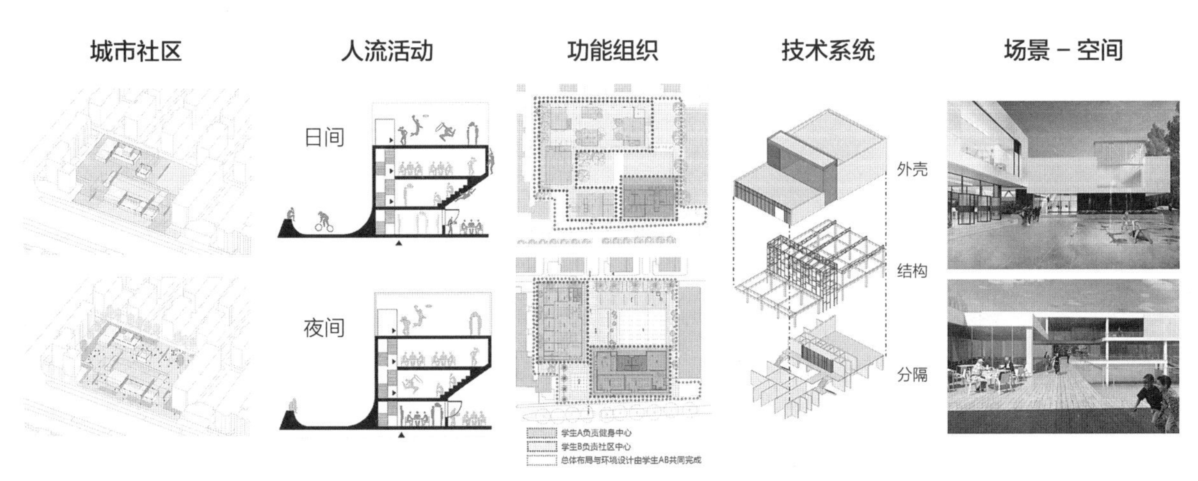

图 3 教案主题词

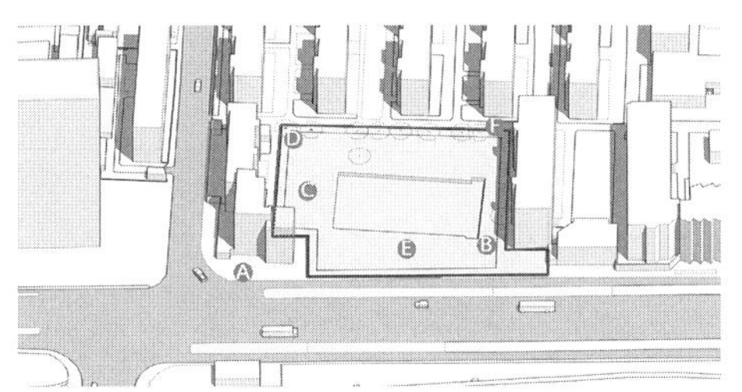

图 4　教学第 1 周：综合认知与现场调研

进行流通，使得这里的居住人群趋于多元，社区物业也交由物业公司管理，以前封闭的单位家属院日益成为与周围环境密切相连的城市社区。加之近来国家对住区有开放性要求，游泳池和周边的整个社区都面临重新整合和改造的境遇。

游泳池是基地中的核心要素之一。它曾经是服务于东大宿舍区和周边社区最重要的文体设施之一，为 50 米的标准泳池，设有深水区和浅水区，深水区最深 1.8 米。游泳池东边是苗圃，面积约 500 平方米。近年来由于各种原因游泳池已废弃。

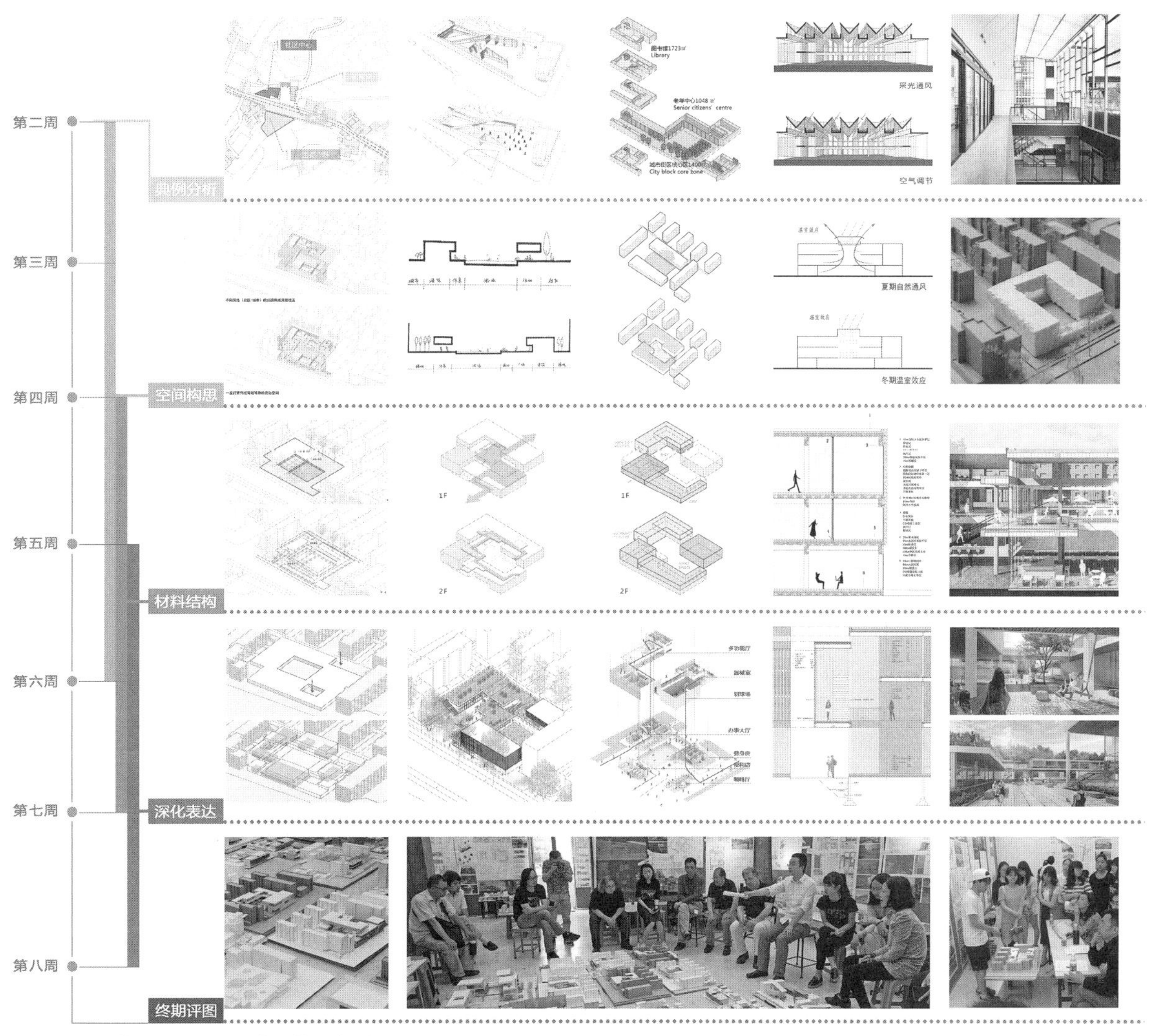

图 5　教学第 2-7 周教学进程结构矩阵

3.2　设计任务

每两位学生在教师的指导下，通过调研城市环境和社区生活，对社区的生活实态和生活需求进行深入了解，在此基础之上完成总体规划设计。然后选择适当的建筑类型及位置合作展开社区中心和健身中心的设计，重新理解和定义城市与社区的界面及相互关联，利用和改造原有的泳池（泳池可改造面积为原面积的 1/2），整合周边城市、建筑和景观资源，使这一区域重现生机。

在各个建筑设计中，除了必要的功能单元之外，都配置有一个相对灵活的“附加单元”模块，面积占总建筑面积的四分之一左右，其具体内容由学生根据周边城市环境和社区调研发现社区的需求后自行确定，体现了学生对周边城市环境和社区需求的直接回应。

3.3　教案主题词和教学进程

城市社区、人流活动和功能组织是总体规划设计和方案构思阶段的主题词，意在让学生通过调研理解真实的城市社区环境和人流活动对建筑设计的影响，并通过建筑设计和功能组织来解决社区问题。技术系统和场景—空间则是方案深化过程中的主题词，意在让学生通过结构材料构造等技术系统的深入和场景空间效果深入推敲深化方案，完善构思（图 3）。

整个教学进程历时 9 周，与教案主题词相对应，在各个时段中分别针对主题词的相应内容各有侧重，由浅入深逐步展开。在第四周安排有一次中期评图，会有小组间的交流评图，以两个小组为单位，对学生方案构思中的大关系和总体问题进行交流和评价。事实证明，中期评图对学生把握总体思路、理清设计

图 6　作业一：社区印象

图 7　作业二：城市客厅

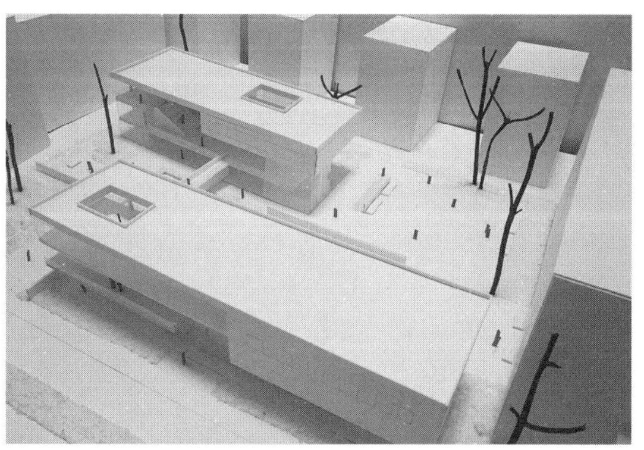

图 8　作业三：恢复记忆

想法和控制时间都起到积极的促进作用。在设计结束时，进行综合大评图，会有来自其他年级、兄弟院校的同行以及国内外知名建筑师和教授一起交流，2016 年度的主要评委是美国宾夕法尼亚大学的戴维·莱瑟巴罗（David Leatherbarrow）教授，在师生交流完之后还有重要的一环就是老师之间的交流和讨论，对于教案的情况、问题以及调整方向都有非常深入的研讨，也为教案的进一步调整奠定坚实的基础（图 4，图 5）。

为期 9 周的最终设计成果显示：城市环境复杂、限制条件较多的场地条件也能成为通过设计提升社区生活的契机，同学们通过实地调研感受城市生活，发现真实问题，由此激发灵感开始设计。他们的思维在城市社区生活和建筑设计之间不断切换，在现实体验与空间场景构想之间游弋，进而深入设计。城市和建筑尺度的不断切换和设计体验的转换使得设计成果具有相当的丰富性和创造性。而合作设计加强了成果的这种丰富性和表达效率。“社区中心＋健身中心”设计成为织补社区结构，激发社区生活的发生器，也引起校内外答辩评委和督导的热烈反响和肯定。

3.4 学生作业成果

作业一来源于对原有校东宿舍区操场活动的观察，值得一提的是操场一侧宿舍楼下面架空的看台，这里平时成为老人和小孩休息活动的焦点空间，很有社区的生活氛围。这一场景被重新拼接到健身中心和社区中心中，两位同学各取所需，分别以略微凸起的看台和连续架空的一层地面，过渡和衔接了城市与社区的边界，共同面向泳池，形成新的活动场所和内外空间界面。

作业二从城市与社区两个界面入手，通过建筑面对城市和社区的封闭与开敞的设计来解决原场地过于封闭和孤立、缺少交流活动空间的问题。保留的泳池和绿地不仅延续记忆，也成为新的活动空间的核心。建筑沿街界面相对封闭，只在一侧开辟广场，为城市人流提供休闲空间，也成为社区在城市中的秀场。建筑面向社区一侧尽量开敞，为社区居民提供层次丰富的活动空间。建筑成为城市和社区之间的桥梁，将城市与社区有机地联系在一起。

作业三以恢复调研中采访到的老人记忆中基地上原有的公园印象为概念，在保留原有绿化的基础上，通过设计引导社区与城市间的人流活动。城市中的行道树、场地中的原有树木、庭院与建筑结合，重现人们对社区公园美好生活的印象。

4. 对于社区中心＋健身中心教案的进一步思考

在本次设计教案的调整中，强调建筑设计中从建筑视角到城市视角的转换应该是最核心的变化，复杂城市环境视角下的建筑设计不仅让学生真实地面对具体城市和社区环境对建筑所提出的挑战，而且提供了一个机会，让学生对于抽象的空间设计因为有了一个具体的问题和目标而变得非常扎实具体，便于操作，有助于学生理解建筑所处的环境的重要作用，以及如何通过设计来解决所面临的具体问题，而不仅是囿于空想的泥潭和形式主义的游戏。

事实还证明，为任务书设置一定的开放性和鼓励学生合作设计也是非常有效的方法，不仅在保证教案整体水准的前提下极大地丰富了教学内容，调动了师生的积极性，也使设计成果更加丰富多样，体现了教学连贯性和多样性的统一。

这次社区中心对设计的调整尚属教学探索，如何让教改探索成为整体教学体系的有机组成部分，如何提高全体师生的积极性、增强学生的创造力等等，都需要进一步的思考和总结。

参考文献：
[1]　凤凰空间 · 北京 . 当代社区活动中心建筑设计 [M]. 南京：江苏人民出版社，2013
[2]　鲍家声，杜顺宝 . 公共建筑设计基础 [M]. 南京：南京工学院出版社，1986

图片来源
图 1、2-2、3~5：研究生助教黄里达、郭一鸣根据教案整理
图 2-1：研究生宋文颖拍摄
图 6：学生：雷达、邱丰；指导教师：朱雷
图 7：学生：刘博伦、张皓博；指导教师：吴锦绣
图 8：学生：柏韵树、吴承柔；指导教师：朱渊

大学校园户外空间设计与学生使用行为的关联性研究——以南京艺术学院为例

吴锦绣[1]，张玫英，崔俊通，信子怡

（1. 东南大学建筑学院，南京市四牌楼 2 号，210096）

摘要：改革开放之后我国经济的加速发展给高等学校的发展提供了空前的机遇，其规划设计也受到越来越多的重视，校园户外空间设计与学生实际使用行为的关联性是本文的研究重点。本研究基于系统调研指出：户外空间是南京艺术学院校园规划设计中的特色和亮点，为师生提供了层次丰富的户外活动空间；南京艺术学院学生选择在建筑内庭院、建筑间广场、绿地以及中心广场为代表的校园户外空间进行户外活动的比例明显高于同在南京市的其他几所大学，校园空间设计确实起到了促进学生户外活动的重要作用，并进一步分析证明了户外空间不仅是亚热带城市的专利，在具有夏热冬冷气候特点的南京同样具有很高的使用频率。

关键词：大学校园，户外空间，学生行为，关联性

改革开放之后我国经济的加速发展给高等学校的发展提供了空前的机遇，截至 2019 年中国高校在校生规模达到 3833 万人，居世界第一；高校数量为 2824 所，居世界第二，中国高等教育毛入学率达 48%[1]。习近平总书记在党的十九大上强调要加快一流大学和一流学科建设，实现高等教育内涵式发展[2]，标志着中国高等教育的发展进入新的进阶阶段。同时，在我国城市建设走向精细化设计，由“速度优先”向“品质追求”转变的背景之下，城市规划和设计也将由空间增长性设计转向以内涵提升和精细化管理[3]。大学校园作为教书育人的重要载体，对于学生身心健康的培养非常重要，在新的历史时期中，大学校园空间设计也从传统的重视建筑设计转向建筑与环境并重，校园环境的营造也受到前所未有的重视[4]。本研究就是基于对大学校园环境和学生行为的研究在校园户外空间研究方面的一点探索。

1. 研究缘起：校园调研

自 2017 年起，结合笔者主持的关于绿色校园研究的国家自然科学基金项目，我们对于国内外大学校园空间的规划设计进行系统研究[5]，并针对中国既有高校典型案例展开了 3 次系统调研，以了解当前高校校园建筑及环境的空间特色以及师生的使用状况和使用需求。3 次调研横跨北京、天津、南京、上海等地，所涉及高校种类多样，共计涉及高校近 30 所。研究采取实地观测和采访问卷相结合的方法，3 次调研共发放和调查问卷 3000 余份，回收有效问卷 2900 余份。通过对于上述调查问卷数据的分析，我们对于目前高校校园建筑与环境的现状和存在的问题有了整体的把握。

上述调研中的第三次主要是针对南京高校建筑与环境相互关系的调研，选取 4 所 2000—2010 年前后新建或改建的校园，分别是南京艺术学院（改建）、南京大学仙林校区（新建）、东南大学九龙湖校区（新建）

* 本论文受到国家自然科学基金项目（52078113，51678123）的资助

以及南京师范大学仙林校区（新建）（图 1），调研中共发放问卷 1200 份，回收有效问卷 1102 份。其中每个校园选取 4 组建筑与环境典型案例，其中南京艺术学院选取的 4 类典型建筑与环境典型案例分别为：图书馆、设计学院、黄瓜园餐厅和宿舍（图 2）。本文就是基于这次调研的基础之上，对于南京艺术学院校园建筑与户外空间关系所进行的深入研究，通过调查问卷和数据分析，对于校园户外空间与学生行为的关联性进行的专门研究。我们希望借此梳理校园户外空间的设计与使用行为的关系，为校园户外空间进一步的优化奠定了基础。

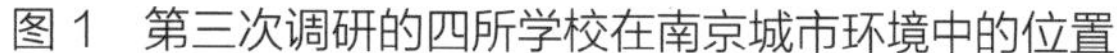

图 1　第三次调研的四所学校在南京城市环境中的位置

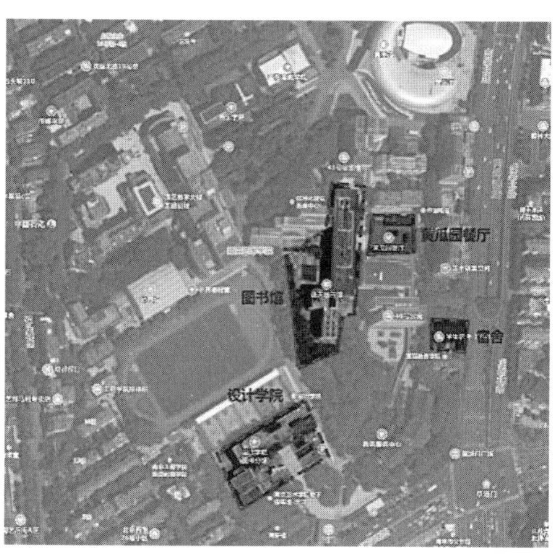

图 2　南京艺术学院典型建筑 / 环境案例选择

2. 南京艺术学院校园空间设计研究

南京艺术学院（简称南艺）校园的调研让人印象深刻，不仅是因为与其艺术类学科特色吻合的校园建筑（如音乐厅、美术馆等），更加是因为其校园户外空间，户外空间是南艺校园的一大特色，不仅为学生的各类活动提供场所，也与校园建筑完美结合，奠定了校园的整体空间形态，体现了校园所处场地的环境特征，并烘托和强化了艺术学院独特的气质。

南京艺术学院是我国最早创立的艺术院校之一，源于 1912 年刘海粟在上海创建的上海美术专科学校。校区位于南京市区西部，北邻江苏省广播电视塔和古林公园，西邻秦淮河和明城墙遗址风光带，东邻城西干道，南邻的南京工程学院西校区（占地面积 11.1hm^2）被置换给南京艺术学院。合并后的校区面积为 44.6hm^2。项目于 2006 年启动，合并后的校区规划设计由著名的建筑大师崔恺先生的团队完成，他们对于整体校园和建筑进行规划整合、合理改造和新功能加建[6]（图 3）。

2.1　南京艺术学院校园空间设计研究

通过对于校园建筑和环境的调研分析，我们发现南京艺术学院的校园空间设计具有以下重要特点：

1）探索了高密度城市背景之下的大学校园实现可持续发展的路径

南京艺术学院地处南京老城西部，属典型的高密度城市环境中的大学。设计师在校园的总体规划中充分发掘了校园空间的特色，将原本的两个校园通过户外空间的重新梳理很好地融合成一个整体，很好地处理了动静分区、开放空间、校园形态与交通组织等问题，奠定了校园的整体空间格局。设计师也很好地尊重了校园现有的建筑资源，尽量保留并使其继续发挥作用，结合整体规划进行改建、扩建、加建和新建，将原有两个校区中独立的诸多建筑整合成有机的校园建筑系统，对建筑进行适当的改建和加建，新旧融合的建筑体现了浓厚的历史感。校园整体空间格局和建筑系统的综合考虑为校园空间与建筑的可持续发展路径进行了有益的探索（图 2）。

2）户外空间成为组织校园空间和为师生提供活动空间的双赢之举

户外空间是南京艺术学院校园的特色和亮点。南艺校园校区面积较小，因此设计师在建筑形态上非常注重开放空间的设计，南京艺术学院的户外空间很好地适应了高低起伏的地形地貌特色及生态环境，成为校园的重要特色。以图书馆为代表的新建筑充分而立体地利用了校园空间，将建筑高高抬起，底层架空，不仅增加环境的通透感，联系了两侧的教学区和生活区之间复杂的空间和流线，也能够很好地满足师生户外活动提供场所。校园户外空间系统在校园环境中有机展开，实现了开放空间的整体化和系统化[7]。在图 3 所示的户外空间系统中，深灰色部分代表校园中的中心广场以及校园级活动中心，而灰色部分则代表次级公共空间，通常表现为建筑间的广场和绿地。这两个层级的户外空间的规划设计是南京艺术学院整个校园户外空间设计中的特色和精华部分，其周边的流线关系如图 4 所示，我们在本文的后半部分将会对这两个层级的户外空间进行专门的研究。

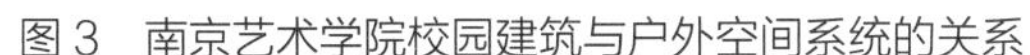
图 3　南京艺术学院校园建筑与户外空间系统的关系

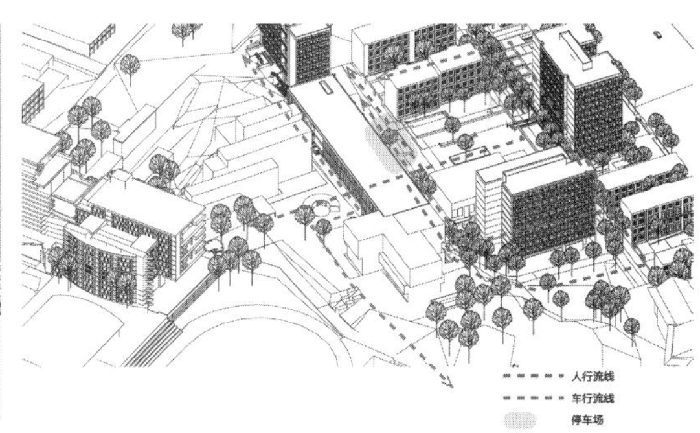

图 4　新图书馆周边环境与流线关系

2.2　南京艺术学院典型户外空间与建筑的一体化设计研究

南京艺术学院图书馆新馆是南京艺术学院校园建筑系统综合提升中的一个重要案例，属于老图书馆的扩建项目，贴邻老图书馆而建。新图书馆巧妙地利用了现状食堂与教学楼之间的狭长地带，其在校区内特殊的地理位置使其更多地承载了整合周边地势与环境、链接步行交通的任务。新图书馆的场地状况非常复杂，不仅是位于山坡的边缘，地势高差很大，而且是学生宿舍区到教学区的必经之路，学生由宿舍区到达教学区需要爬高超过 10m。设计师将整个建筑上部抬起，中间架空两层，仅有门厅和上部几层与老馆连通，并在尺度上与老馆看齐。图书馆下部的架空设计恰到好处地联系了教学区的公共教育广场与宿舍区的生活广场，层层台阶和坡道解决了由生活区到公共教学区的步行连通，同时有效地诠释了校园的地貌特征，与周围的山坡和树林融为一体。在架空部分的北侧，接近宿舍区的位置设置的室外小剧场，则成为这条主要步行道路之上非常适合学生驻足停留和交流讨论的场所。新馆建筑造型简洁，立面铺满竖向的遮阳百叶，不仅使建筑体量显得更为轻巧，使阅览室内的光线更加柔和，更对形成校园这一处公共空间的完整性和主导建筑组群简约利落的整体风格起到了关键作用[8]（图 5~ 图 7）。

这种下部架空的灰空间并非图书馆所独有，新建的学生宿舍、演艺教学大楼以及改建的设计学院楼等都在底层设计有丰富的架空空间，不仅丰富了校园空间，也在高密度的城市环境中为学生提供了宝贵的户外活动空间（图 8 和图 9），成为南京艺术学院校园空间的一大特色。

图 5　南京艺术学院新图书馆东立面

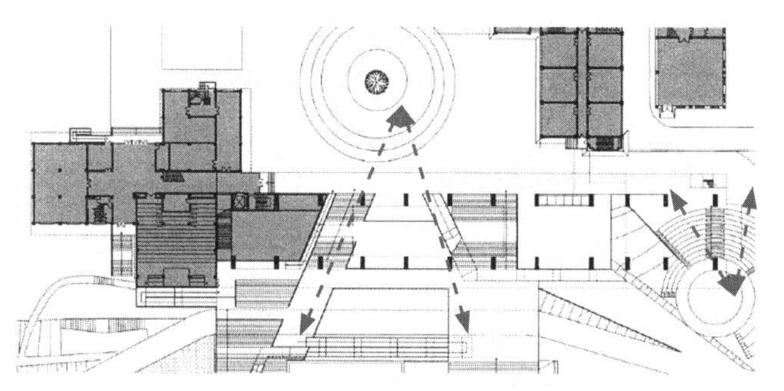

图 6　南京艺术学院新图书馆平面图，右侧圆弧形空间为小剧场（红色箭头为学生步行流线）

图 7　新图书馆下部架空空间北侧的小剧场

图 8　南京艺术学院设计学院及其前部的外部空间

图 9　新宿舍楼及其下部的架空空间

3. 校园户外空间与学生使用行为的关联性研究

基于上述设计分析和研究，我们可以看出校园户外空间在南京艺术学院校园的整体规划设计中占有非常重要的地位，不仅对于南京艺术学院的校园空间整体规划与建筑设计起到了非常重要的作用，也为师生提供了层次丰富的户外活动空间。

丰富的户外空间通常是气候温暖的热带和亚热带建筑常用的设计手法，有利于为使用者提供凉爽舒适的户外活动空间，并能够促进建筑自然通风，造就宜人的微气候环境。南京地处夏热冬冷地区，其气候特点是夏天热、冬天冷，所以大量户外空间的运用在南京地区大学校园的规划设计中应该说是非常大胆的设计。于是我们便结合第三次校园调研的开展，对于南京艺术学院校园户外空间的使用行为和舒适性感受进行研究，以期了解其使用行为和评价反馈，进而通过数据分析对于南京艺术学院校园户外空间舒适性进行研究。

按照前文所述，第三次调研中我们在南京艺术学院校园中共选择 4 个典型案例，分别是图书馆、设计学院、黄瓜园餐厅和宿舍（图 2），共回收有效问卷 117 份。调查问卷通过对于学生在校园户外空间中发生最多的几种行为（读书和背诵、交流和讨论、休闲娱乐、社团活动以及布展和看展等）在不同的大学校园中的发生频率以及使用舒适性的评价和反馈进行分析和研究。在调研数据和整理与分析阶段，我们对于不同大学的情况进行横向对比，以便发现各个学校校园户外空间使用状况之间的关联性，然后选取南京艺术学院户外空间进行进一步的深入分析。

3.1 各校之间学生行为与空间选择的横向比较

在运用统计学原理进行数据分析比较的时候，我们发现在上述的几种行为中，“读书和背诵”和“交流和讨论”和“休闲和娱乐”这三种行为在不同学校校园中的发生地点有一定的共性，例如在校园中，建筑内庭院、建筑间广场和绿地，以及中心广场作为主要的学生学习、交流和娱乐空间是学生日常户外活动的主要发生地点，通常会承载 75%~90% 的户外活动。同时，就不同的学校相比较而言，在 0.05 的显著性水平下，不同学校的学生对这三种主要户外活动空间的选择上存在显著差异。南京艺术学院的学生选择在建筑间广场和绿地（图 3 中的灰色空间）和中心广场（图 3 中的深灰色空间）进行读书和背诵和交流和讨论的比例远远高于其他三所高校，尤其是交流和讨论和休闲和娱乐活动，选择在建筑间广场和绿地和中心广场进行数量的占到总体交流和讨论和休闲和娱乐活动的近六成（表 1~ 表 3）。

从上述横向对比我们可以看到，相对于同样在南京、处于同样气候条件下的四所大学，就读书和背诵和交流和讨论两种学生主要的学习活动而言，南京艺术学院的学生选择在包括建筑内庭院、建筑间广场和绿地，以及中心广场在内的各级户外空间进行的比例明显高于其他三所大学，占到总访问量的 85%~93%，其中尤其是选择在建筑间广场和绿地和中心广场的数量居多，占到总访问量的 41~58%。就休闲和娱乐活动而言，南京艺术学院的学生选择在包括建筑内庭院、建筑间广场和绿地以及中心广场进行的比例更是高于其他三所大学，占到总访问量的近 80%，而其他三所大学中，更多的休闲和娱乐活动则发生在运动场。

由此我们可以得出这样的结论：南京艺术学院的校园规划设计中的户外空间对于促进学生的学习、交流和娱乐活动确实起到了重要作用。

学校类型 * 读书和背诵地点情况统计　　表 1

	东南大学	南京艺术学院	南京大学	南京师范大学	N
建筑内庭院	40.2%	43.2%	39.4%	46.2%	41.7%
建筑间广场 / 绿地	27.7%	27.0%	26.4%	25.5%	26.8%
中心广场	4.7%	14.2%	7.3%	8.2%	7.2%

续表

	东南大学	南京艺术学院	南京大学	南京师范大学	N
运动场	7.3%	3.4%	7.8%	6.7%	6.9%
其他	20.1%	12.2%	19.1%	13.4%	17.5%
合计	100.0%	100.0%	100.0%	100.0%	100.0%
列总计	537 个	148 个	424 个	329 个	1438 个
x^2=29.799，df=12，sig=0.003					

学校类型与交流和讨论地点情况统计　　表 2

	东南大学	南京艺术学院	南京大学	南京师范大学	N
建筑内庭院	36.3%	34.7%	33.6%	27.2%	33.0%
建筑间广场 / 绿地	28.0%	31.3%	26.7%	25.9%	27.4%
中心广场	13.9%	26.7%	14.9%	23.4%	17.9%
运动场	6.5%	3.3%	10.3%	12.7%	8.9%
其他	15.2%	4.0%	14.4%	10.7%	12.8%
合计	100.0%	100.0%	100.0%	100.0%	100.0%
列总计	553 个	150 个	464 个	401 个	1568 个
x^2=58.400，df=12，sig=0.000					

学校类型与休闲和娱乐地点情况统计　　表 3

	东南大学	南京艺术学院	南京大学	南京师范大学	N
建筑内庭院	7.7%	18.7%	10.9%	9.7%	10.2%
建筑间广场 / 绿地	17.0%	30.4%	21.7%	21.0%	20.6%
中心广场	24.3%	29.8%	21.9%	25.0%	24.3%
运动场	40.2%	15.2%	38.6%	37.7%	36.8%
其他	10.8%	5.8%	6.9%	6.6%	8.1%
合计	100.0%	100.0%	100.0%	100.0%	100.0%
列总计	659 个	171 个	539 个	424 个	1793 个
x^2=65.840，df=12，sig=0.000					

3.2　南京艺术学院户外空间与学生行为的关联性研究

从上述分析中可以看到，在南京艺术学院校园中建筑内庭院、建筑间广场和绿地以及中心广场的使用频率明显高于同在南京市的其他几所大学。在这样的情况下，我们继续聚焦南京艺学院校园，选取南京艺术学院校园中在这三级户外空间中发生频率最高的交流和讨论活动（共计达到 92.7%，其中在建筑筑间广场和绿地以及中心广场的发生频率明显高于其他高校，见表 2）进行深入研究，希望了解这一活动在南艺校园里的使用状况和使用舒适性。

针对前述研究的典型建筑设计案例——图书馆加建，由于其下部的架空空间归为建筑间广场和绿地，所以我们就以建筑间广场和绿地为例，研究交流和讨论活动在这类空间中的使用状况和使用感受。

学生在“建筑间广场和绿地”交流和讨论活动的季节情况统计　　表 4

	频数	响应百分比 /%	个案百分比 /%
春季	28	30.1	59.6
夏季	19	20.4	40.4
秋季	38	40.9	80.9
冬季	8	8.6	17.0
总计	93	100.0	197.9

在 93 个有效回答中，其中“春季”被选了 28 次，占总次数的 30.1%，“夏季”被选了 19 次，占总次数的 20.4%，“秋季”被选了 38 次，占总次数的 40.9%，“冬季”被选了 8 次，占总次数的 8.6%。

在“建筑间广场和绿地”交流和讨论的舒适度统计　　表 5

	频数	有效百分比 /%	累积百分比 /%
较好	23	48.9	48.9
一般	21	44.7	93.6
较差	3	6.4	100.0
总计	47	100.0	

在“建筑间广场 / 绿地”交流 / 讨论需要增加设施的意愿统计　　表 6

	频数	响应百分比 /%	个案百分比 /%
凉亭长椅	31	48.4	67.4
运动器械	6	9.4	13.0
景观小品	16	25.0	34.8
自动售卖机	11	17.2	23.9
其他	0	0.0	0.0
总计	64	100.0	139.1

在 64 个有效回答中，“凉亭长椅”被选了 31 次，占总次数的 48.4%，“景观小品”被选了 16 次，占总次数的 25.0%，“自动售卖机”被选了 11 次，占总次数的 17.2%，“运动器械”被选了 6 次，占总次数的 9.4%。

由上述分析可以看出，春季、夏季和秋季都是建筑间广场和绿地使用频率较高的时段，占到总使用次数的 91% 以上。在建筑间广场和绿地进行交流和讨论的使用舒适度中，感觉较好和一般的人也达到 93% 以上，只有 6.4% 的人觉得舒适度较差。对于建筑间广场和绿地进行交流和讨论需要增加的设施而言，凉亭长椅、景观小品和自动售卖机的需求占到前三位，说明学生对于更加舒适和方便的环境有着较强的需求。在对于调研数据分析中，发现对于中心广场进行交流和讨论的使用状况和舒适度感受与建筑间广场和绿地的情况有着非常类似的情况，由于篇幅所限，在本论文中就不再赘述。

4. 结论

结合第三次校园调研的开展调查研究和设计分析，我们可以看出校园户外空间的规划设计是南京艺术学院校园整体规划设计中的特色和亮点，不仅对于南京艺术学院的校园空间整体规划与建筑设计起到了非常重要的作用，也为师生提供了层次丰富的户外活动空间。通过整体性的规划设计完美地实现了环境、空间和设计的统一，让校园充满勃勃生机。

通过对于南京几所高校户外空间中学生使用状况的横向比较中可以看到：南京艺术学院学生选择在建筑内庭院、建筑间广场和绿地以及中心广场为代表的户外空间进行活动的比例明显高于同在南京市的其他几所大学，这一方面可能受到南京艺术学院特殊的专业设置（艺术类）对于户外空间要求较高的影响，另一方面也说明南京艺术学院的校园空间设计确实起到了促进学生户外活动的重要作用。

对于南京艺术学院校园户外空间与学生使用行为的关联性研究，我们还发现户外空间不仅是亚热带城市的专利，在夏热冬冷气候特点的南京同样很高的使用频率和较好的舒适性。同时，通过适当增加凉亭长椅、景观小品和自动售卖机等设施可以进一步提升学生对于这些空间的使用。

参考文献

[1] 国家统计局 . 中国统计年鉴 2019 年 [M]. 北京：中国统计出版社，2019.

[2] 绘制新时代加快推进教育现代化建设教育强国的宏伟蓝图——教育部负责人就《中国教育现代化 2035》和《加快推进教育现代化实施方案（2018—2022 年）》答记者问 [EB/OL].（2019-02-23）. http：//www.gov.cn/zhengce/2019-02/23/content_5367993.htm

[3] 王建国 . 包容共享、显隐互鉴、宜居可期——城市活力的历史图景和当代营造 [J]. 城市规划，2019，（43）12：9-16.

[4] 何镜堂 . 当代大学校园规划设计的理念与实践 [J]. 城市建筑，2005，（9）：4-10.

[5] 吴锦绣，赵琳 . “从拥抱自然到梦想校园：美国大学校园形态发展及启示”[J]. 华中建筑，2020，（5）：10-15.

[6] 崔愷，赵晓刚 . 重塑校园公共空间——南京艺术学院图书馆扩建 [J]. 城市建筑，2011，（7）：49-53.

[7] 崔雄 . 与大师有个约定——南艺校园改造记 [J]. 南京艺术学院学报（美术与设计版），2014，（6）：134-137.

[8] 南京艺术学院，中国建筑设计研究院 . 阅约深美——南京艺术学院校园规划与建筑 [M]. 北京：中国建筑工业出版社，2014.

图片来源

图 1，图 2，图 4 课题组崔俊通，信子怡及《绿色建筑设计》课学生调研绘制

图 3，图 6，图 7 来源于参考文献 7

图 5，图 8，图 9 作者自摄

表 1~ 表 6 来源于课题组数据分析报告

附录

附录一　高校校园空间与环境调研（一）

学　校：____________________

建　筑：____________________

时　间：____________________

性别	男		女	
职业	教师	学生	行政管理	其他
专业	理科类	文科类	工科类	其他

A　关于建筑物理性能

1. 您觉得本楼的自然采光状况如何?
A. 很不满意　B. 较不满意　C. 较满意　D. 很满意

2. 您觉得本楼的自然通风状况如何?
A. 很不满意　B. 较不满意　C. 较满意　D. 很满意

3. 您所在的空间设有下列何种设施?（可多选）
A. 暖气　B. 空调　C. 风扇　D. 加湿 / 除湿器

4. 冬天室内是否需要增设供暖 / 空调?
A. 需要　B. 不需要

5. 夏天室内是否需要增设空调 / 风扇?
A. 需要　B. 不需要

6. 您认为在冬季该教室室内潮湿吗?
A. 干燥　B. 稍干燥　C. 适中　D. 稍潮湿
E. 潮湿

7. 您认为在夏季该教室室内潮湿吗?
A. 干燥　B. 稍干燥　C. 适中　D. 稍潮湿
E. 潮湿

8. 就使用舒适度而言，您对本楼的整体满意度如何?
A. 很不满意　B. 较不满意　C. 较满意　D. 很满意

B　关于建筑空间与使用行为状况

1. 您每次在本楼的停留时间?
A.4 小时以下　B.4~8 小时　C.8~10 小时　D.10 小时以上

2. 本楼让您觉得最满意的空间有?（可多选）
A. 办公室　B. 实验室　C. 教室　D. 研究室
E. 研讨室　F. 自习室　G. 茶餐厅　H. 中庭 / 庭院
I. 走廊、楼梯等　J. 其他

3. 本楼让您觉得最不满意的空间有?（可多选）
A. 办公室　B. 实验室　C. 教室　D. 研究室
E. 研讨室　F. 自习室　G. 茶餐厅　H. 中庭 / 庭院
I. 走廊、楼梯等　J. 其他

4. 您认为本楼需要增设的空间有?（可多选）
A. 学习空间（自习室、课室、实验室等）　B. 交流与休闲空间（休息室、茶餐厅等）
C. 交通空间（走廊、楼梯、通道等）　D. 信息与展示空间
E. 储藏空间　F. 资料室
G. 其他空间

5. 您在本楼中经常进行什么样的活动?（可多选）
A. 课堂学习　B. 自习研修　C. 交流讨论　D. 展览展示
E. 聚集活动　F. 就餐休息　G. 其他

6. 您认为本楼中应增设下列哪些功能?（可多选）
A. 课堂学习　B. 自习研修　C. 交流讨论　D. 展览展示
E. 聚集活动　F. 就餐休息　G. 其他

7. 您会选择在本楼的哪些空间学习 / 自习？（可多选）

A. 专业教室　B. 公共教室　C. 实验室　D. 工作室
E. 阅览室　F. 会议室　G. 门厅　H. 庭院
I. 茶餐厅　J. 室外平台　K. 走道楼梯　L. 其他

8. 您选择学习空间的依据？（可多选）

A. 方便到达　B. 安静明亮　C. 桌椅舒适　D. 相对固定
E. 安全私密　F. 可以讨论交流　G. 其他

9. 您对本楼中的学习空间是否满意？

A. 很不满意　B . 较不满意　C. 较满意　D. 很满意

10. 您会选择在本楼的哪些空间交流 / 讨论？（可多选）

A. 专业教室　B. 公共教室　C. 实验室　D. 工作室
E. 茶餐厅　F. 会议室　G. 门厅　H. 中庭 / 庭院
I. 室外平台　J. 走道楼梯　K. 其他

11. 您选择交流讨论空间的依据？（可多选）

A. 安静舒适　B. 环境宜人　C. 方便到达　D. 私密性强
E. 相对固定　F. 有舒适座椅　G. 提供餐饮　H. 其他

12. 您对本楼中的交流讨论空间是否满意？

A. 很不满意　B. 较不满意　C. 较满意　D. 很满意

13. 您会选择在本楼的哪些空间休息 / 休闲？（可多选）

A. 专业教室　B. 公共教室　C. 实验室
D. 工作室　E. 茶餐厅　F. 会议室
G. 门厅　H. 中庭 / 庭院　I. 室外平台
J. 走道楼梯　K. 其他

14. 您选择休息休闲空间的依据？（可多选）

A. 安静舒适　B. 环境宜人　C. 方便到达　D. 私密性强
E. 相对固定　F. 有舒适座椅　G. 提供餐饮　H. 其他

15. 您对本楼中的休息休闲空间是否满意？

A. 很不满意　B. 较不满意　C. 较满意　D. 很满意

16. 您认为本楼哪些空间适合展览 / 展示？（可多选）

A. 专业教室　B. 公共教室　C. 实验室
D. 工作室　E. 茶餐厅　F. 会议室
G. 门厅　H. 中庭 / 庭院　I. 室外平台
J. 走道楼梯　K. 其他

17. 您对本楼中的展览展示空间是否满意？

A. 很不满意　B. 较不满意　C. 一般　D. 较满意
E. 很满意

C　关于校内公共活动空间的使用情况

1. 您经常去的活动场地有 :（可多选）

A. 建筑内庭院　B. 建筑间广场 / 绿地　C. 校园中心广场 / 绿地
D. 运动场　E. 其他

2. 您在校园公共活动空间经常进行什么样的活动？（可多选）

A. 读书学习　B. 休息聊天　C. 健身散步　D. 户外展览

E. 社团活动　　F. 其他

3. 您能接受的从工作室 / 宿舍步行至户外活动场地的时间是？

A.5 分钟　　B.5~10 分钟　　C.15 分钟左右　　D. 大于 20 分钟

4. 您会选择在哪里读书学习？（可多选）

A. 建筑内庭院　　B. 建筑间广场 / 绿地　　C. 校园中心广场 / 绿地

D. 运动场　　E. 其他

5. 您会选择在哪里休息聊天？（可多选）

A. 建筑内庭院　　B. 建筑间广场 / 绿地　　C. 校园中心广场 / 绿地

D. 运动场　　E. 其他

6. 您会选择在哪里健身散步？（可多选）

A. 建筑内庭院　　B. 建筑间广场 / 绿地　　C. 校园中心广场 / 绿地

D. 运动场　　E. 其他

7. 您会选择在哪里进行社团活动？（可多选）

A. 建筑内庭院　　B. 建筑间广场 / 绿地　　C. 校园中心广场 / 绿地

D. 运动场　　E. 其他

8. 您所在的校园户外空间是否能够满足需求？

A. 能满足　　B. 基本满足　　C. 未能满足

9. 您认为哪里需要增设的活动空间？（可多选）

A. 建筑内庭院　　B. 建筑间广场 / 绿地　　C. 校园中心广场 / 绿地

D. 运动场　　E. 其他

10. 您认为需要增设的活动设施有？（可多选）

A. 凉亭长凳　　B. 运动器械　　C. 景观小品　　D. 自动售卖机

附录一　高校校园空间与环境调研（二）

学　校：____________________

建　筑：____________________

时　间：____________________

性别	男		女	
职业	教师	学生	行政管理	其他
专业	理科类	文科类	工科类	其他

1. 针对校园的公共活动空间，您会选择在哪里读书 / 背诵？（可多选）
A. 建筑内庭院　B. 建筑间广场 / 绿地　C. 中心广场　D. 运动场　E. 其他
2. 您能接受的从教室 / 实验室 / 宿舍步行至该活动场地的时间是?
A. 5 分钟　B. 5~10 分钟　C. 15 分钟左右　D. 大于 20 分钟
3. 您大多什么季节在该环境中读书 / 背诵?（可多选）
A. 春季　B. 夏季　C. 秋季　D. 冬季
4. 您大多什么时间在该环境中读书 / 背诵?（可多选）
A. 早晨上课前　B. 午休　C. 晚饭后　D. 夜晚
E. 周末及节假日
5. 您每次在该环境读书 / 背诵的时长?
A. 30 分钟以内　B. 30 分钟至 1 个小时　C.1 个小时以上
6. 您觉得在该环境读书 / 背诵，其自然通风如何?
A. 很不满意　B. 较不满意　C. 较满意　D. 很满意
7. 您觉得在该环境读书 / 背诵，其自然采光如何?
A. 很不满意　B. 较不满意　C. 较满意　D. 很满意
8. 您认为上述所选环境还需要增加那些设施？（可多选）
A. 凉亭长凳　B. 运动器械　C. 景观小品　D. 自动售卖机
E. 其他
9. 您对上述所选环境的舒适度如何评价?
A. 较 好　B. 一 般　C. 较 差
原因是________________________________

10. 针对校园的公共活动空间，您会选择在哪里交流 / 讨论?（可多选）
A. 建筑内庭院　B. 建筑间广场 / 绿地　C. 中心广场　D. 运动场　E. 其他
11. 您能接受的从教室 / 实验室 / 宿舍步行至该活动场地的时间是?
A. 5 分钟　B. 5~10 分钟　C.15 分钟左右　D. 大于 20 分钟
12. 您大多什么季节在该环境中交流 / 讨论?（可多选）
A. 春季　B. 夏季　C. 秋季　D. 冬季
13. 您大多什么时间在该环境中交流 / 讨论?（可多选）
A. 早晨上课前　B. 午休　C. 晚饭后　D. 夜晚
E. 周末及节假日
14. 您每次在该环境交流 / 讨论的时长?
A. 30 分钟以内　B. 30 分钟至 1 个小时　C. 1 个小时以上
15. 您觉得在该环境交流 / 讨论，其自然通风如何?
A. 很不满意　B. 较不满意　C. 较满意　D. 很满意
16. 您觉得在该环境交流 / 讨论，其夜间照明如何?
A. 很不满意　B. 较不满意　C. 较满意　D. 很满意
17. 您认为上述所选环境还需要增加那些设施？（可多选）
A. 凉亭长凳　B. 运动器械　C. 景观小品　D. 自动售卖机
E. 其他
18. 您对上述所选环境的舒适度如何评价?
A. 较好　B. 一般　C. 较差

原因是____________________

19. 针对校园的公共活动空间，您会选择在哪里休闲 / 娱乐？（可多选）
A. 建筑内庭院　B. 建筑间广场 / 绿地　C. 中心广场　D. 运动场
E. 其他

20. 您能接受的从教室 / 实验室 / 宿舍步行至该活动场地的时间是？
A. 5 分钟　B. 5~10 分钟　C.15 分钟左右　D. 大于 20 分钟

21. 您大多什么季节在该环境中休闲 / 娱乐？（可多选）
A. 春季　B. 夏季　C. 秋季　D. 冬季

22. 您大多什么时间在该环境中休闲 / 娱乐？（可多选）
A. 早晨上课前　B. 午休　C. 晚饭后　D. 夜晚
E. 周末及节假日

23. 您每次在该环境休闲 / 娱乐的时长？
A. 30 分钟以内　B.30 分钟至 1 个小时　C.1 个小时以上

24. 您觉得在该环境休闲 / 娱乐，其自然通风如何？
A. 很不满意　B. 较不满意　C. 较满意　D. 很满意

25. 您觉得在该环境休闲 / 娱乐，其夜间照明如何？
A. 很不满意　B. 较不满意　C. 较满意　D. 很满意

26. 您认为上述所选环境还需要增加那些设施？（可多选）
A. 凉亭长凳　B. 运动器械　C. 景观小品　D. 自动售卖机
E. 其他

27. 您对上述所选环境的舒适度如何评价？
A. 较好　B. 一般　C. 较差
原因是____________________

28. 针对校园的公共活动空间，您会选择在哪里进行社团活动？（可多选）
A. 建筑内庭院　B. 建筑间广场 / 绿地　C. 图书馆及周边广场　D. 运动场
E. 其他

29. 您能接受的从教室 / 实验室 / 宿舍步行至该活动场地的时间是？
A. 5 分钟　B. 5~10 分钟　C. 15 分钟左右　D. 大于 20 分钟

30. 您大多什么时间在该环境中社团活动？（可多选）
A. 早晨上课前　B. 午休　C. 晚饭后　D. 夜晚
E. 周末及节假日

31. 您每次在该环境进行社团活动的时长？
A. 30 分钟以内　B. 30 分钟至 1 个小时　C.1 个小时以上

32. 您觉得在该环境进行社团活动，其自然通风如何？
A. 很不满意　B. 较不满意　C. 较满意　D. 很满意

33. 您觉得在该环境进行社团活动，其夜间照明如何？
A. 很不满意　B. 较不满意　C. 较满意　D. 很满意

34. 您认为上述所选环境还需要增加哪些设施？（可多选）
A. 凉亭长凳　B. 运动器械　C. 景观小品　D. 自动售卖机
E. 其他

35. 您对上述所选环境的舒适度如何评价?

A. 较好　　B. 一般　　C. 较差

原因是________________________________

36. 针对校园的公共活动空间，您会选择在哪里布展 / 看展?（可多选）

A. 建筑内庭院　　B. 建筑间广场 / 绿地　　C. 图书馆及周边广场　　D. 运动场

E. 其他

37. 您能接受的从教室 / 实验室 / 宿舍步行至该活动场地的时间是?

A. 5 分钟　　B. 5~10 分钟　　C. 15 分钟左右　　D. 大于 20 分钟

38. 您认为上述所选环境大小是否足够?

A. 太大了　　B. 刚刚好　　C. 太小了

39. 您大多什么时间在该环境中布展 / 看展?（可多选）

A. 早晨上课前　　B. 午休　　C. 晚饭后　　D. 夜晚

E. 周末及节假日

40. 您认为上述所选环境还需要增加哪些设施？（可多选）

A. 凉亭长凳　　B. 运动器械　　C. 景观小品　　D. 自动售卖机

E 其他

41. 您对上述所选环境的舒适度如何评价?

A. 较好　　B. 一般　　C. 较差

原因是________________________________

附录二　调查问卷及调查数据整理

四校总体情况

（一）总体情况

总体情况　　表 1

学校	频数	有效百分比	累积百分比
东南大学	401	36.4%	36.4%
南京艺术学院	117	10.6%	47.0%
南京大学	323	29.3%	76.2%
南京师范大学	261	23.7%	100.0%
总计	1102	100.0%	

在 1102 位受访者中，有 401 位来自于东南大学，占总样本的 36.4%；有 117 位来自于南京艺术学院，占总样本的 10.6%；有 323 位来自于南京大学，占总样本的 29.3%；有 261 位来自于南京师范大学，占总样本的 23.7%。

（二）读书 / 背诵地区

1. 针对校园的公共活动空间，您会选择在哪里读书 / 背诵?

读书 / 背诵地点选择情况　　表 2

	频数	响应百分比	个案百分比
建筑内庭院	599	41.7%	54.7%
建筑间广场 / 绿地	385	26.8%	35.2%
中心广场	104	7.2%	9.5%
运动场	99	6.9%	9.0%
其他	251	17.5%	22.9%
总计	1438	100.0%	131.3%

在 1438 个有效回答中，各种类型的读书 / 背诵场地一共被选择了 1438 次；其中“建筑内庭院”被选了 599 次，占总次数的 41.7%；“建筑间广场 / 绿地”被选了 385 次，占总次数的 26.8%；“中心广场”被选了 104 次，占总次数的 7.2%；“运动场”被选了 99 次，占总次数的 6.9%；“其他”被选了 251 次，占总次数的 17.5%。

1095 位受访者对此题进行了填答，选择在“建筑内庭院”读书 / 背诵的人占总人数的 54.7%；选择在“建筑间广场 / 绿地”读书 / 背诵的人占总人数的 35.2%；选择在“中心广场”读书 / 背诵的人占总人数的 9.5%；选择在“运动场”读书 / 背诵的人占总人数的 9.0%；选择在“其他”地方读书 / 背诵的人占总人数的 22.9%。

2. 学校类型 * 读书 / 背诵地点

四校对读书 / 背诵地点选择情况　　表 3

	东南大学	南京艺术学院	南京大学	南京师范大学	N
建筑内庭院	40.2%	43.2%	39.4%	46.2%	41.7%
建筑间广场 / 绿地	27.7%	27.0%	26.4%	25.5%	26.8%
中心广场	4.7%	14.2%	7.3%	8.2%	7.2%
运动场	7.3%	3.4%	7.8%	6.7%	6.9%
其他	20.1%	12.2%	19.1%	13.4%	17.5%
合计	100.0%	100.0%	100.0%	100.0%	100.0%
列总计	537	148	424	329	1438
x^2=29.799，*df*=12，*sig*=0.003					

在 0.05 的显著性水平下，不同学校的人对读书 / 背诵地点的选择存在显著差异。四所学校的受访者都倾向于在建筑内庭院读书或者背诵，但是南京师范大学的比例更高。并且，南京艺术学院的受访者选择在中心广场读书或背诵的比例高于其他三所高校，选择在运动场读书背诵的比例远远低于其他三所高校。

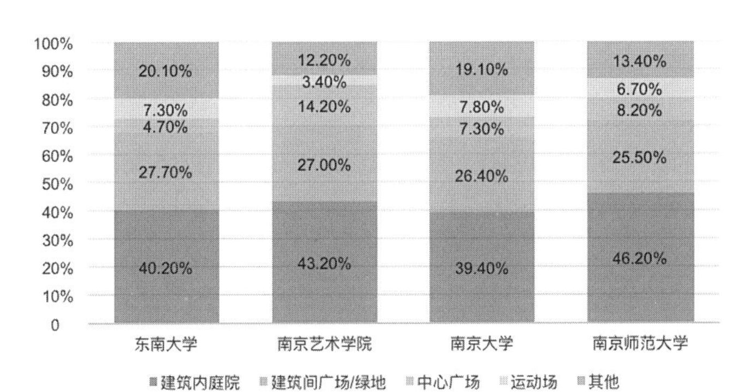

图 1　四校读书 / 背诵地点选择比较 1

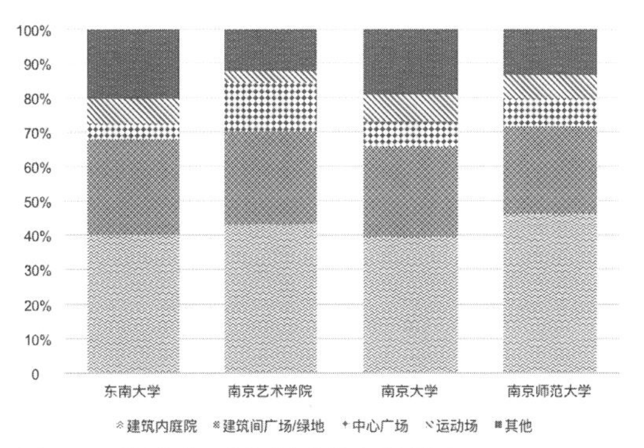

图 2　四校读书 / 背诵地点选择比较 2

3. 性别 * 读书 / 背诵地点

性别对读书 / 背诵地点选择情况　　表 4

	男	女	N
建筑内庭院	38.8%	42.2%	40.6%
建筑间广场 / 绿地	26.3%	28.4%	27.4%
中心广场	7.3%	7.3%	7.3%
运动场	7.0%	6.8%	6.9%
其他	20.6%	15.3%	17.8%
合计	100.0%	100.0%	100.0%
列总计	559	633	1192
x^2=5.935，*df*=4，*sig*=0.204			

在 0.05 的显著性水平下，不同性别的人对读书 / 背诵地点的选择上没有显著差异。

4. 专业 * 读书 / 背诵地点

专业对读书 / 背诵地点选择情况　　表 5

	理科类	工科类	文科类	其他	N
建筑内庭院	44.3%	42.8%	37.5%	40.8%	41.1%
建筑间广场 / 绿地	29.7%	25.1%	27.0%	27.2%	27.2%
中心广场	6.3%	7.2%	5.8%	5.8%	6.4%
运动场	6.0%	7.5%	8.6%	6.8%	7.5%
其他	13.7%	17.3%	21.0%	19.4%	17.9%
合计	100.0%	100.0%	100.0%	100.0%	100.0%
列总计	300	346	429	103	1178
x^2=11.354，df=12，sig=0.499					

在 0.05 的显著性水平下，不同专业的人对读书 / 背诵地点的选择上没有显著差异。

（三）交流 / 讨论地区

1. 针对校园的公共活动空间，您会选择在哪里交流 / 讨论？

交流 / 讨论地点选择情况　　表 6

	频数	响应百分比	个案百分比
建筑内庭院	518	33.0%	47.5%
建筑间广场 / 绿地	430	27.4%	39.4%
中心广场	280	17.9%	25.7%
运动场	140	8.9%	12.8%
其他	200	12.8%	18.3%
总计	1568	100.0%	143.7%

在 1568 个有效回答中，各种类型的交流 / 讨论场地一共被选择了 1568 次，其中“建筑内庭院”被选了 518 次，占总次数的 33.0%；“建筑间广场 / 绿地”被选了 430 次，占总次数的 27.4%；“中心广场”被选了 280 次，占总次数的 17.9%；“运动场”被选了 140 次，占总次数的 8.9%；“其他”被选了 200 次，占总次数的 12.8%。

1091 位受访者对此题进行了填答，选择在“建筑内庭院”交流 / 讨论的人占总人数的 47.5%，选择在“建筑间广场 / 绿地”交流 / 讨论的人占总人数的 39.4%，选择在“中心广场”交流 / 讨论的人占总人数的 25.7%，选择在“运动场”交流 / 讨论的人占总人数的 12.8%，选择在“其他”地方交流 / 讨论的人占总人数的 18.3%。

2. 学校类型 * 交流 / 讨论地点

学校类型对交流 / 讨论地点选择情况　　表 7

	东南大学	南京艺术学院	南京大学	南京师范大学	N
建筑内庭院	36.3%	34.7%	33.6%	27.2%	33.0%
建筑间广场 / 绿地	28.0%	31.3%	26.7%	25.9%	27.4%
中心广场	13.9%	26.7%	14.9%	23.4%	17.9%

续表

	东南大学	南京艺术学院	南京大学	南京师范大学	N
运动场	6.5%	3.3%	10.3%	12.7%	8.9%
其他	15.2%	4.0%	14.4%	10.7%	12.8%
合计	100.0%	100.0%	100.0%	100.0%	100.0%
列总计	553	150	464	401	1568
x^2=58.400，df=12，sig=0.000					

在 0.05 的显著性水平下，不同学校的人对交流 / 讨论地点的选择上存在显著差异。东南大学的人选择在建筑内庭交流讨论的比例显著高于其他三所高校，南京艺术学院的人选择在建筑间广场 / 绿地和中心广场交流讨论的比例远远高于其他三所高校，选择在运动场交流讨论的比例远低于其他三所高校。

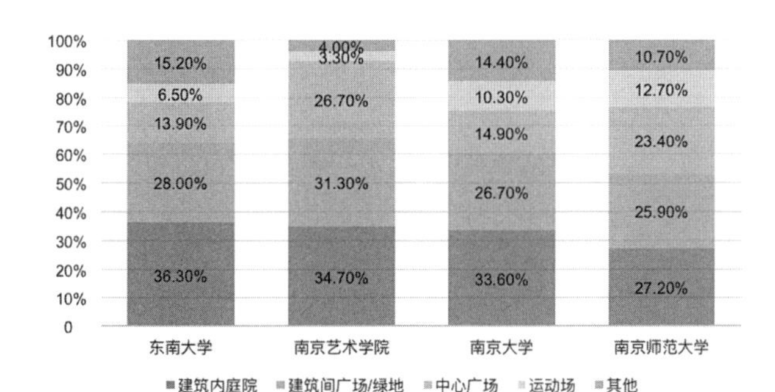

图 3　四校交流 / 讨论地点选取比较 1

图 4　四校交流 / 讨论地点选取比较 2

3. 性别 * 交流 / 讨论地点

性别对交流 / 讨论地点选择情况　　表 8

	男	女	N
建筑内庭院	30.7%	35.6%	33.3%
建筑间广场 / 绿地	28.7%	27.6%	28.1%
中心广场	16.7%	17.4%	17.1%
运动场	9.9%	8.4%	9.1%
其他	14.0%	11.0%	12.5%
合计	100.0%	100.0%	100.0%
列总计	635	682	1317
x^2=5.934，df=4，sig=0.204			

在 0.05 的显著性水平下，不同性别的人对交流 / 讨论地点的选择上不存在显著差异。

4. 专业 * 交流 / 讨论地点

专业对交流 / 讨论地点选择情况　　表 9

	理科类	文科类	工科类	其他	N
建筑内庭院	32.7%	27.9%	38.6%	33.6%	33.5%
建筑间广场 / 绿地	26.6%	28.6%	28.4%	23.9%	27.6%

续表

	理科类	文科类	工科类	其他	N
中心广场	16.6%	18.3%	13.7%	17.7%	16.2%
运动场	11.7%	12.2%	6.7%	7.1%	9.7%
其他	12.3%	13.0%	12.6%	17.7%	13.1%
合计	100.0%	100.0%	100.0%	100.0%	100.0%
列总计	349	377	461	113	1300
x^2=22.305，*df*=12，*sig*=0.034					

在 0.05 的显著性水平下，不同专业的人对交流 / 讨论地点的选择上存在显著差异。工科类选择在建筑内庭院交流讨论的比例高于其他三所高校，选择在中心广场交流讨论的比例低于其他三所高校。文科类更倾向于在建筑间广场和绿地进行交流或讨论。

（四）休闲 / 娱乐地区

1. 针对校园的公共活动空间，您会选择在哪里休闲 / 娱乐？

休闲 / 娱乐地点选择情况　　表 10

	频数	响应百分比	个案百分比
建筑内庭院	183	10.2%	16.9%
建筑间广场 / 绿地	370	20.6%	34.1%
中心广场	435	24.3%	40.1%
运动场	659	36.8%	60.7%
其他	146	8.1%	13.5%
总计	1793	100.0%	165.3%

在 1793 个有效回答中，各种类型的休闲 / 娱乐场地一共被选择了 1793 次，其中“建筑内庭院”被选了 183 次，占总次数的 10.2%；“建筑间广场 / 绿地”被选了 370 次，占总次数的 20.6%；“中心广场”被选了 435 次，占总次数的 24.3%；“运动场”被选了 659 次，占总次数的 36.8%；“其他”被选了 146 次，占总次数的 8.1%。

1085 位受访者对此题进行了填答，选择在“建筑内庭院”休闲 / 娱乐的人占总人数的 16.9%，选择在“建筑间广场 / 绿地”休闲 / 娱乐的人占总人数的 34.1%，选择在“中心广场”休闲 / 娱乐的人占总人数的 40.1%，选择在“运动场”休闲 / 娱乐的人占总人数的 60.7%，选择在“其他”地方休闲 / 娱乐的人占总人数的 13.5%。

2. 学校类型 * 休闲 / 娱乐地点

学校类型对休闲 / 娱乐地点选择情况　　表 11

	东南大学	南京艺术学院	南京大学	南京师范大学	N
建筑内庭院	7.7%	18.7%	10.9%	9.7%	10.2%
建筑间广场 / 绿地	17.0%	30.4%	21.7%	21.0%	20.6%
中心广场	24.3%	29.8%	21.9%	25.0%	24.3%
运动场	40.2%	15.2%	38.6%	37.7%	36.8%

续表

	东南大学	南京艺术学院	南京大学	南京师范大学	N
其他	10.8%	5.8%	6.9%	6.6%	8.1%
合计	100.0%	100.0%	100.0%	100.0%	100.0%
列总计	659	171	539	424	1793
x^2=65.840，df=12，sig=0.000					

在 0.05 的显著性水平下，不同学校的人对休闲 / 娱乐地点的选择上存在显著差异。南京艺术学院的人把建筑内庭院、建筑间广场 / 绿地和中心广场作为休闲娱乐场地的比例高于其他三所高校。东南大学的人更倾向于在运动场休闲娱乐，且比例高于其他三所高校。

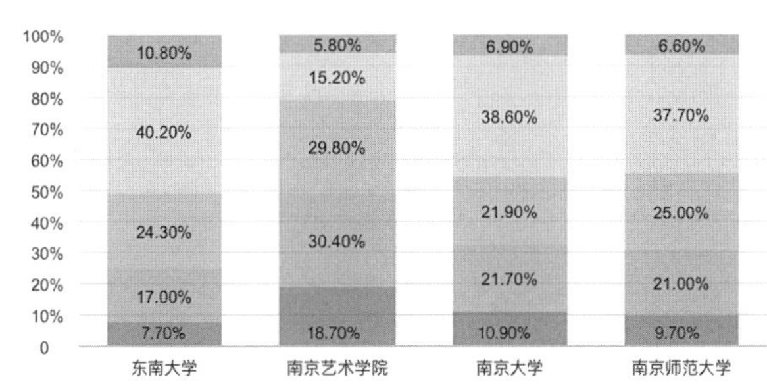

图 5　四校休闲 / 娱乐地点选取比较 1

图 6　四校休闲 / 娱乐地点选取比较 2

3. 性别 * 休闲 / 娱乐地点

性别对休闲 / 娱乐地点选择情况　　表 12

	男	女	N
建筑内庭院	8.3%	11.1%	9.8%
建筑间广场 / 绿地	18.7%	20.9%	19.9%
中心广场	22.4%	26.1%	24.4%
运动场	40.9%	35.0%	37.8%
其他	9.6%	6.8%	8.1%
合计	100.0%	100.0%	100.0%
列总计	696	808	1504
x^2=13.168，df=4，sig=0.010			

在 0.05 的显著性水平下，不同性别的人在休闲 / 娱乐地点的选择上存在显著差异。男女都更倾向于在运动场休闲娱乐，但是男生的比例更高。

4. 专业 * 休闲 / 娱乐地点

专业对休闲 / 娱乐地点选择情况　　表 13

	理科类	文科类	工科类	其他	N
建筑内庭院	9.4%	10.7%	9.3%	8.7%	9.7%
建筑间广场 / 绿地	19.9%	21.6%	16.8%	17.5%	19.1%

续表

	理科类	文科类	工科类	其他	N
中心广场	25.1%	24.1%	22.7%	26.2%	24.0%
运动场	40.1%	35.7%	40.3%	39.7%	38.9%
其他	5.5%	7.9%	10.8%	7.9%	8.4%
合计	100.0%	100.0%	100.0%	100.0%	100.0%
列总计	382	431	546	126	1485
x^2=13.961，*df*=12，*sig*=0.303					

在 0.05 的显著性水平下，不同专业的人在休闲 / 娱乐地点的选择上不存在显著差异。

（五）社团活动

1. 针对校园的公共活动空间，您会选择在哪里进行社团活动？

社团活动地点选择情况　表 14

	频数	响应百分比	个案百分比
建筑内庭院	349	20.9%	32.5%
建筑间广场 / 绿地	350	20.9%	32.6%
图书馆及周边广场	547	32.7%	51.0%
运动场	254	15.2%	23.7%
其他	171	10.2%	15.9%
总计	1671	100.0%	155.7%

在 1671 个有效回答中，各种类型的社团活动场地一共被选择了 1671 次，其中“建筑内庭院”被选了 349 次，占总次数的 20.9%；“建筑间广场 / 绿地”被选了 350 次，占总次数的 20.9%；“图书馆及周边广场”被选了 547 次，占总次数的 32.7%；“运动场”被选了 254 次，占总次数的 15.2%；“其他”被选了 171 次，占总次数的 10.2%。

1073 位受访者对此题进行了填答，选择在“建筑内庭院”社团活动的人占总人数的 32.5%，选择在“建筑间广场 / 绿地”社团活动的人占总人数的 32.6%，选择在“图书馆及周边广场”社团活动的人占总人数的 51.0%，选择在“运动场”社团活动的人占总人数的 23.7%，选择在“其他”地方社团活动的人占总人数的 15.9%。

2. 学校类型 * 社团活动

学校类型对社团活动地点选择情况　表 15

	东南大学	南京艺术学院	南京大学	南京师范大学	N
建筑内庭院	21.8%	24.5%	20.9%	18.1%	20.9%
建筑间广场 / 绿地	20.3%	23.9%	18.4%	24.0%	20.9%
图书馆及周边广场	33.7%	35.8%	30.2%	33.3%	32.7%
运动场	11.9%	8.2%	19.4%	17.6%	15.2%
其他	12.4%	7.5%	11.1%	7.1%	10.2%
合计	100.0%	100.0%	100.0%	100.0%	100.0%
列总计	597	159	506	409	1671
x^2=33.484，*df*=12，*sig*=0.001					

在 0.05 的显著性水平下，不同学校的人在社团活动地点的选择上存在显著差异。四所高校的人都更倾向于在图书馆及周边广场进行社团活动，尤其南京艺术学院的选择比例最高。

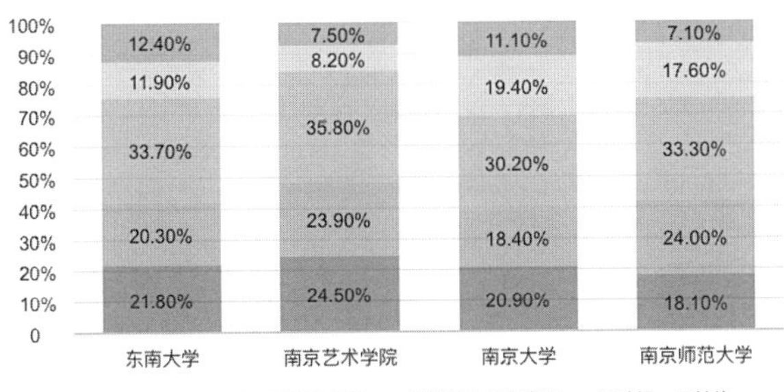

图 7　四校社团活动地点选取比较 1

图 8　四校社团活动地点选取比较 2

3. 性别 * 社团活动

性别对社团活动地点选择情况　　表 16

	男	女	N
建筑内庭院	22.7%	20.8%	21.7%
建筑间广场 / 绿地	21.3%	21.5%	21.4%
图书馆及周边广场	30.4%	34.6%	32.6%
运动场	15.2%	14.2%	14.7%
其他	10.4%	8.8%	9.6%
合计	100.0%	100.0%	100.0%
列总计	671	725	1396
x^2=3.614，df=4，sig=0.461			

在 0.05 的显著性水平下，不同性别的人在社团活动地点的选择上不存在显著差异。

4. 专业 * 社团活动

专业对社团活动地点选择情况　　表 17

	理科类	文科类	工科类	其他	N
建筑内庭院	22.1%	19.3%	22.3%	19.4%	21.1%
建筑间广场 / 绿地	21.8%	18.5%	20.0%	27.1%	20.7%
图书馆及周边广场	28.6%	35.3%	32.6%	31.8%	32.3%
运动场	16.1%	17.0%	14.0%	16.3%	15.6%
其他	11.3%	9.8%	11.1%	5.4%	10.2%
合计	100.0%	100.0%	100.0%	100.0%	100.0%
列总计	353	399	506	129	1387
x^2=12.977，df=12，sig=0.371					

在 0.05 的显著性水平下，不同专业的人在社团活动地点的选择上不存在显著差异。

（六）布展 / 看展

1. 针对校园的公共活动空间，您会选择在哪里布展 / 看展？

布展 / 看展地点选择情况　　表 18

	频数	响应百分比	个案百分比
建筑内庭院	305	18.4%	28.1%
建筑间广场 / 绿地	452	27.2%	41.7%
图书馆及周边广场	710	42.8%	65.5%
运动场	102	6.1%	9.4%
其他	91	5.5%	8.4%
总计	1660	100.0%	153.1%

在 1660 个有效回答中，各种类型的布展 / 看展场地一共被选择了 1660 次，其中“建筑内庭院”被选了 305 次，占总次数的 18.4%；“建筑间广场 / 绿地”被选了 452 次，占总次数的 27.2%；“图书馆及周边广场”被选了 710 次，占总次数的 42.8%；“运动场”被选了 102 次，占总次数的 6.1%；“其他”被选了 91 次，占总次数的 5.5%。

1084 位受访者对此题进行了填答，选择在“建筑内庭院”布展 / 看展的人占总人数的 28.1%，选择在“建筑间广场 / 绿地”布展 / 看展的人占总人数的 41.7%，选择在“图书馆及周边广场”布展 / 看展的人占总人数的 65.5%，选择在“运动场”布展 / 看展的人占总人数的 9.4%，选择在“其他”地方布展 / 看展的人占总人数的 8.4%。

2. 学校类型 * 布展 / 看展地点

学校类型对布展 / 看展地点选择情况　　表 19

	东南大学	南京艺术学院	南京大学	南京师范大学	N
建筑内庭院	16.3%	26.8%	17.6%	19.1%	18.4%
建筑间广场 / 绿地	27.4%	33.9%	26.2%	25.3%	27.2%
图书馆及周边广场	44.3%	30.4%	43.9%	44.4%	42.8%
运动场	6.3%	4.2%	5.7%	7.3%	6.1%
其他	5.7%	4.8%	6.6%	4.0%	5.5%
合计	100.0%	100.0%	100.0%	100.0%	100.0%
列总计	632	168	488	372	1660
x^2=23.090，df=12，sig=0.027					

在 0.05 的显著性水平下，不同学校的人在布展 / 看展地点的选择上存在显著差异。大家都倾向于在图书馆及周边广场进行布展，但是南京艺术学院的选择比例远低于其他三所高校。南京艺术学院选择在建筑内庭院和建筑间广场 / 绿地布展的比例最高。

3. 性别 * 布展 / 看展地点

性别对布展 / 看展地点选择情况　　表 20

	男	女	N
建筑内庭院	15.9%	20.5%	18.4%
建筑间广场 / 绿地	29.5%	25.5%	27.4%